Kaggleで学んで Python 機械学習&データ分析

ハイスコアをたたき出す！

著 チーム・カルポ

ダウンロードサービス付

秀和システム

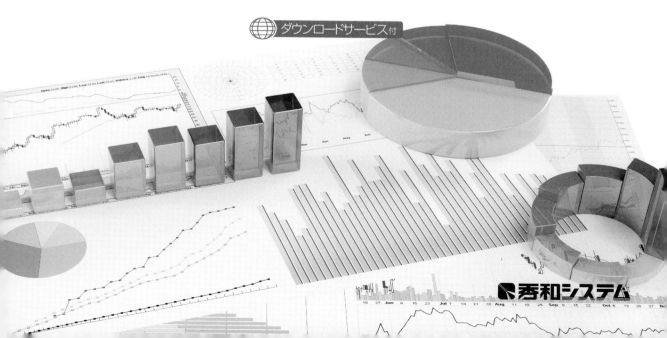

■サンプルデータについて

　本書で紹介したデータは、㈱秀和システムのホームページからダウンロードできます。本書を読み進めるときや説明に従って操作するときは、サンプルデータをダウンロードして利用されることをおすすめします。
　ダウンロードは以下のサイトから行ってください。

> **㈱秀和システムのホームページ**
> https://www.shuwasystem.co.jp/
>
> **サンプルファイルのダウンロードページ**
> https://www.shuwasystem.co.jp/support/7980html/6186.html

　サンプルデータは、「chap02.zip」「chap03.zip」など章ごとに分けてありますので、それぞれをダウンロードして、解凍してお使いください。
　ファイルを解凍すると、フォルダーが開きます。そのフォルダーの中には、サンプルファイルが節ごとに格納されていますので、目的のサンプルファイルをご利用ください。
　なお、解凍したファイルは、操作を始める前にバックアップを作成してから利用されることをおすすめします。
　サンプルデータは、Jupyter Notebookのノートブック（拡張子.ipynb）に収録していますので、PCにJupyter Notebookをインストールのうえ、開いてください。
　Jupyter Notebookは、統合型の開発ツール「Anaconda」（ダウンロードページ：https://www.anaconda.com/products/individual）をインストールすれば使うことができます。

▼サンプルデータのフォルダー構造（例）

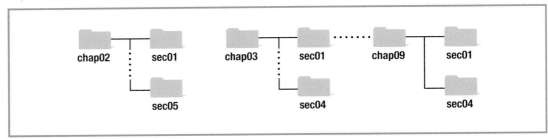

はじめに

　この本は、データ分析コンペティション（分析コンペ）を開催する「Kaggle（カグル）」で実際に提示された課題を用いて、データ分析、機械学習について学ぶための本です。プログラミング言語には、機械学習の分野で定番のPythonを用いています。

　データ分析や機械学習を学ぶ際にネックとなるのが、分析に用いるデータの入手です。できるだけ分析の現場で用いられるようなデータを揃えるのがポイントになります。Kaggleでは、開催中の分析コンペだけでなく、学習用に常時公開されているコンペが多数あり、Kaggleのアカウントを取得すれば、誰でも自由に、コンペの課題として提供されている「現場のデータ」を使って、分析を行うことができます。そこで、Kaggleに参加して、実際に分析コンペを通じてデータ分析や機械学習について実践的に学ぶのが、本書の趣旨とするところです。

　もちろん、実際にKaggleに参加することを前提としていますので、分析手法の解説だけでなく、コンペの上位入賞者が用いている発展的、あるいは実践的な性格が強い手法についても、できるだけ多くの事例を紹介するように努めました。題材にするのは、テーブルデータを用いたコンペをはじめ、画像認識が課題のコンペ、自然言語処理を含むコンペなど、データ分析や機械学習でメインとなる分野です。それぞれ、使われる手法も異なり、特徴量の作成（データの前処理）方法も異なります。

　本書では、Kaggleの利用方法やデータ分析、機械学習についての知識がなくても読めるよう、それぞれ初歩から解説しています。ただし、Pythonの基本的なプログラミングスキルがあることを前提にしていますので、文法などについては、適宜、入門書などで確認していただければと思います。それから、内容

によっては数式を掲載している箇所がありますが、原理を説明するためのものなので、眺める程度にして適宜、読み飛ばしていただいて構いません。実際のプログラミングでは、Pythonのライブラリについて詳しく解説し、ソースコード自体にも多くのコメントを付けるようにしていますので、実装で困ることはないと思います。

　本書の記述内容は、執筆時点の2020年6月の情報に基づいています。KaggleのWebサイトの情報につきましても同じ時期のものになります。

　本書に掲載されたソースコードは、Jupyter Notebook形式のファイルにそれぞれまとめてありますので、Jupyter NotebookをPC上にご用意のうえ、ダウンロードしてお使いください。それぞれに対応する分析コンペでノートブックを作成し、コードをコピーして貼り付ければプログラムが動作します。

　Kaggleの分析コンペでは、分析を行うモデルの評価指標に基づいて、精度の高いモデルを作り上げることが求められます。前述しましたように、本書では実際にモデルを作成して分析するための解説に加え、コンペの上位入賞者が用いるテクニックを多く紹介しています。ただ、すべての分析に対して万能な手法は存在しないので、それぞれが有効となる事例に絞って解説し、モデルの精度を改善するヒントとなるよう努めました。一方、モデルの作成時に、ハイパーパラメーターの設定に大いに悩むことがよくありますが、専用のライブラリを用いた自動探索について詳解しましたので、ぜひ参考にしていただければと思います。

　本書が、データ分析、機械学習を学ぶ一助となり、Kaggleの分析コンペで活躍するためのヒントになることを願っております。

2020年7月　金城俊哉

■本書の読み方

　本書は、Kaggleの分析コンペを題材に、データ分析やディープラーニングを含む機械学習について解説しています。分析コンペで高得点を出すためのヒントを織り交ぜつつ、分析手法の解説を行っていますが、必ずしも最初から順番に読まなければならない、ということはありません。各章の表題をご覧いただき、興味のあるところから読み始めてもかまいません。

　ただし、1章では実際にKaggleのコンペに参加し、分析結果を提出するまでの流れを解説していますので、分析コンペに参加したことがない方は、まずは1章を読んで頂くことをおすすめします。以下に各章の概要を紹介しておきます。

1章　逆引き「Kaggleのすべて」

　Kaggleとはそもそも何のためのサイトなのか、その全容と、Kaggleの分析コンペに参加するメリットを紹介します。また、実際にKaggleのアカウントを取得し、分析コンペの課題を解いて提出するまでの流れと、分析コンペで提供されるノートブックの使い方を詳しく紹介しています。この章を読んでいただければ、実際にKaggleの分析コンペに参加するためのひととおりの知識が得られます。

2章　分析コンペで上位を目指すためのチュートリアル

　分析コンペの課題にはどのようなものがあるのか、どのような評価指標が使われているのかを紹介しています。続いて、課題として与えられるデータセットを分析にかける際に必要となる前処理の方法、分析を行うためのモデルの種類、さらにはモデルを使った検証方法とモデルの精度を上げるための各種手法を紹介しています。この章を読んでいただければ、分析コンペで必要となる技術的な知識が得られます。

3章　回帰モデルと勾配ブースティング木による「住宅価格」の予測

　テーブルデータを使用した「住宅価格」の予測を行う分析コンペを題材に、回帰モデルと勾配ブースティング木（GBDT）を使用した分析を行い、最終的にこれらのモデルによるアンサンブルまで行います。テーブルデータの前処理についても詳しく解説していますので、この章を読んでいただければ、テーブルデータの前処理のポイント、回帰モデルや勾配ブースティング木を使用した分析のポイント、アンサンブルによる精度向上のポイントが理解できると思います。

4章　画像認識コンペで多層パーセプトロン（MLP）を使う

　手書き数字の画像分類を行う分析コンペを題材に、ディープラーニングの基盤となる「ニューラルネットワーク（多層パーセプトロン：MLP）を用いた学習、および予測方法について解説しています。ニューロン（MLPのユニット）を活性化させる関数（活性化関数）や、学習時の誤差の測定法（損失関数）、誤差の修正に使われる勾配降下法、誤差逆伝播法（バックプロパゲーション）について、それぞれの概念や仕組みの部分から解説しています。後半では、外部ライブラリを使用したハイパーパラメーターの自動探索を行い、最適なパラメーター値にチューニングする方法を紹介しています。

　この章を読んでいただければ、MLPの動作原理から実践方法、ハイパーパラメーターのチューニングまでのひととおりのテクニックが会得できます。

5章　画像分類器に畳み込みニューラルネットワーク（CNN）を実装する

　前章に引き続き、手書き数字の画像分類を行う分析コンペを題材に、ディープラーニングを用いた分析、予測を行います。ここで扱うディープラーニングの手法は、「畳込みニューラルネットワーク（CNN）」で、その動作原理から、実際に分析を行い、予測するまでを解説します。「データ拡張」を用いてデータを水増しすることで、分析精度を引き上げるテクニックについても紹介しています。

6章　学習率とバッチサイズについての考察

　MLPやCNNなどのニューラルネットワーク系のモデルでは、各種の「オプティマイザー（勾配降下アルゴリズムの実装）」の中から最適と思われるものをチョイスして学習を行いますが、その際に決め手となるのが「学習率」の設定です。TensorFlowなどのライブラリで提供されるオプティマイザーには、あらかじめ最適な学習率がデフォルト値として設定されていますが、これまでの研究により、学習率を動的に変化させると良い結果が得られることがわかっています。

　そこで、この章ではより難易度の高いカラー画像を用いた一般物体認識のコンペを題材に、各種の学習率減衰アルゴリズムについて見ていきます。最終節では、学習率減衰ではなく、バッチサイズの増加で学習率減衰と同様の効果を得る方法について紹介していますので、この章を読んでいただければ、モデルの性能改善のヒントが得られると思います。

7章　一般物体認識で「アンサンブル」を使う

　分析コンペの上位入賞チームの多くが、アンサンブルによる予測を行っています。この章では、複数のCNNモデルで学習して予測までを行い、それぞれのモデルの平均、あるいは多数決をとるアンサンブルで精度を向上させる手順を紹介しています。前章と同じくカラー画像を用いた一般物体認識のコンペを題材としていますので、分析コンペにおける実践的なアンサンブルのテクニックが習得できます。

8章　転移学習からのファインチューニング

　外部ライブラリのKeras、あるいはtensorflow.kerasには、膨大な画像データを学習し、高い精度を絞り出す「学習済み」の有名なモデルが収録されていて、プログラムから読み込んで利用できるようになっています。もちろん、学習済みの重みもセットで読み込まれますので、任意のデータを入力して予測までが行えます。

　前半では、比較的軽量で精度の高いVGG16というモデルを使って、イヌとネコのカラー画像の二値分類を行います。後半ではVGG16の「ファインチューニング」による転移学習を行います。

9章　RNN（再帰型ニューラルネットワーク）でメルカリの出品価格を予測する

　メルカリの出品価格を予測する分析コンペを題材に、RNN（再帰型）ニューラルネットワークによる学習／予測を行います。実際に使用するモデルとして、RNNとMLPを組み合わせた複合型のモデルを使用します。最終的にRidge回帰モデルとのアンサンブルによる予測までを行います。

　RNNに入力するテキストデータのラベルエンコードなど、テキストデータの前処理についても学べます。

Kaggleで学んでハイスコアをたたき出す！
Python機械学習＆データ分析

I N D E X

サンプルデータについて ……………………………………………………………… 2

はじめに ……………………………………………………………………………… 3

本書の読み方 ………………………………………………………………………… 5

ひと目でわかるKaggle ……………………………………………………………… 18

1章　逆引き「Kaggleのすべて」

1.1　Kaggleと分析コンペ ……………………………………………………… 19

1.1.1　Kaggle、分析コンペにまつわるあれこれ ………………………………… 20

■そもそも分析コンペに参加して何がウレシイの？ ……………………………… 20

■分析コンペにはどうやって参加するの？ ………………………………………… 22

■分析コンペにはどんな種類があるの？ …………………………………………… 23

■分析コンペではどんなものを分析するの？ ……………………………………… 23

■もちろん、参加費はかかりませんよね？ ………………………………………… 24

1.1.2　やっぱり賞金って気になるし、称号だってほしい ……………………… 25

■やっぱり賞金って気になるんだけど？ …………………………………………… 25

■メダルはどうやったらもらえるの？ ……………………………………………… 25

■Kaggleの称号はどうやったら獲得できるの？ ………………………………… 26

1.2　分析コンペに参加してランキングに載るまで ………………………… 27

1.2.1　分析コンペに参加するための準備 ……………………………………… 27

■Kaggleのアカウントを作成するには？ ………………………………………… 27

■アカウントを作成したら次に何をする？ ………………………………………… 28

COLUMN　分析コンペに実際に参加するにはどんな知識が必要？ ……………… 29

1.2.2 モデルを作成してサブミットする ……………………………………………… 30

■ 興味のあるコンペが見つかったら次に何をする？ ……………………………… 30

■ ノートブックでどうやって予測するの？ ……………………………………… 32

■ 予測結果はどうやって提出するの？ …………………………………………… 36

■ いまの順位を知りたい！ ………………………………………………………… 39

■ 分析コンペには予測結果だけを提出すればいいの？ ………………………… 41

■ 予測に使うテストデータっていつ入手できるの？ …………………………… 42

1.3　ノートブックを使いこなす ………………………………………………… 43

■ 基本操作だけでいいから教えて！ ……………………………………………… 43

■ ノートブックからネットに接続したい！ ……………………………………… 45

■ GPUはどうすれば使えるの？ ………………………………………………… 46

2章　分析コンペで上位を目指すためのチュートリアル

2.1　分析コンペの課題と評価 …………………………………………………… 47

2.1.1 コンペの課題を分析上の観点から理解する …………………………………… 47

■ 回帰タスク ………………………………………………………………………… 47

■ 分類タスク ………………………………………………………………………… 48

COLUMN　Statoil/C-CORE Iceberg Classifier Challenge ………………… 50

■ レコメンデーション ……………………………………………………………… 51

■ 物体検出／セグメンテーション ………………………………………………… 52

2.1.2 回帰タスクで使われる評価指標 …………………………………………………… 53

■ RMSE（二乗平均平方根誤差）…………………………………………………… 53

■ RMSLE（二乗平均平方根対数誤差）…………………………………………… 54

■ MAE（平均絶対誤差）…………………………………………………………… 57

2.1.3 二値分類で使われる評価指標（混同行列を用いる評価指標）…………………… 59

■ 正解率と誤答率 …………………………………………………………………… 59

■ 適合率（精度）と再現率 ………………………………………………………… 60

■ F1-Score／Fβ-Score …………………………………………………………… 61

2.1.4 確率を予測値とする二値分類で使われる評価指標 ……………………………… 63

■ Log Loss …………………………………………………………………………… 63

■ AUC ………………………………………………………………………………… 65

2.1.5	マルチクラス分類における評価指標	67
	■ Multi-Class Accuracy	67
	■ Multi-Class Log Loss	67
	■ Mean-F1／Macro-F1／Micro-F1	68
	■ Quadratic Weighted Kappa（重み付きk係数）	70

2.2　データセットの前処理 ……… 72

2.2.1	分析コンペで提供されるデータセット	72
	■ テーブルデータ	72
	■ 画像データ	73
	■ 時系列データ	74

2.3　データの前処理（特徴量エンジニアリング） … 75

2.3.1	データの概要を確認する方法	75
	■ タイタニック号のデータの概要を見る	75
2.3.2	欠損値の補完	80
	■ 欠損値としてそのまま使う	81
	■ 欠損値を代表値で置き換える	81
	■ 欠損値から新たな特徴量を作成する	83
2.3.3	数値データの前処理	83
	■ データを「正規化」して0〜1.0の範囲に押し込める	83
	■ データを「標準化」して平均0、標準偏差1の分布にする	85
	■ 対数変換で正規分布に近似させる	86
2.3.4	カテゴリデータの前処理	87
	■ Label encoding	87
	■ One-hot-encoding	88
2.3.5	テキストデータの前処理	90
	■ Bag-of-Words	90
	■ N-gram	92
	■ TF-IDF	94
	■ Embedding	95

2.4　モデルの作成 ……………… 97

2.4.1	線形回帰モデル	97
2.4.2	GBDT（勾配ブースティング木）	98
	■ GBDTを実装するためのライブラリ	98

2.4.3 多層パーセプトロン（MLP：Multilayer perception） ······················· 99
  ■多層パーセプトロン（MLP）を実装するためのライブラリ ··············· 100
  ■多層パーセプトロン（MLP）のパラメーターチューニング ··············· 100
2.4.4 畳み込みニューラルネットワーク（CNN） ···························· 101
2.4.5 再帰型ニューラルネットワーク（RNN） ···························· 102
2.5 バリデーション ·· 103
2.5.1 分析コンペで提供されるテストデータ ······························ 103
2.5.2 バリデーションの手法 ·· 104
  ■ホールドアウト（Hold-Out）検証 ···································· 104
  ■クロスバリデーション（Cross Validation：交差検証） ············ 105
  ■Stratidied K-fold ··· 106

3章 回帰モデルと勾配ブースティング木による 「住宅価格」の予測

3.1 「House Prices: Advanced Regression Techniques」のデータを前処理する ··· 107
3.1.1 「House Prices: Advanced Regression Techniques」の概要 ········ 108
  ■House Pricesのデータはテーブルデータ ··························· 108
3.1.2 「House Prices」のデータを前処理する ···························· 111
  ■販売価格を対数変換して正規分布させる ·························· 114
  ■訓練データとテストデータを連結して前処理する ················· 116
  ■数値型のカラムで分布に偏りがある場合は対数変換する ·········· 117
  ■カテゴリカルなデータを情報表現（ダミー変数）に変換する ········ 122
  ■欠損値をデータの平均値に置き換える ···························· 123
3.2 回帰モデルによる学習 ·· 124
3.2.1 リッジ回帰とラッソ回帰の正則化手法の違い ······················ 124
  ■リッジ回帰 ·· 125
  ■ラッソ回帰 ·· 126
3.2.2 リッジ回帰モデルで学習する ·· 127
  ■二乗平均平方根誤差を計算する関数を定義する ·················· 127
  ■リッジ回帰モデルで学習する ·· 129

| 3.2.3 | ラッソ回帰モデルで学習する | 131 |

■ 正則化の最適強度を探索しつつ学習する ……………………………………………… 131

3.3 GBDT（勾配ブースティング木）で学習する ……………………………………… 133

3.3.1 GBDT ……………………………………………………………………………………… 133

■ GBDTの実装（XGBoost） ………………………………………………………………… 134

3.3.2 XGBoostのxgboost.cv()で学習の進捗状況を確認する ……………… 135

■ XGBoostのパラメーターチューニングのポイント ……………………………… 136

■ XGBoostのxgboost.cv()で学習の進捗状況を確認する ………………… 138

■ scikit-learnのXGBoostで学習する …………………………………………………… 139

3.4 ラッソ回帰とGBDTで予測し、アンサンブルする ………………………… 140

3.4.1 ラッソ回帰とGBDTで予測する …………………………………………………… 140

■ 予測結果をアンサンブルする …………………………………………………………… 140

3.4.2 サブミットして予測精度を見てみよう ……………………………………………… 141

4章　画像認識コンペで多層パーセプトロン（MLP）を使う

4.1 画像認識コンペ「Digit Recognizer」の課題を多層パーセプトロン（MLP）で解く ………………………………………………………………………………………………… 143

4.1.1 フィードフォワードニューラルネットワーク（FFNN） ……………………… 144

■ ニューラルネットワークのニューロン ………………………………………………… 144

■ 学習するということは重み・バイアスを適切な値に更新するということ ……… 146

■ 順方向で出力して間違いがあれば逆方向に向かって修正して1回の学習を終える …… 148

4.1.2 特徴量の作成（MNISTデータの前処理） ……………………………………… 149

■「Digit Recognizer」のノートブックを作成する ………………………………… 149

■ MNISTを入力できる形に前処理する …………………………………………………… 151

4.1.3 ニューラルネットワークで画像認識を行う …………………………………… 158

■ 第1層（隠れ層）の構造 …………………………………………………………………… 159

■ 第1層の入力／出力における処理 ……………………………………………………… 160

■ シグモイド関数 ……………………………………………………………………………… 162

■ 第1層（隠れ層）のプログラミング …………………………………………………… 166

■ 第2層の入力／出力における処理 ……………………………………………………… 167

■ ソフトマックス関数 ………………………………………………… 168
■ 第2層（出力層）をプログラミングする ……………………… 170
■ バックプロパゲーションの目的、その処理とは ……………… 170
■ クロスエントロピー誤差関数 …………………………………… 174
■ 勾配降下法の考え方 ……………………………………………… 177
■ バックプロパゲーションをプログラミングする …………… 185
■ バックプロパゲーションの実装とモデルのコンパイル …… 190
■ MNISTデータセットを学習して94％超えの精度を出してみる …… 193
COLUMN　確率的勾配降下法とミニバッチ法 ………………… 194
■ テストデータで予測して提出用のCSVデータを作成する …… 195
■ コンペティションにサブミット（参加）する ………………… 199
COLUMN　ドロップアウトによる過剰適合の回避 …………… 202

4.2 ベイズ最適化によるパラメーターチューニング ………… 203

4.2.1 パラメーターチューニングとは ……………………………… 203
■ ハイパーパラメーターをどう探索するのか ………………… 204
■ パラメーターを限界までチューニングするためのポイント …… 206

4.2.3 パラメーターの限界チューニングでレベルアップ！ …… 207
■ Hyperoptを用いたパラメーター探索の手順 ………………… 207
■ 多層パーセプトロンの層構造を探索する …………………… 209
■ パラメーターを細かくチューニングして98％越えの精度を出す …… 217

5章　画像分類器に畳み込みニューラルネットワーク（CNN）を実装する

5.1 究極のディープラーニングで画像分類タスクを解く！ ………… 223

5.1.1 ニューラルネットワークに「特徴検出器」を導入する ……… 223
■ 2次元フィルター ………………………………………………… 225
■ 2次元フィルターで手書き数字のエッジを抽出してみる …… 227
■ サイズ減した画像をゼロパディングで元のサイズに戻す …… 231

5.1.2 畳み込みニューラルネットワーク（CNN）で画像認識 ……… 232
■ 入力層 ……………………………………………………………… 232
■ 畳み込み層 ………………………………………………………… 234

■ Flatten層 ……………………………………………………………… 236

　　　■ 出力層 ……………………………………………………………………… 236

　　　■ 畳み込みニューラルネットワーク（CNN）で画像認識を行う ……… 239

　5.1.3　画像の歪みやズレを取り除いて精度99%越えを目指す ……………… 242

　　　■ プーリングの手法 ……………………………………………………… 242

　　　■ プーリングを備えた最適なCNNモデルをベイズ最適化で探索する …… 243

　　　■ プーリングを実装したCNNで精度99.31%を叩き出す！ ………………… 251

5.2　データ拡張でCNNを賢くする ……………………………………………… 258

　5.2.1　画像全体の移動・反転・拡大でいろいろなパターンを作り出す ……… 258

　　　■ MNISTのデータを拡張処理してみる ……………………………… 260

　5.2.2　画像を拡張処理して精度99.34パーセントを達成する ……………… 266

　　　■ 拡張処理後のMNISTデータを学習させてみる ……………………… 267

6章　学習率とバッチサイズについての考察

6.1　学習率をスケジューリングする ……………………………………………… 269

　6.1.1　学習率をスケジューリングするいくつかの手法 ……………………… 269

　　　■ 時間ベースの減衰 ……………………………………………………… 271

　　　■ ステップ減衰 …………………………………………………………… 272

　　　■ 指数関数的減衰 ………………………………………………………… 273

　　　■ warm start ……………………………………………………………… 274

　　　■ 循環学習率（CLR） …………………………………………………… 274

6.2　ステップ減衰で学習率を引き下げる ……………………………………… 275

　6.2.1　一定のエポック数に達したら学習率を半分にする ………………… 276

　　　■ CIFAR-10のデータを見る ……………………………………………… 276

　　　■ CIFAR-10の読み込みと前処理 ……………………………………… 279

　　　■ モデルを生成する関数の定義 ………………………………………… 280

　　　■ ステップ減衰の実装 …………………………………………………… 281

　6.2.2　コールバック関数で学習率を自動減衰させる …………………… 285

　　　■ 5回続けて改善されなければ学習率を半分にする ………………… 285

6.3　一定のレンジで学習率を循環させる ……………………………………… 290

　6.3.1　サドルポイント（鞍点）を抜け出すためのCLR ………………… 290

■ 循環学習率（CLR） ··· 291

■ 最適な学習率の下限と上限の導出 ·································· 293

6.3.2 3パターンのCLRでCIFAR-10を学習する ·················· 294

■ 最大学習率を減衰させる ··· 294

■ CLRの実装 ··· 296

6.4　学習率を落とすならバッチを増やせ！ ························· 309

6.4.1 学習率のコントロールと同じことがバッチサイズのコントロールでできる ·············· 309

■ 学習率減衰とバッチサイズの増加で同じ精度が得られるかを検証する ·················· 310

7章　一般物体認識で「アンサンブル」を使う

7.1　アンサンブルって何？ ··· 319

7.1.1 アンサンブルの考え方と手法 ································· 320

■ アンサンブルの手法 ··· 322

■ アンサンブルするメリット ··· 323

■ どんなモデルをアンサンブルすればいい？ ··················· 324

7.2　画像分類に多数決のアンサンブルを使ってみる ········· 325

7.2.1 アンサンブルに使用するCNNベースのモデル ·········· 325

7.2.2 データを標準化する ··· 326

7.2.3 アンサンブルの実装 ··· 328

■ CNNを動的に生成する関数の実装 ································· 328

■ 多数決をとるアンサンブルの実装 ·································· 330

■ 最高精度を出したときの重みを保存する ······················ 332

■ 学習を実行するtrain()関数の定義 ································ 334

■ 多数決のアンサンブルを実行する ·································· 338

7.3　異なる構造のモデルで平均のアンサンブルを試す ······ 340

7.3.1 ドロップアウトなしでもいける「正則化」の処理 ········ 340

■ 出力層の場合の正則化項を適用した重みの更新式 ········· 343

7.3.2 9モデルで平均をとるアンサンブルをやってみる ······· 345

■ 畳み込み層を5層配置した2パターンのモデルを作成する ·············· 345

■ 9モデルで平均をとるアンサンブルをやってみる ·············· 348

8章　転移学習からのファインチューニング

8.1　画像認識コンペ「Dogs vs. Cats Redux: Kernels Edition」 357

8.1.1　「Dogs vs. Cats Redux: Kernels Edition」 357

　■人とコンピューターとのセマンティックギャップ 358

　■まずはデータを読み込んでCNNに学習させてみる 359

8.2　VGG16を移植して究極の解析能力を得る 371

8.2.1　VGG16モデルでイヌとネコの画像を分類する 372

　■VGG16モデルの構造 372

　■VGG16を移植してFC層で学習する 373

8.3　VGG16をファインチューニングする 383

8.3.1　VGG16の第5ブロックに学習させて自前のFC層と結合する 383

　■ファインチューニングをプログラミングする 383

9章　時系列データをRNN（再帰型ニューラルネットワーク）で解析する

9.1　RNN（再帰型ニューラルネットワーク）とLSTM 391

9.1.1　RNN 391

9.1.2　LSTM（超短期記憶） 395

　■LSTMのファーストステップ 395

　■LSTMのセカンドステップ 397

　■LSTMのサードステップ 399

9.2　分析コンペ「Mercari Price Suggestion Challenge」 400

9.2.1　メルカリの出品価格を商品名やその他のデータから予測する 401

9.2.2　「Mercari Price Suggestion Challenge」のデータに必要な前処理 402

　■コンペで使用するデータを用意する 402

　■データフレームに読み込んで中身を確認する 403

　■販売価格を正規分布させる 405

　■カテゴリ名を3段階のレベルに切り分ける 408

　■ブランド名の欠損値を意味のあるデータに置き換える 410

　■カテゴリ名、ブランド名、3段階のカテゴリ名をラベルエンコードする 413

■商品名と商品説明をトークンに分解してラベルエンコードする ································415

9.3　1時間の制限時間内にRNNで価格を予測する ································418

9.3.1　データの読み込みと前処理 ································418

■CSVファイルの読み込みと不要なレコードの削除 ································418

■商品名と商品説明の単語の数を調べておく ································419

■販売価格のスケーリング ································420

■ブランド名についての対策 ································421

■訓練データを訓練用と検証用に分割する ································423

■すべてのデータの連結とカテゴリ名、ブランド名、説明文の欠損値の置き換え ··········425

■カテゴリ、ブランド、3カテゴリのテキストをラベルエンコードする ······················426

■商品名と商品説明をトークンに分解してラベルエンコードする ·····················427

9.3.3　多入力型のRNNモデルの生成 ································428

■モデル生成までのプログラミング ································430

■学習の実行 ································438

■検証データで予測し、誤差を測定する ································439

■テストデータを入力して商品価格を予測する ································440

9.4　制限時間に余裕がある？ それならRidgeモデルを加えてアンサンブル ···441

9.4.1　RidgeとRidgeCVによる販売価格の予測 ································441

■Ridge回帰モデルのための前処理 ································441

■Bag-of-Wordsでテキストデータをベクトル化する ································442

■RidgeとRidgeCVでそれぞれ線形回帰を行う ································446

■Ridgeモデルに検証データを入力して損失を測定する ································447

■RidgeCVモデルに検証データを入力して損失を測定する ································447

■学習済みモデルにテストデータを入力して予測する ································448

9.4.2　RNN、Ridge、RidgeCVによるアンサンブル ································448

■アンサンブルをプログラミングする ································448

■テストデータの予測値をCSVファイルに出力する ································451

9.4.3　分析を終えて ································452

■参考にしたソリューション ································453

Appendix 参考文献 等

A.1 「2章　分析コンペで上位を目指すためのチュートリアル」における参考文献など ……………455

A.2 「3章　回帰モデルと勾配ブースティング木による
『住宅価格』の予測」における参考文献など ………………………………458

A.3 「4章　画像認識コンペで多層パーセプトロン (MLP) を使う」における参考資料 …………459

A.4 「5章　画像分類器に畳み込みニューラルネットワーク (CNN) を実装する」における参考文献など …461

A.5 「6章　学習率とバッチサイズについての考察」における参考文献など ………………………462

A.6 「7章　一般物体認識で『アンサンブル』を使う」における参考文献など ………………465

A.7 「8章　転移学習からのファインチューニング」における参考文献など ………………466

A.8 「9章　時系列データをRNN (再帰型ニューラルネットワーク) で
解析する」における参考文献など ………………………………467

索引 ……………………………………………………………………469

参考文献 ………………………………………………………………473

表紙、扉画像ライセンス：Robert Kneschke/Shutterstock.com

● ひと目でわかる Kaggle

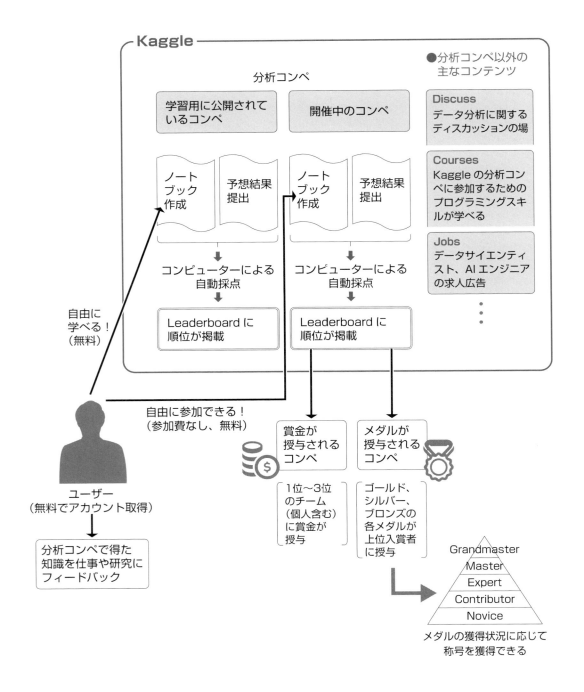

第1章 逆引き「Kaggleのすべて」

1.1 Kaggleと分析コンペ

「Kaggle（カグル）」は、データサイエンスや機械学習の技術を競うためのオンラインコミュニティです。言ってみれば、Web上に設置された「データサイエンス＆機械学習のためのポータルサイト」で、そこではデータサイエンスにかかわる最新情報が発信されているだけでなく、Kaggleの最大の目的である分析コンペが常時、開催されています。分析コンペには、ユーザー登録をするだけで誰でも無料で参加することができます。

▼Kaggleのトップページ

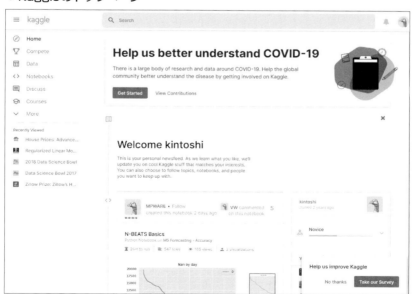

1.1.1 Kaggle、分析コンペにまつわるあれこれ

Kaggleでは、具体的にどんなことが行われているのか、そもそも参加するのにどのような意義があるのか、さらには参加することで何が得られるのか、疑問は尽きません。この辺りのことについて、1つずつじっくり見ていくことにしましょう。

■ そもそも分析コンペに参加して何がウレシイの？

Kaggleでは、分析コンペが常時、開催されていて、参加者から提出された分析結果を基に参加者のランク付けが行われます。同じコンペに参加している人たちの中で、自分が何位の成績を収めているのかすぐにわかるので、データサイエンスや機械学習を学んでいる人にとっては、自分の実力を試すとてもよい機会になります。すでに研究者レベル、あるいは技術者である人にとっても、自分の技量を試したり、あるいは実力をアピールするための絶好の場となっています。

□ 賞金を得る！

ただし、目的はランキングに載ることだけではありません。上位入賞者には賞金が出ます。これは、コンペに参加して課題を研究し、よい成績が収められたら、それに見合う報酬が得られることを意味します。Kaggleには様々な企業がスポンサーとして付いていて、自社のデータの解析などの目的で課題を提示し、これが懸賞金付きの分析コンペとして公開されているのです。

□ 称号を得る

数千人規模の参加者の中で賞金を獲得できるのは、上位3位まで、あるいは10位程度までと狭き門ではありますが、賞金だけでなくメダル制度もあり、順位に応じてゴールド、シルバー、ブロンズの各メダルが授与されます。これだけでもコンペに参加するモチベーションになりますが、たんにメダルが授与されるだけではなく、獲得したメダルの種類と数に応じて、Expert、Master、Grandmaster（最上位）の称号が与えられます。これらの称号は、Kaggle参加者にとっての勲章ともいえるので、称号を得ることを目的に日々、頑張っているサイエンティストやエンジニアも大勢います。

□ データサイエンティストや機械学習エンジニアとのつながりを得る

分析コンペには、参加者が自由に発言できるディスカッションの場が設けられています。発言した内容にコメントが付いたり、質問に対しての答えが書き込まれます。分析にあたっての議論の場ですので、ここを通じて同じコンペに取り組むサイエンティストやエンジニアとのつながりが得られるのも、大きな魅力です。

また、分析コンペには、個人だけでなく複数人でチームを組んで参加することもできるので、ディスカッションなどでつながりを得た人とチームを組むことで、国籍を問わず様々な地域の人との深い交流が得られます。

□ 就職先を得る !?

Kaggleのコンペに参加して就職とは、何だかピンときませんが、分析コンペに参加したり、上位入賞することで実力を示せば、データサイエンティストや機械学習エンジニアとしての就業機会を得やすくなるのは確かです。また、Kaggleの本拠地がある米国だけでなく、ドイツやイギリス、インドなどの様々な国の企業が、Kaggle上で求人を行っています。海外で職を得たい人にとっては、貴重な求人の場でしたが、2018年頃から国内においてもKaggleのコンペ参加者（いわゆるKaggler：カグラー）を積極的に採用しようとする企業が現れています。まだまだ海外の求人がほとんどですが、興味があれば求人のページ（https://www.kaggle.com/jobs）を覗いてみるとよいでしょう。

□ 実データを用いた分析の経験が得られることが最重要ポイント

とかく賞金や称号など派手な部分に目が行きがちなKaggleですが、実務者や研究者にとって、企業がコンペに出してくる「実データ」を用いた分析を経験できるのは、とても貴重なことです。特に学習者にとっては、分析対象のデータを入手するのもひと苦労だからです。

Kaggleの分析コンペには、それぞれの企業が蓄積した実データ——ときには膨大な量のもの——が課題として提供されます。しかも、数値データだけでなく、テキストデータや画像データ、音声データなど、様々な形式のデータです。さらに、商品開発、金融、医療、スポーツなど、その分野は多岐にわたります。個人ではとうてい得ることができないこれらの実データを無料で利用できるのは、とても価値があります。

□ 分析の基礎技術から最新の技術までが得られる

先の実データと並んで重要なのが、分析の生の現場で技術を習得できるということです。Kaggleではコンペが終了しても、多数のコンペのページがまるごと残されていて、そこからは、上位者が書いたノートブックを見ることができます。ソースコードのみの簡素なものから、詳しい解説が入っているものまであり、多くのことを学べます。何より、ランキング上位の人が使ったテクニックからは、未知の情報だけでなく最新の情報も細かな点まで得られることもあるので、学習者だけでなく、研究者やエンジニアにとっても貴重な場となっています。

■ 分析コンペにはどうやって参加するの？

Kaggleでは、常時、多くの分析コンペが開催されています。開催期間も数カ月から半年程度と長いので、興味があるコンペが必ず見つかると思います。Kaggleのアカウントを取得（無料）したら、以下の手順でコンペに参加することができます。

❶分析コンペには専用のページが用意されているので、まずはトップページでコンペの概要を確認します。課題がどういうものであるかを理解したら [Notebooks] のページに飛んで、[New Notebook] ボタンをクリックしてノートブックを作成します。ノートブックは、分析を行うプログラムの開発環境で、そのコンペに参加する各ユーザー専用のものとして作成されます。使用できる言語は、PythonまたはR言語です。

❷ノートブックからは、コンペから訓練（学習）用として与えられているデータを読み込むことができるので、ソースコードを書いてデータを読み込んだうえで、分析を行うためのソースコードを書いていきます。ここで入力するコードは、訓練データを学習して的確な予測を行う「モデル」を作成するためのプログラムです。

❸完成したプログラムを実行して、モデルの学習を完了させます。

❹完成したモデルは、データを入力すると予測値を出力する状態になっているので、課題として与えられているデータ（**テストデータ**と呼ばれる）を入力し、予測値を出力させます。

❺出力された予測値を規定のファイル（CSV形式ファイル）に保存し、ノートブックの画面にある [Submit] ボタンをクリックして、コンペの主催者に送信します。

以上が、分析コンペに参加する手順です。要約すると、分析のためのプログラムを作成し、課題として与えられたテストデータの予測を行い、予測結果を保存したファイルを提出すればエントリーが完了し、コンペのランキングに載ります。

なお、コンペの中には、予測結果のファイルの提出ではなく、ノートブックそのものを提出する**カーネルコンペ**と呼ばれるものもあります。この場合は、前述の手順❺で、ファイルの代わりに作成したノートブックをそのまま [Submit] することになります。

■分析コンペにはどんな種類があるの?

分析コンペには、企業主催のものや研究機関主催のものがあります。

•企業が主催する分析コンペ

企業が自社のデータを提供し、自社のサービスに関連する分析精度／予測精度を競わせます。上位入賞者には、賞金や特典が与えられます。

•研究機関が主催する分析コンペ

研究機関が所有するデータを提供し、分析精度／予測精度を競わせます。企業主催と同様に、賞金や特典が上位入賞者に与えられます。

•研究を目的とした分析コンペ

オープンソースとして公開されているデータセットを用いた、賞金やメダル授与のない分析コンペです。初心者の学習の場や、新しい手法を試す場として活用するためのものなので、開催期間に制限はなく常時、開設されています。

■分析コンペではどんなものを分析するの?

企業が主催するコンペでは、自社の商品あるいは不動産の情報から適正な販売価格を予測するものや、ユーザーの購入履歴から次に購入する商品を予測するものなど、顧客情報からの購買予測が多いです。

このほかに、大量の画像データを例えば10のカテゴリに分類するといった画像分類のコンペや、テキストデータで提供される自然言語処理を目的としたコンペも開催されています。

1.1 Kaggleと分析コンペ

▼分析コンペにおける主な分析対象のデータ

- **テーブルデータ**
  テーブル（表）形式で提供されるデータです。数値データのほか、説明のためのテキストデータが含まれることもあります。分析には、回帰分析系のモデルやランダムツリー、GBDTのモデルが使われます。予測に困難を極める場合はニューラルネットワーク系のモデルが使われることもあります。

- **画像データ**
  画像データとして、画像のピクセル値をプログラムから読み込める配列データとして提供される場合や、JPEG形式のように画像専用フォーマットで提供される場合があります。分析には、ニューラルネットワークを中心としたディープラーニング系のモデルが使われることが多いです。

- **テキストデータ**
  自然言語処理のためのデータがテキスト形式で提供されます。文章分類のほか、商品価格の予測が課題となることもあります。一般的にニューラルネットワーク系のモデルが使われることが多いですが、状況によっては、ランダムツリーやGBDTなどの非ニューラルネットワーク系のモデルが使われることもあります。

■もちろん、参加費はかかりませんよね？

　参加費は、もちろん無料です。無料のアカウントを取得すれば、誰でもコンペに参加できます。その際は、コンペに参加するために必要なノートブックをはじめとする開発環境も無料で提供されます。

　注目すべきは、開発環境から無料でGPUを利用できることです。1週間のうち30時間まで、という利用制限はありますが、画像処理などの時間がかかる分析では、とても便利です。

1.1.2 やっぱり賞金って気になるし、称号だってほしい

Kaggleに参加するからには、上位入賞者の獲得賞金は気になるところです。あと、ぜひとも何らかの称号が獲得できれば、分析コンペに参加するモチベーションも上がりそうです。

■ やっぱり賞金って気になるんだけど？

過去に日本の企業が開催したコンペでは、賞金総額が10万ドルの「Mercari Price Suggestion Challenge」（主催：（株）メルカリ）がありました。その他、海外の賞金総額が高額な分析コンペには、以下がありました。

・「Passenger Screening Algorithm Challenge」
賞金総額150万ドル。米国の国土安全保障省が開催したコンペです。

・「Zillow Prize: Zillow's Home Value Prediction (Zestimate)」
賞金総額120万ドル。オンライン不動産データベースを運営する米国のZillow社が開催したコンペです。

・「Data Science Bowl 2017」
賞金総額100万ドル。米国のコンサルティング会社Booz Allen Hamilton社が主催したコンペです。

2020年6月現在では、賞金総額が1万5000ドルから5万ドルのコンペが開催中です。

■ メダルはどうやったらもらえるの？

Kaggleのメダル対象となる分析コンペで、次表のように上位に入ると、順位に応じたメダルを獲得できます。なお、参加者は1人でも1チームとしてカウントされます。

1.1 Kaggleと分析コンペ

▼メダル獲得の順位

メダルの種類＼チームの数	0〜99	100〜249	250〜999	1000〜
ゴールドメダル	上位10%	上位10チーム	上位10チーム (+0.2%)	上位10チーム (+0.2%)
シルバーメダル	上位20%	上位20%	上位50チーム	上位5%
ブロンズメダル	上位40%	上位40%	上位100チーム	上位10%

■Kaggleの称号はどうやったら獲得できるの？

Kaggleの5段階ある称号は、上位3ランクがメダルの獲得数に応じて獲得できます。

・Grandmaster

ゴールドメダル5個で獲得できます。ただし、5個のうち1個はソロ（個人）での獲得が条件です。獲得するのがとても難しく、獲得者は世界で百数十人程度です。

・Master

ゴールドメダル1個、シルバーメダル2個で獲得できます。ゴールドメダルの獲得が条件なので、難易度はかなり高いです。

・Expert

ブロンズメダル2個で獲得できます。

・Contributor

メダル獲得の必要はありません。ただし、以下の条件を満たすことが必要です。

・プロフィールへの自己紹介、居住地域、職業、所属組織の登録。
・アカウントのSMS認証。
・分析コンペへのサブミットによる参加。
・NotebooksまたはDiscussでのコメント投稿とupvoteの実施。

・Novice

Kaggleのアカウントを作成すると獲得できます。

1.2 分析コンペに参加してランキングに載るまで

分析コンペに参加するには、まずKaggleのアカウントを作成することから始めます。ここでは、Kaggleのアカウントを作成し、実際に分析コンペに参加してランキングに載るまでの流れを見ていくことにします。

1.2.1 分析コンペに参加するための準備

Kaggleのアカウントを取得し、興味のある分析コンペを見つけましょう。

■Kaggleのアカウントを作成するには？

Kaggleのトップページ (https://www.kaggle.com/) を開きます。ページ内 (下図の画面では左下付近) にアカウント登録用のリンクがあります。

・Googleアカウントを所有していて、このアカウントで登録する場合は [REGISTER WITH GOOGLE] ボタンをクリックします。
・所有しているメールアドレスで登録する場合は、[Register with Email] のリンクをクリックします。

アカウント登録用のリンク

画面の指示に従って必要な情報を入力し、利用規約の確認を行うと、登録したメールアドレスに確認のメールが送信されてきます。メールに記載されたURLをクリックして認証を行えば、アカウントの作成は完了です。

■ アカウントを作成したら次に何をする？

アカウントを作成したら、興味のある分析コンペを探しましょう。Kaggleのサイドバーに [Compete] のリンクがあるので、これをクリックすると「All Competitions」に分析コンペの一覧が表示されます。

- [Active] をクリックすると、開催中のコンペのみが表示されます。
- [Completed] をクリックすると、終了したコンペのみが表示されます。

あと、コンペには開催中のものだけでなく、コンペ終了後も学習用途としてアクティブな状態で残されているものもあります。アクティブな状態とは、コンペのエントリーは終了しているが、実際に開発環境（ノートブック）を作成して予測を提出（サブミット）できる状態のことを指しています。参加者の順位を管理する「Public Leaderboard」も動作しているので、実際に提出した予測の順位を、コンペの開催中と同じように確認することができます。

このような学習用の分析コンペだけを表示するには、「All Competitions」のすぐ下、右から2つ目のドロップダウンメニューから [Getting Started] または [Playground] を選択します。

▼「Compete」の画面

メニュー項目から選択して表示を絞り込むことができる

「All Competitions」に表示されている任意の分析コンペをクリックすると、そのコンペのページが表示されます。まずは、練習がてら分析コンペに擬似的に参加したい、ということであれば、先の [Getting Started] または [Playground] のカテゴリの分析コンペを選ぶとよいかと思います。

COLUMN 分析コンペに実際に参加するにはどんな知識が必要？

Kaggleの分析コンペでは、データサイエンス、あるいは機械学習の手法による予測を行いますので、これらの基本的な知識は最低限、必要です。基本的な知識というと範囲が曖昧ですが、それぞれの分野で使われる用語の意味は理解できている、ということです。

データサイエンスであれば、統計学で使われる「平均」「中央値」「標準偏差」「正規分布」「回帰分析」をはじめとする用語です。機械学習であれば、「ニューラルネットワーク」「ディープラーニング」は知っておいた方がよいかと思いますが、機械学習はデータサイエンスの延長のような面があるので、共通の用語が多いです。ですので、まずはデータサイエンス系の用語の理解から始めるとよいかと思います。

あと、最も重要なのがプログラミングの知識です。Kaggleでは、PythonまたはR言語で開発するようになっていますので、どちらかの言語で基本的な演算程度は行えるスキルは必要です。本書では、データサイエンスや機械学習に特化したプログラミングについては解説していますので、これらのテクニックについては、本を読み進めながら覚える、というスタンスでよいのではないでしょうか。

データサイエンスと機械学習の両方を扱うので、本書では開発言語として機械学習に強いPythonを使用しています。プログラミングについての解説を逐次、入れていますが、初歩的な部分の解説は割愛しています。

1.2.2　モデルを作成してサブミットする

　分析コンペに参加するには、そのコンペのページからプログラミング環境（開発環境）を作成し、分析のためのプログラミングを行います。プログラムが完成したら、課題として与えられているデータを分析して予測値を出力し、これをファイルにまとめて提出します。では、それぞれの手順を詳しく見ていきましょう。

■ **興味のあるコンペが見つかったら次に何をする？**

　分析コンペでは、「**ノートブック**」と呼ばれるプログラミング環境を作成し、これを利用してプログラミングを行い、課題のデータを使って予測します。

　ノートブックを作成するには、分析コンペのメニューバーに表示されている[Notebooks]をクリックします。

▼分析コンペ「House Prices: Advanced Regression Techniques」のトップページ

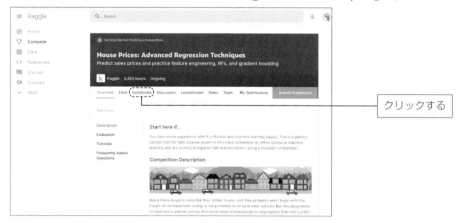

　[Notebooks]のページが表示されるので、[New Notebook]ボタンをクリックします。

▼[Notebooks] のページ

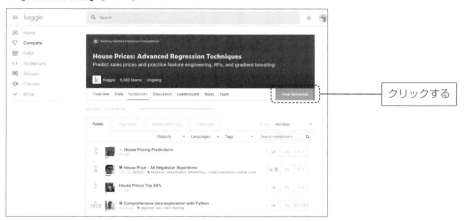

なお、Kaggleでノートブックを初めて作成する場合、あるいは分析コンペへの参加が初めての場合は、携帯電話による認証が行われます。この場合は、携帯電話番号を入力する画面が表示されるので、番号を入力して操作を進めます。入力した電話番号のSMSに送信されたパスコードを認証画面に入力すると認証が完了し、ノートブックが作成できるようになります。

[New Notebook] ボタンをクリックすると、作成するノートブックの種類を指定する画面が開きます。[Select language] で [Python] を選択し、[Select type] で [Notebook] をオンにして [Create] ボタンをクリックします。

▼ノートブックの作成

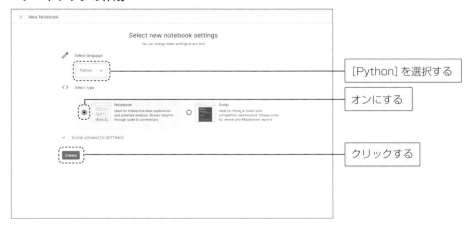

▼作成されたノートブック

ソースコードを入力するためのセル

　ここでは、プログラミング言語にPythonを指定し、[Notebook]スタイルのノートブックを作成しました。ほかに[Script]スタイルのノートブックを作成できますが、ここではセル単位でコードを入力できる[Notebook]スタイルをチョイスしました。

　ノートブックの画面を見ると、1番目のセルにソースコードが入力されているのが確認できます。これは、デフォルトで入力されているコードで、提供されているデータの一覧を出力するためだけのものなので、通常はこれを削除して、独自のコードを入力することになります。

■ ノートブックでどうやって予測するの？

　ノートブックは、プログラミングするための開発環境ですので、ソースコードを入力してプログラムを作成し、そのまま実行することができます。また、分析コンペから提供されているデータにもリンクされているので、これを直接、開いてノートブックの画面上に表示したり、ソースコードを書いてプログラムに読み込むことができます。

　次は、「House Prices: Advanced Regression Techniques」で提供されている訓練データとテストデータをPandasのデータフレームに読み込むためのコードです。

1.2 分析コンペに参加してランキングに載るまで

▼訓練データとテストデータの読み込み（セル1）

```python
import pandas as pd
# 訓練データをデータフレームに読み込む
train = pd.read_csv(
    "../input/house-prices-advanced-regression-techniques/train.csv")
# テストデータをデータフレームに読み込む
test = pd.read_csv(
    "../input/house-prices-advanced-regression-techniques/test.csv")
```

　ノートブックの上部にある [Run current cell] ボタンをクリックするか、[Shift]+
[Enter]キーを押すと、カーソルが置かれたセルのコードが実行されます。次は、デー
タの前処理を行うコードです。ここでは例として載せていますので、眺める程度にし
ておいてください。

▼データの前処理を行う（セル2）

```python
import numpy as np
from scipy.stats import skew


# SalePriceについて底をeとするa+1の対数に変換し、
# 元の値と共にデータフレームに登録
prices = pd.DataFrame({'price':train['SalePrice'],
                       'log(price + 1)':np.log1p(train['SalePrice'])})


# SalePriceの値を、底をeとするa+1の対数に変換する
train["SalePrice"] = np.log1p(train["SalePrice"])


# 訓練データとテストデータからMSSubClass〜SaleConditionのカラムのみを抽出して連結
all_data = pd.concat((train.loc[:,'MSSubClass':'SaleCondition'],
                      test.loc[:,'MSSubClass':'SaleCondition']))


# object型ではないカラムのインデックスを取得
numeric_feats = all_data.dtypes[all_data.dtypes != "object"].index


# object型ではないカラムの歪度を、欠損値を除いてから求める
skewed_feats = train[numeric_feats].apply(lambda x: skew(x.dropna()))


# 歪度が0.75より大きいカラムのみをskewed_featsに再代入
skewed_feats = skewed_feats[skewed_feats > 0.75]
```

1.2 分析コンペに参加してランキングに載るまで

```python
# 抽出したカラムのインデックスを取得
skewed_feats = skewed_feats.index


# 歪度が0.75より大きいカラムの値を対数変換する
all_data[skewed_feats] = np.log1p(all_data[skewed_feats])


# LotShape(土地の形状)を情報表現(ダミー変数)に変換
cc_data = pd.get_dummies(train['LotShape'])
# 元の'LotShape'を追加
cc_data['LotShape'] = train['LotShape']


# カテゴリカルなカラムを情報表現(ダミー変数)に変換
all_data = pd.get_dummies(all_data)


# 欠損値NaNをそのカラムの平均値に置き換える(平均値は訓練データから求める)
all_data = all_data.fillna(all_data[:train.shape[0]].mean())


# 訓練データとテストデータに分ける
X_train = all_data[:train.shape[0]]
X_test = all_data[train.shape[0]:]
y = train.SalePrice
```

実際にモデルを作成して学習を行います。

▼モデルを作成して訓練データで学習する

```python
from sklearn.model_selection import cross_val_score
import xgboost as xgb


def rmse_cv(model):
    """二乗平均平方根誤差

    Parameters:
      model(obj): Modelオブジェクト
    Returns:
      (float)訓練データの出力値と正解値とのRMSE
    """
    # クロスバリデーションによる二乗平均平方根誤差の取得
    rmse = np.sqrt(
        -cross_val_score(
```

34

```
            model, X_train, y,
            scoring="neg_mean_squared_error",  # 平均二乗誤差を指定
            cv = 5))                           # データを5分割
    return(rmse)


# xgboostで学習する
model_xgb = xgb.XGBRegressor(
    n_estimators=410,    # 決定木の本数
    max_depth=3,         # 決定木の深さ
    learning_rate=0.1)  # 学習率0.1
model_xgb.fit(X_train, y)


print('xgboost RMSE loss:')
print(rmse_cv(model_xgb).mean())
```

▼出力

```
xgboost RMSE loss:
0.12437590381245056
```

　この分析コンペでは、不動産情報を基にして住宅の販売価格を予測します。現在までのソースコードを実行した結果、訓練データにおける予測値の誤差が出力されています。

　では最後に、テストデータをモデルに入力して予測値を出力し、これを提出用のCSVファイルに保存します。

▼テストデータの予測結果をCSVファイルに出力する

```
preds = np.expm1(model_xgb.predict(X_test))
solution = pd.DataFrame({"id":test.Id, "SalePrice":preds})
solution.to_csv("ridge_sol.csv", index = False)
```

■ 予測結果はどうやって提出するの？

　ノートブックは、[Save Version]ボタンをクリックすることで、プログラムの実行結果と一緒に保存することができます。ただし保存できるのは画面に出力された結果であり、モデルで学習した結果など、プログラムの実行状態までは保存されないので注意してください。

　ノートブックの上部に[Save Version]ボタンがあるので、これをクリックします。

▼ノートブックの保存

　[Save Version]ダイアログが表示されます。[Quick Save]をオンにすると、ノートブックがそのまま保存されます。一方、[Save & Run All (Commit)]をオンにすると、ノートブックのすべてのソースコードを実行し、出力したファイルがあれば一緒に保存されるようになるので、分析コンペへの提出（**サブミット**）を行う場合は、これをオンにします。[Save]ボタンをクリックすると処理が開始されます。

▼［Save Version］ダイアログ

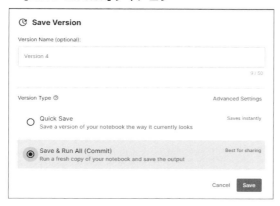

　では、保存されたノートブックを見てみましょう。分析コンペのトップページのメニューバーの［Notebooks］をクリックし、［Your Work］タブをクリックすると、保存済みのノートブックのタイトルが表示されるので、これをクリックします。

▼保存済みのノートブックを開く

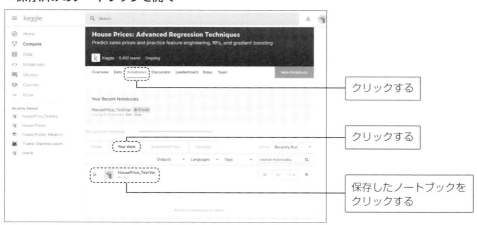

　保存されているノートブックが開きます。右のサイドバーの［Output］をクリックすると、保存したCSVファイルの内容に移動します。ファイル名の右横に［Submit］ボタンが見えているかと思います。このボタンが、予測結果をまとめたファイルの送信ボタンです。さっそくクリックしましょう。

1.2 分析コンペに参加してランキングに載るまで

▼予測結果を提出（サブミット）する

しばらくすると予測結果の検証とスコアリングが完了し、結果が表示されます。ここでは0.13605というスコアが確認できます。[Jump to your position on the leaderboard]のリンクがあるので、これをクリックするとランキングに掲載されている位置が表示され、そこで順位が確認できます。なお、コンペの開催中の順位は、テストデータの一部を用いた評価であることに注意してください。分析コンペの提出が締め切られたあと、正式な順位が発表されます（[Private Leaderboard]の画面で確認できます）。

▼サブミット完了後の[Submit Predictions]の画面

以上で、分析コンペへの予測結果の提出は完了です。

　なお、予測結果の提出は、分析コンペのトップページのメニューバーにある[Submit Predictions]ボタンをクリックして表示される画面から行うこともできます。この場合は、予測結果のCSVファイルをいったん使用中のPCにダウンロード（保存したノートブックの画面から行えます）したうえで、画面の[Upload Files]をクリックしてそのファイルを指定し、[Make Submission]ボタンをクリックします。

▼ [Submit Predictions]の画面からサブミットする

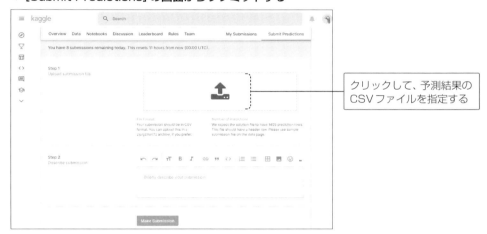

クリックして、予測結果のCSVファイルを指定する

■ いまの順位を知りたい！

　分析コンペのページで[Leaderboard]をクリックすると、リーダーボードに現在の順位がリアルタイムで表示されます。[Jump to your position on the leaderboard]のリンクが表示されている場合は、これをクリックすると、現在の自分の順位の位置に画面が移動します。

1.2 分析コンペに参加してランキングに載るまで

▼ [Leaderboard]の画面

分析コンペへの提出が締め切られると、最終の検証が行われ、最終の順位が確定します。この場合は、[Leaderboard]の画面の[Private Leaderboard]をクリックして確認します。

▼ [Leaderboard]の画面の[Private Leaderboard]

1.2 分析コンペに参加してランキングに載るまで

　もちろん、コンペの開催期間中は、モデルの精度を改善して何度でもサブミットすることが可能です。ただし、分析コンペごとに、1日に提出できる予測結果の数が決められていますので、無制限に提出を繰り返すことはできません。検証をしっかり行って、改善が見られたと判断できたら、制限回数の範囲内で提出することが重要です。

■ 分析コンペには予測結果だけを提出すればいいの？

　分析コンペによっては、予測結果をまとめたファイルを提出するのではなく、ノートブックそのものを提出することもあります。このような、提出物の指定などの決まりのことをKaggleでは**フォーマット**と呼んでいます。

□ 提出物に関するフォーマット

・通常のコンペ

　Kaggleで開催される分析コンペの多くは、予測結果を提出することになっています。Kaggleのノートブック、または参加者自らの環境でモデルを学習させ、テストデータに対する予測結果をファイルにまとめ、これを提出（サブミット）します。ファイルのフォーマットはあらかじめ決められていて、見本となるファイルが「sample_submission.csv」などの名前で提供されます。

・カーネルコンペ

　予測結果ではなく、予測に使ったプログラム（ソースコード）を提出します。以前、Kaggleではノートブックのことを**カーネル**と呼んでいました。つまり、カーネルコンペは、ノートブックを提出するコンペということです。提出したノートブックのプログラムを実行して学習と予測が行われ、その予測結果に基づいてスコアが計算されます。提出に関しては、一般的に次のような制限があります。

・CPUのみの使用（GPUは使用不可）
・メモリの使用量（コンペにより異なる）
・ノートブックの実行時間（モデルの学習から予測までのすべてを1時間以内に終了する、など）

ほかにも制限されることがありますが、主に上記のような制限をかけることで、コンペ参加者のモデルによる学習と予測を支障なく行えるという、主催者側のメリットがあります。

日本の(株)メルカリが主催した「Mercari Price Suggestion Challenge」は、カーネルコンペでした。これについては、本書の9章で取り上げています。

■ 予測に使うテストデータっていつ入手できるの？

通常、分析コンペが開催されると、訓練用のデータ（モデル学習用のデータ）、予測結果のフォーマットを示す見本ファイルと共に、テストデータが配布されます。配布といっても、ノートブック環境からアクセスできる場所に置かれるかたちですので、ノートブックに読み込んで使用する、もしくは参加者が使用しているPCにダウンロードして使用することになります。訓練データは、データそのものと予測に使う正解値のセットになっていますが、テストデータには、当然ですが正解値なしのデータのみが収録されています。

□ 2ステージ制の分析コンペの場合

第1ステージと第2ステージに分かれた「2ステージ制」のコンペでは、第2ステージに入ってから最終評価用のテストデータが配布されます。第1ステージで配布されたテストデータを用いてモデルの構築と学習を行い、第2ステージで改めて最終評価用のテストデータで予測する流れになります。カーネルコンペの多くが2ステージ制となっていて、第1ステージの段階でカーネル（ノートブック）の提出を完了させ、第2ステージではカーネルの修正を禁止し、提出済みのカーネルでの予測のみでスコアリングが行われます。

1.3 ノートブックを使いこなす

　Kaggleで提供されるノートブックの形態には、「Notebook」と「Script」があります。Notebookは、Pythonの開発環境として有名なJupyter Notebookと同じ構造をしていて、セルと呼ばれる領域にソースコードを入力し、セル単位でプログラムを実行します。これに対し、Scriptは一般的な開発環境のように、ソースコードエディターの画面でコードの入力を行い、入力したコードを一括して実行します。

　ここでは、最もよく使われるNotebook（本書ではカーネルを表す場合もNotebookを表す場合も「ノートブック」と表記しています）の使い方を見ていきます。

■基本操作だけでいいから教えて！

　ノートブックには開発環境に特化した機能のみ搭載されているので、覚えるべき操作方法はそれほど多くはありません。ノートブックでは、**セル**と呼ばれる領域にソースコードを入力し、セル単位で実行します。セルは必要なだけ追加できるので、一定の処理ごとにセルにコードを入力して結果を見る、というスタイルでプログラミングができます。これは、データ分析や機械学習のように、試行錯誤が必要なプログラミングにうってつけです。

　プログラムを実行するには、ノートブック上部のツールバーにある [Run current cell] ボタンをクリックします。すると、現在、カーソルが置かれているセルのコードが実行されます。なお、[Run current cell] ボタンではなく、[Shift]+[Enter]キーを押しても、同じようにセルのコードを実行できます。

1.3 ノートブックを使いこなす

▼ノートブック

▼ツールバー上のボタン

ボタンの名称	説明
[Add cell]	現在、カーソルが置かれているセルの下に新規のセルを追加します。
[Run current cell]	現在、カーソルが置かれているセルのコードを実行します。
[Run All]	すべてのセルのコードを上のセルから順番に実行します。

▼メニュー

メニュー	説明
[File]	データのアップロードやダウンロード、ノートブックの保存などが行えます。[Notebook]と[Script]の切り替えも行えます。
[Edit]	セル間の移動、セルの削除が行えます。
[View]	行番号の表示、セルの折り畳みと展開、ノートブックのテーマカラーの切り替えなど、ノートブックの見た目に関する設定が行えます。
[Run]	プログラムの実行に関する操作が行えます。ノートブックの再起動、シャットダウンも行えます。
[Add-ons]	Googole Cloud Serv cesの追加が行えます。
[Help]	KaggleのドキュメントやKaggleのAPIに関するドキュメントを参照できます。

■ノートブックからネットに接続したい！

　状況によっては、ノートブックから直接、外部のライブラリをインストールしたり、外部ライブラリで用意されているデータをダウンロードすることがあります。この場合は、ノートブックからインターネットにアクセスできるように、サイドバーの [Settings] を展開し、[Internet] のスイッチをオンにしておきます。

▼ノートブックからインターネットにアクセスできるようにする

■セッションの停止と再開

　ノートブックのメニューバー下の右端から3つ目のボタンは、ノートブックの停止（セッションの停止）と再開（セッションのスタート）を行うためのものです。セッションを停止すると、プログラム実行中に使用されていたデータがすべて破棄され、ノートブックが停止します。セッションを再開すると、ノートブックがリセットされた状態で起動します。

　メニューバー下の右端の [Restart Session] ボタンをクリックした場合は、ノートブックが再起動されます。プログラムの実行結果をクリアして、新たにプログラムを実行したい場合に使用するとよいでしょう。なお、プログラムの実行による出力はクリアされないので、出力もクリアしたい場合は、Restart Session] ボタンをクリックしたあと、ブラウザーのリロードボタンをクリックして、画面を再読み込みしてください。

■GPUはどうすれば使えるの？

　GPUは、サイドバーの［Accelerator］で［GPU］を選択するだけですぐに使えます。［GPU］を選択すると確認のダイアログが表示されるので［Turn on GPU］ボタンをクリックします。ノートブックが再起動し、GPUが使用可能な状態になります。

　ただし、GPUを利用できるのは週に30時間までです。1週間が経過すると使用時間が0にリセット＊されます。GPUの使用時間の累計は、Kaggleの［My Profile］のページから［Notebooks］をクリックして表示される画面で確認できます。

▼GPUを使用可能にする

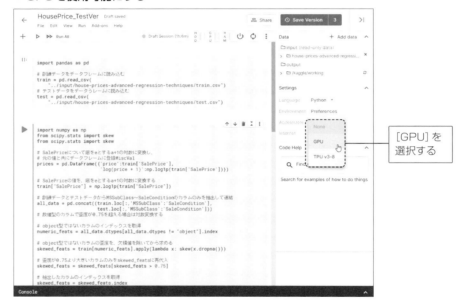

　なお、GPUを有効にすると、ノートブックの起動中は、プログラムの実行／停止にかかわらず、GPUの使用時間として計測されます。このため、必要がない場合はノートブックをこまめにシャットダウンして、時間を節約するとよいかと思います。

＊…が0にリセット　筆者の環境では毎週土曜日の午前0時にリセットされた。

第2章 分析コンペで上位を目指すためのチュートリアル

2.1 分析コンペの課題と評価

　Kaggleの分析コンペでは、それぞれの課題（**タスク**）が提示され、課題をクリアするための**学習用データ**と、課題としてのデータ（**テストデータ**）が提供されます。ここでは、分析コンペの課題にはどのようなものがあるのかを、分析上の観点から系統立てて見ていくことにします。

　さらに、課題に基づいて提出されたデータがどのように評価され、何を根拠にコンペの順位が決まるのか、その辺りについても確認しておくことにしましょう。

2.1.1　コンペの課題を分析上の観点から理解する

　分析コンペに取り組むには、そのコンペの

- 課題の内容
- 提供されるデータの内容
- 予測の対象

について正確に理解しておくことが必要です。まずは課題の内容について見ていきますが、その内容は、分析上の観点から4つのパターンに分けられます。

■回帰タスク

　「天候と気温から来客数を予測」、「商品の概要説明から価格を予測」など、複数の要因（説明変数）から、来客数や商品価格といった「数（連続値）の予測」を行います。具体的には、yが連続値であるときに、$f(x) = y$というモデルを当てはめることが回帰タスク（回帰問題）です。データを分析することで$f(x)$の部分を導出し、これに説明変

数 x を当てはめて、予測値 y を求めます。実際に使用される回帰タスクのモデルには、回帰の分析器である「リッジ回帰」や「ラッソ回帰」、さらには回帰木という仕組みを実装した「ランダムフォレスト」や「勾配ブースティング木（GBDT）」、「LightGMB」などがあります。これらのモデルはPythonの関数（メソッド）として提供されているので、予測する際は対象のメソッドを呼び出し、データを読み込ませることで学習を行って、モデルを完成させてから、予測を行うという手順を踏みます。

　Kaggleの回帰タスクのコンペには、住宅の販売価格を予測する「House Prices: Advanced Regression Techniques」や、メルカリの出品価格を予測する「Mercari Price Suggestion Challenge」（ただし、ニューラルネットワーク系も使われる）があります。これらのコンペにおける分析手法は、本書の3章と9章で取り上げています。

▼回帰タスクの代表的なコンペ

```
「House Prices: Advanced Regression Techniques」
「Mercari Price Suggestion Challenge」
「Zillow Prize: Zillow's Home Value Prediction (Zestimate)」
```

■分類タスク

　回帰タスクが連続値をとる値の予測であるのに対し、分類タスクはその名の通り「いくつかのクラスへの分類」を行います。

□二値分類

　「2つのうちのどちらか」のように、「AかBか」の分類です。「体温」「血圧」などの説明変数から、ある病気にかかっているか否かを予測します。

　Kaggleのコンペでは、タイタニック号の乗員データからその人は生き残ったか否かを予測する「Titanic: Machine Learning from Disaster」というコンペが有名で、データ分析の題材としてもよく取り上げられています。

　一方、画像認識を題材としつつ、予測は二値分類を行う「Dogs vs. Cats Redux: Kernels Edition」というコンペがあります。イヌとネコの画像をモデルに入力し、「イヌ＝1」「ネコ＝0」のように1と0のどちらかに分類するのが課題です。これについては、本書の8章で取り上げています。

▼ Titanic: Machine Learning from Disaster

タイタニック号の生存者を予想する分析コンペ

　二値分類では、回帰の分析器でもある「リッジ回帰」や「ラッソ回帰」が使えます。これらのモデルは連続値を出力しますが、**閾値**（しきいち）を設定することで、例えば0以上0.5以下の出力はAに分類し、0.5より大きく1.0以下の出力はBに分類することができます。

　あとは「分類木」という仕組みを実装した「ランダムフォレスト」や「勾配ブースティング木（GBDT）」、「LightGBM」もよく用いられます。回帰タスクのところで「回帰木」というものが出てきましたが、これらのモデルには、回帰木と分類木がまとめて「決定木」という形で実装されています。

　一方、「Dogs vs. Cats …」のような画像認識を伴う課題の場合は、回帰モデルではなく、多くの場合、**多層パーセプトロン**や**畳み込みニューラルネットワーク**などのニューラルネットワーク系のモデルが使われます。これらのモデルの原型もPythonのライブラリで提供されていますので、モデルをプログラミングし、学習を行ってモデルを完成するという手順で予測までのプロセスを進めます。

▼二値分類の代表的なコンペ

「Titanic: Machine Learning from Disaster」
「Dogs vs. Cats Redux: Kernels Edition」
「Home Credit Default Risk」

COLUMN　Statoil/C-CORE Iceberg Classifier Challenge

　二値分類が課題の「Statoil/C-CORE Iceberg Classifier Challenge」という大変興味深いコンペがあります。衛星画像を分析し、氷山の場合は1、船の場合は0に分類するのが課題です。航海中の船舶にとって、氷山を見つけることは安全上とても重要ですが、悪天候時には目視による判断はとても困難です。そこで、コンペを主催したエネルギー企業Statoil社（現Equinor社）は、氷山をより正確に判別したいと考え、衛星画像から船と氷山を識別するコンペを開催しました。

　ただ、衛星からのレーダー画像には、ほとんど点にしか見えないものも多く含まれていて、解析は困難を極めることが予想されます。そこでコンペ参加者には、75×75ピクセルの画像が、撮影の際のマイクロ波入射角の情報と共に合計5625セット提供されました。一見、マイクロ波の入射角度が氷山の識別にどのくらい有効なのか疑問ですが、上位入賞者はこの情報から、氷山が含まれている確率を、アンサンブルの手法を用いつつ高精度で予測しました。

　2年ほど前に開催されたコンペなので、すでに終了して久しいですが、ディストリビューション（分析コンペのサイト）自体は引き続き公開されていますので、実際にノートブックを作成してサブミットすることができます。興味があれば、ぜひ覗いてみるとよいかと思います。

▼ Statoil/C-CORE Iceberg Classifier Challenge

□マルチクラス分類

　二値分類は、「2つのうちのどちらか」に分けるものでしたが、マルチクラス分類は「複数のうちのどれか」に分類します。それで「マルチ（多）クラス（階級）」というわけです。

　マルチクラス分類では、手書き数字を0～9のクラスに分類する「Digit Recognizer」という、画像認識が課題のコンペが有名で、Kaggleの「Getting Started（学習用コンペ）」として公開されています。あと、ファッションアイテムの画像認識（一般物体認識）を行う「CIFAR-10 - Object Recognition in Images」があります。このコンペの課題も、もちろんマルチクラス分類です。

　あと、マルチクラス分類には、複数の中から複数を選ぶ「マルチラベル分類」も含まれます。Kaggleのコンペはマルチクラス分類が多いのですが、「Human Protein Atlas Image Classification」のようにマルチラベル分類が課題のコンペもときおり登場します。

　いずれの場合も、二値分類のモデルを使用して、クラスの数だけ繰り返すことで予測を行うのが基本ですが、ニューラルネットワーク系のモデルを使うのが一般的になりつつあります。ニューラルネットワークでは、末端のユニットの数をクラスの数と同じにすることで、計算が一度で済むうえ、精度も高いというのがその理由です。

▼マルチクラス分類の代表的なコンペ

「Digit Recognizer」
「CIFAR-10 - Object Recognition in Images」
「Two Sigma Connect: Rental Listing Inquiries」

▼マルチラベル分類の代表的なコンペ

「Human Protein Atlas Image Classification」

■レコメンデーション

　レコメンデーションと呼ばれるタスク（課題）では、ユーザーが購入しそうな商品や興味を持つであろう広告などを予測します。この場合、1人のユーザーごとに、複数の商品や広告を予測することになるので、マルチラベルクラス分類の一種と考えることができます。

レコメンデーションが課題のコンペには、ユーザーの購入履歴を基に、次に購入するであろう商品の順位付けを行う「Santander Product Recommendation」があります。順位を付けるとはいえ、ユーザーが各商品を「購入するかしないか」という二値分類問題として解くことが可能なので、二値分類によって予測した各商品の購入確率を基に、商品に順位付けをして、これを予測値として提出することになります。ただ、マルチクラスに対応したニューラルネットワーク系のモデルを用いた予測も、もちろん可能です。このことから、実際のコンペではランダムフォレストやGBDTに加え、ニューラルネットワーク系のモデルも多く使用されていました。

▼レコメンデーションの代表的なコンペ

「Santander Product Recommendation」

■ 物体検出／セグメンテーション

物体認識は、画像に写っているものが何であるかを言い当てる処理で、特定物体認識と一般物体認識に分類されています。特定物体認識は、ある特定の物体と同一の物体が画像中に存在するかを言い当てる処理で、一般物体認識は、電車、自動車、イヌなど一般的な物体のカテゴリを言い当てる処理です。

前置きが長くなってしまいましたが、物体検出とは、画像の中から定められた物体の位置とカテゴリ（クラス）を矩形の領域で検出することを指します。平たくいえば、画像に含まれる物体のクラスとその存在する位置を**バウンディングボックス**と呼ばれる矩形の領域で推定するタスクです。スマホのカメラがフォーカスを合わせるときに矩形の領域が被写体にピピッと合わさりますが、そのようなものとお考えください。モデルとしては、ニューラルネットワーク系の畳み込みニューラルネットワーク（CNN）を使うのが一般的です。代表的なコンペに「Google AI Open Images - Object Detection Track」があります。

一方、セグメンテーション（画像セグメンテーション）は、画像の中から定められた物体の位置とカテゴリ（クラス）をピクセル単位で検出することを指します。物体検出が矩形の領域で検出するのに対し、セグメンテーションは「検出する物体に沿って囲むように検出」します。セグメンテーションが課題のコンペには、「TGS Salt Identification Challenge」があります。

▼物体検出の代表的なコンペ

「Google AI Open Images - Object Detection Track」

▼セグメンテーションの代表的なコンペ

「TGS Salt Identification Challenge」

2.1.2　回帰タスクで使われる評価指標

　分析コンペでは、課題として与えられたテストデータを自作のモデルで予測し、これをCSVファイルに保存してサブミット（提出）します。Kaggleでは、コンペごとに定められた「評価指標」でスコアを算出し、この結果によって順位が決定されます。

　評価指標は、あくまでコンペの主催者が用いるものなので、参加者が使用することはありませんが、実際にどのような指標によって評価されるのかを紹介します。なお、各コンペの「Overview」➡「Evalution」で、どのような評価指標が使われているかを確認できますので、本項の記事と照らし合わせつつ確認してもらえればと思います。

■RMSE（二乗平均平方根誤差）

　連続する予測値をとる回帰タスクで最も多く使われるのが、「二乗平均平方根誤差（RMSE：Root Mean Squared Error）です。正解値と予測値の差の二乗平均の平方根をとることで求めます。

●RMSE

$$RMSE = \sqrt{\frac{1}{n}\sum_{i=1}^{n}(y_i - \hat{y}_i)^2}$$

・n：レコード数
・y_i：i番目の実測値（正解値）
・$\hat{y}_i$：i番目の予測値

RMSEは、予測値が正解値を上回る（予測の値が大きい）場合に、大きなペナルティを与えるので、例えば価格予測のように、正解値を大きく上回るのを許容できない場合に最適な評価指標です。使用する際の注意点としては、正解値と予測値の差を二乗している分、外れ値の影響が強く出てしまうので、事前に外れ値を除いておく必要があることが挙げられます。

なお、RMSEは誤差がどれだけあるかについて、比率・割合ではなく、幅（大きさ）に着目しているので、小さなレンジでの誤差に着目したい場合には適していません。その場合は、後述のRMSLEを使うことになります。

▼ RMSEを求めるscikit-learnの関数の書式（ [ ] 内は省略可であることを示します）

```
sklearn.metrics.mean_squared_error(y_true, y_pred
    [, sample_weight=None, multioutput='uniform_average', squared=True])
```

▼ 評価指標にRMSEが使われているコンペ

「Elo Merchant Category Recommendation」

■ RMSLE（二乗平均平方根対数誤差）

「二乗平均平方根対数誤差（RMSLE：Root Mean Squared Logarithmic Error）も回帰タスクにおける代表的な評価指標の1つです。RMSLEは、予測値と正解値の対数差の二乗和の平均の平方根をとったもので、以下の式で表されます。

●RMSLE

$$
\text{RMSLE} = \sqrt{\frac{1}{n} \sum_{i=1}^{n} \left(\log(1 + y_i) - \log(1 - \hat{y}_i) \right)^2}
$$

対数をとる前に予測値と正解値の両方に＋1をしているのは、予測値または正解値が0の場合にlog(0)となって計算できなくなることを避けるためです。RMSLEには以下の特徴があります。

・予測値が正解値を下回る（予測の値が小さい）場合に、大きなペナルティを与えるので、下振れを抑えたい場合に使用されることが多いです。来客数の予測や店舗の在庫を予測するようなケースです。来客数を少なめに予測したせいで仕入れや人員が不足してしまったり、出荷数を少なく見積もって在庫が余ってしまうことを避けるためです。

・分析に用いるデータのバラツキが大きく、かつ分布に偏りがある場合に、データ全体を対数変換して正規分布に近似させることがあります。目的変数（正解値）を対数変換した場合は、RMSEを最小化するように学習することになりますが、これは対数変換前の目的変数のRMSLEを最小化するのと同じ処理をやっていることになります。

□ RMSLEは予測値が小さい場合に大きくペナルティを課す

　ここで、実際にRMSEとRMSLEで同じデータを測定して、両者の違いを見てみることにします。RMSEは、scikit-learnのmetrics.mean_squared_error()で求めることができます。なお、例ではRMSLEの一部にmean_squared_error()を利用していますが、scikit-learnのmetrics.mean_squared_log_error()で一発で求める方法もあります。以降は、ローカルマシンにインストールしたJupyter Notebookのノートブックへの入力例です。

▼関数を用意

```
import numpy as np
from sklearn.metrics import mean_squared_error


# RMSE関数
def rmse(y_true, y_pred):
    return np.sqrt(mean_squared_error(y_true, y_pred))
# RMSLE関数
def rmsle(y_true: np.ndarray, y_pred: np.ndarray):
    rmsle = mean_squared_error(np.log1p(y_true), np.log1p(y_pred))
    return np.sqrt(rmsle)
```

▼同じデータを使ってRMSEとRMSLEを出力

```
# ---データを準備
y_true = np.array([1000, 1000])        # 正解値
```

2.1 分析コンペの課題と評価

```
y_pred_low = np.array([600, 600])      # 予測値 (正解値よりも小さい)
y_pred_high = np.array([1400, 1400])   # 予測値 (正解値よりも大きい)

# RMSE を出力
print('RMSE')
print(rmse(y_true, y_pred_high))
print(rmse(y_true, y_pred_low))


print('--------------------')

# RMSLE を出力
print('RMSLE')
print(rmsle(y_true, y_pred_high))
print(rmsle(y_true, y_pred_low))
```

▼出力

```
RMSE
400.0
400.0
--------------------
RMSLE
0.3361867670217862
0.5101598447800129
```

　　結果を見ると、RMSEでは予測値が正解値を上回っても下回っても誤差は同じです
が、RMSLEでは予測値が正解値を下回った場合の誤差が大きくなっています。予測
値が小さいときにより大きくペナルティを課していることになります。

□RMSLEは誤差が同じでも比率が大きい方にペナルティを大きく課す
　　今度はRMSLEだけに着目し、予測値と正解値の差が同じでも、正解値に対する誤
差の比率が異なる場合はどうなるかを見てみましょう。

▼誤差の比率が異なる場合のRMSLEを出力

```
y_true = np.array([1000, 1000])
y_pred = np.array([1500, 1500])
print(f'RMSLE: {rmsle(y_true, y_pred)}')

y_true = np.array([100000, 100000])
y_pred = np.array([100500, 100500])
print(f'RMSLE: {rmsle(y_true, y_pred)}')
```

2.1 分析コンペの課題と評価

▼出力

```
RMSLE: 0.40513205231824134
```

```
RMSLE: 0.004987491760291007
```

結果を見ると、正解値に対する誤差の値が同じでも、比率が大きい場合は大きな値を出力していることがわかります。

▼RMSLEを求めるscikit-learnの関数の書式

```
sklearn.metrics.mean_squared_log_error(y_true, y_pred
    [, sample_weight=None, multioutput='uniform_average'])
```

▼評価指標にRMSLEが使われているコンペ

「House Prices: Advanced Regression Techniques」

■MAE（平均絶対誤差）

平均絶対誤差（MAE：Mean Absolute Error）も回帰タスクでよく使われる評価指標です。正解値と予測値の絶対差の平均をとったもので、以下の式で表されます。

●MAE

$$
MAE = \frac{1}{n} \sum_{i=1}^{n} |y_i - \hat{y}_i|
$$

MAEは誤差を二乗していないので、RMSEに比べて外れ値の影響を受けにくいという特徴があります。外れ値を多く含んだデータを扱う際には、RMSEよりもMAEを使うことが適しているといえます。ただ、勾配計算を利用して最適化（学習）を行う場合、勾配が不連続になることがあり、少々扱いづらい面があります。

▼MAEを求めるscikit-learnの関数の書式

```
sklearn.metrics.mean_absolute_error(y_true, y_pred
    [, sample_weight=None, multioutput='uniform_average'])
```

▼評価指標にMAEが使われているコンペ

「Allstate Claims Severity」

□ 決定係数（R^2）

決定係数R^2は、回帰分析の当てはまりのよさを確認する指標として用いられます。最大値は1で、1に近いほど精度の高い予測ができていることを意味します。

次の式からわかるように、分母は正解値とその平均との差（偏差）、分子は正解値と予測値との二乗誤差となっているので、この指標を最大化することは、RMSEを最小化することと同じ意味を持ちます。

● R^2

$$R^2 = 1 - \frac{\sum_{i=1}^{n}(y_i - \hat{y}_i)^2}{\sum_{i=1}^{n}(y_i - \bar{y})^2}$$

- n：レコード数
- y_i：i番目の実測値（正解値）
- $\hat{y}_i$：i番目の予測値
- $\bar{y}$：正解値の平均

▼ R^2を求めるscikit-learnの関数の書式

```
sklearn.metrics.r2_score(y_true, y_pred
    [, sample_weight=None, multioutput='uniform_average'])
```

▼評価指標にR^2が使われているコンペ

「Mercedes-Benz Greener Manufacturing」

2.1 分析コンペの課題と評価

2.1.3 二値分類で使われる評価指標（混同行列を用いる評価指標）

　ネコとイヌの画像を二値分類する場合、当然ではありますが、正しく分類できることもありますし、その一方で誤って分類してしまうこともあります。このような予測値と正解値との間にある関係を知るために**混同行列**（Confusion Matrix）というものが使われることがあります。ネコとイヌの画像の二値分類の場合は、陽と陰を用いてネコを陽（Positive）、イヌを陰（Negative）として次のように考えます。

・ネコを正しくネコと推測できている状態：TP（True Positive）
・ネコではないものを正しくネコではないと推測できている状態：TN（True Negative）
・イヌを誤ってネコと推測している状態：FP（False Positive）
・ネコを誤ってイヌと推測している状態：FN（False Negative）

　以上の要素を表で表すと、次のようになります。これが混同行列です。

▼混同行列

		モデルの予測	
		Positive	Negative
正解	Positive	TP	FN
	Negative	FP	TN

■正解率と誤答率

　正しく分類できたTPとTNの割合を表す指標が**正解率**（Accuracy）で、次の式で表されます。

●正解率（Accuracy）

$$Accuracy = \frac{TP + TN}{TP + TN + FP + FN}$$

　誤答率（Error Rate）は、次の式で表されます。

2.1 分析コンペの課題と評価

● 誤答率 (Error Rate)

$$\text{Error Rate} = 1 - \text{Accuracy}$$

　ただし、正解値のPositiveとNegativeの割合が均一でない、言い換えると不均衡なデータの場合はモデルの性能を評価しづらいという理由から、Accuracyがコンペの評価指標に使われる機会は少ないです。

▼ Accuracy を求める scikit-learn の関数の書式

```
sklearn.metrics.accuracy_score(y_true, y_pred
                              [, normalize=True, sample_weight=None])
```

▼ 評価指標に Accuracy が使われているコンペ

「Text Normalization Challenge - English Language」

■ 適合率（精度）と再現率

　Positive と予測されたデータ (TP + FP) のうち、実際にPositiveだったデータ (TP) の割合を示す指標が**適合率**で、**精度** (Precision) とも呼ばれます。

● 精度 (Precision)

$$\text{Precision} = \frac{TP}{TP + FP}$$

　再現率 (Recall) は、Positiveと予測すべきデータのうち、どの程度をPositiveの予測として含めることができているかの割合です。別の言い方をすると、取りこぼしなくPositive なデータを正しくPositiveと推測できているかどうかを評価する指標です。この値が高いほど、間違ったPositiveの判断が少ないということになります。

2.1 分析コンペの課題と評価

●**再現率 (Recall)**

$$\text{Recall} = \frac{TP}{TP + FN}$$

　誤った検知を減らしたい場合はPrecisionをチェックし、Positiveの取りこぼしを減らしたい場合はRecallをチェックすることになります。ただ、AccuracyとRecallは、どちらかの値を高くすると、もう一方の値は低くなる関係にあり、一方の値を無視すればもう一方の値を1に近づけることが可能です。このことから、AccuracyとRecallがコンペの評価指標として使われることはありません。代わりにAccuracyとRecallの調和平均をとるF1-scoreが使われています。

▼**Precisionを求めるscikit-learnの関数の書式**

```
sklearn.metrics.precision_score(y_true, y_pred
                    [, labels=None, pos_label=1, average='binary',
                    sample_weight=None, zero_division='warn'])
```

▼**Recallを求めるscikit-learnの関数の書式**

```
sklearn.metrics.recall_score(y_true, y_pred
                    [, labels=None, pos_label=1, average='binary',
                    sample_weight=None, zero_division='warn'])
```

■F1-Score／Fβ-Score

　「F1-Score」は、PrecisionとRecallの調和平均を用いる評価指標です。統計学で**F値**と呼ばれている指標です。

●**F1-Score**

$$F_1 = \frac{2}{\dfrac{1}{\text{recall}} + \dfrac{1}{\text{precision}}} = \frac{2 \cdot \text{recall} \cdot \text{precision}}{\text{recall} + \text{precision}} = \frac{2TP}{2TP + FP + FN}$$

　分子にTPが含まれていることから、PositiveとNegativeについて対等に扱っていないことに注意です。

2.1 分析コンペの課題と評価

このため、正解値と予測値のPositiveとNegativeをそれぞれ入れ替えると、スコアが入れ替わります。

「Fβ-Score」は、F1-Scoreをもとに、Recallをどのくらい重視するかを表す係数βで調整した評価指標です。RecallとPrecisionのバランスを係数βで調整するのがポイントです。

● Fβ-Score

$$
F_\beta = \frac{(1 + \beta^2)}{\dfrac{\beta^2}{\text{recall}} + \dfrac{1}{\text{precision}}} = (1 + \beta^2) \cdot \frac{\text{precision} \cdot \text{recall}}{(\beta^2 \cdot \text{precision}) + \text{recall}}
$$

▼ F1-Scoreを求めるscikit-learnの関数の書式

```
sklearn.metrics.f1_score(y_true, y_pred
                    [, labels=None, pos_label=1, average='binary',
                    sample_weight=None, zero_division='warn'])
```

▼ Fβ-Scoreを求めるscikit-learnの関数の書式

```
sklearn.metrics.fbeta_score(y_true, y_pred, beta
                    [, labels=None, pos_label=1, average='binary',
                    sample_weight=None, zero_division='warn'])
```

▼ 評価指標にF1-Scoreが使われているコンペ

「Quora Insincere Questions Classification」

▼ 評価指標にFβ-Scoreのβを2としたF2-Scoreが使われているコンペ

「Planet: Understanding the Amazon from Space」

2.1.4 確率を予測値とする二値分類で使われる評価指標

　二値分類では、「AかBか」だけでなく、「Aになる確率」を予測値とするケースがあります。このような二値分類のタスクでは、モデルが予測した確率値をそのまま提出することになります。ここでは、二値分類における確率値を評価する際に使われる指標について見ていきます。

■Log Loss

　Log Loss（**対数損失**）は、予測入力が0〜1の確率値である分類モデルのパフォーマンスを測定するための評価指標です。モデルで学習を行う際に、正解値との誤差を測定する損失関数（誤差関数）として**クロスエントロピー誤差**が使われますが、これと同じものです。

●モデルの学習の際に使われるクロスエントロピー誤差関数

$$
E(\boldsymbol{w}) = -\sum_{i=1}^{n} (\, t_i \log f_{\boldsymbol{w}}(\boldsymbol{x}_i) + (1 - t_i) \log(1 - f_{\boldsymbol{w}}(\boldsymbol{x}_i)))
$$

　クロスエントロピー誤差については、「4.1.3　ニューラルネットワークで画像認識を行う」で詳しく解説しています。次が評価指標に使われるLog Lossです。

●Log Loss

$$
\begin{aligned}
\text{logloss} &= -\frac{1}{n}\sum_{i=1}^{n} (\, y_i \log p_i + (1 - y_i) \log(1 - p_i)) \\
&= -\frac{1}{n}\sum_{i=1}^{n} \log \acute{p}_i
\end{aligned}
$$

- n：レコード数
- y_i：Positive（正列）かどうかを表すラベル（Positiveが1、Negativeが0）
- p_i：各レコードがPositiveである予測確率
- $\acute{p}_i$：真の値（正解）を予測している確率
    真の値がPositiveの場合はp_i、Negativeの場合は$1 - p_i$

　Log Lossは、正解値を予測している確率の対数をとり、符号を反転させた値で、低い値ほど予測精度が高いことを示します。Accuracyの場合は0か1を予測し、その結果を確率の高い／低いで評価しますが、予測した確率の乖離（かいり）については考慮されていません。これに対してLog Lossは、対象のレコードがPositive（正）である確率を低く予測したにもかかわらず正解がPositiveである場合や、逆にPositiveである確率を高く予測したにもかかわらず正解がNegativeであると、より大きなペナルティが与えられます。

▼Log Lossを求める関数

```python
import numpy as np
import math


def logloss(true_label, predicted, eps=1e-15):
    # 要素の値を任意の範囲内に収める
    p = np.clip(predicted, # 処理するデータ
                eps,        # 最小値
                1 - eps)    # 最大値
    if true_label == 1:
        return -math.log(p)
    else:
        return -math.log(1 - p)
```

▼正解が1で、1の確率が0.9と予測

```python
logloss(1,0.9)
```

▼出力

```
0.10536051565782628
```

▼正解が1で、1の確率が0.5と予測

```python
logloss(1,0.5)
```

2.1 分析コンペの課題と評価

▼出力
```
0.2231435513142097
```

▼正解が0で、1の確率が0.2と予測
```
logloss(0,0.2)
```

▼出力
```
0.2231435513142097
```

▼Log Lossを求めるscikit-learnの関数の書式
```
sklearn.metrics.log_loss(y_true, y_pred
                    [, eps=1e-15, normalize=True, sample_weight=None, labels=None])
```

▼評価指標にLog Lossが使われているコンペ

「Statoil/C-CORE Iceberg Classifier Challenge」

■AUC

　AUC(Area Under the Curve) は、ROCが描く曲線を基にして計算される、二値分類のための評価指標です。**ROC**(Receiver Operating Characteristic) **曲線**は**推測曲線**と呼ばれ、

・縦軸にTPR(True Positive Rate：真陽性率)
・横軸にFPR(False Positive Rate：偽陽性率)

をプロットしたものです。TPRは全体のPositiveのうちで正しくPositiveと予測できた割合、FPRは全体のPositiveのうちで誤ってPositiveと予測した割合です。
　AUCは、その曲線の下部分の面のことで、AUC の面積が大きいほど学習に使用するモデルの性能がよいことを意味します。

　面積が大きいということは、すなわち機械学習モデルがNegativeと推測すべきものを間違えてPositiveと推測している傾向が少なく、Positiveと推測すべきものをしっかりとPositiveと推測できている状態です。

▼ROC曲線とAUC

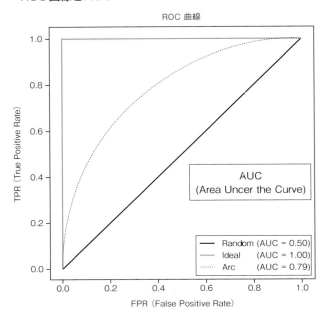

- 予測がすべて的中している場合は、ROC曲線は先のグラフの(0.0, 1.0)の点を通り、AUCは1.0になります。
- 予測がランダムの場合には、ROC曲線は概ね対角線（グラフのRandomの線）を通り、AUCは0.5程度になります。
- 反対の予測をした場合（「1.0－元の予測値」とした場合）は、AUCは「1.0－元のAUC」になります。

▼予測スコアから曲線（ROC AUC）の下の面積を計算するscikit-learnの関数の書式

```
sklearn.metrics.roc_auc_score(y_true, y_score
                [, average='macro', sample_weight=None, max_fpr=None,
                multi_class='raise', labels=None])
```

▼評価指標にLog Lossが使われているコンペ

「Home Credit Default Risk」

2.1.5 マルチクラス分類における評価指標

マルチクラス分類は、二値を超える分類先（クラス）があるタスクです。二値分類での評価指標をマルチクラス分類用に拡張した評価指標が多く使われています。

■Multi-Class Accuracy

二値分類のAccuracyをマルチクラス対応に拡張した評価指標です。予測が正解であるレコードの数をすべてのレコード数で割った値になります。

▼Multi-Class Accuracyを求めるscikit-learnの関数の書式

```
sklearn.metrics.accuracy_score(y_true, y_pred
                      [, normalize=True, sample_weight=None])
```

▼評価指標にMulti-Class Accuracyが使われているコンペ

「TensorFlow Speech Recognition Challenge」

■Multi-Class Log Loss

二値分類でのLog Lossをマルチクラス対応に拡張した評価指標です。レコードが属するクラスの予測確率の対数をとって符号を反転させてスコアとします。

●Multi-Class Log Loss

$$\text{multiclasslogloss} = -\frac{1}{n} \sum_{i=1}^{n} \sum_{m=1}^{m} y_{i,m} \ \log p_{i,m}$$

・n：レコード数
・m：クラス数
・$y_{i,m}$：レコードiがクラスmに属する場合は1、そうでない場合は0
・$p_{i,m}$：レコードiがクラスmに属する予測確率

2.1 分析コンペの課題と評価

1つのレコードの各クラスに対する予測確率の合計は1になる必要があるので、1にならない場合は、計算の際に自動的に調整されます。

▼ scikit-learnのmetrics.log_loss()関数でMulti-Class Log Lossを求める

```python
import numpy as np
from sklearn.metrics import log_loss

# [クラス1の正解，クラス2の正解，クラス3の正解]
y_true = np.array([0, 1, 2])
# 予測確率 [クラス1，クラス3，クラス3]
y_pred = np.array([[0.55, 0.45, 0.00],
                   [0.85, 0.00, 0.15],
                   [0.25, 0.75, 0.00]])

log_loss(y_true, y_pred)
```

▼出力
```
23.225129930192328
```

▼評価指標にMulti-Class Log Lossが使われているコンペ

「Two Sigma Connect: Rental Listing Inquiries」

■Mean-F1／Macro-F1／Micro-F1

二値分類でのF1-Scoreをマルチクラス分類用に拡張したのが、Mean-F1、Macro-F1、Micro-F1です。

・Mean-F1
Mean-F1は、レコード単位でF1-Scoreを求め、その平均をとったものです。

・Macro-F1
各クラスごとのF1-Scoreを求め、その平均をとったものです。

2.1 分析コンペの課題と評価

• Micro-F1

　各レコードの予測値からTP、TN、FP、FNそれぞれをカウントします。そうして得られた混同行列からF1-Scoreを求めたものがMicro-F1です。

　scikit-learnのmetrics.f1_score()では、Mean-F1の場合はaverage='samples'、Macro-F1の場合はaverage='macro'、Micro-F1の場合はaverage='micro'をそれぞれ設定して計算します。

▼ Mean-F1 ／ Macro-F1 ／ Micro-F1 を求める scikit-learn の関数の書式

```
sklearn.metrics.f1_score(y_true, y_pred
                    [, labels=None, pos_label=1, average='binary',
                    sample_weight=None, zero_division='warn'])
```

▼ Mean-F1 ／ Macro-F1 ／ Micro-F1 を求めてみる

```
import numpy as np
from sklearn.metrics import f1_score

# [[クラス1の正解],[クラス2の正解],[クラス3の正解]]
y_true = np.array([[1, 2], [1], [1, 2, 3]])
# 正解値をon-hotエンコーディング
y_true = np.array([[1, 1, 0],
                   [1, 0, 0],
                   [1, 1, 1]])

# [[クラス1の予測],[クラス2の予測],[クラス3の予測]]
y_pred = np.array([[1, 3], [2], [1, 3]])
# 予測値をon-hotエンコーディング
y_pred = np.array([[1, 0, 1],
                   [0, 1, 0],
                   [1, 0, 1]])
print('Mean-F1 :', f1_score(y_true, y_pred, average='samples'))
print('Macro-F1:', f1_score(y_true, y_pred, average='macro'))
print('Micro-F1:', f1_score(y_true, y_pred, average='micro'))
```

▼出力

```
Mean-F1 : 0.43333333333333335
Macro-F1: 0.48888888888888893
Micro-F1: 0.5454545454545454
```

▼評価指標に Mean-F1 が使われているコンペ

「Instacart Market Basket Analysis」

▼評価指標に Macro-F1 が使われているコンペ

「Human Protein Atlas Image Classification」

■ Quadratic Weighted Kappa（重み付きk係数）

重みを使った評価指標で、クラス間に順序関係がある場合に使われます。

● Quadratic Weighted Kappa

$$k = 1 - \frac{\sum_{i,j} w_{i,j} O_{i,j}}{\sum_{i,j} w_{i,j} E_{i,j}}$$

・$w_{i,j}$：マトリックスのそれぞれのセルの重み。$w_{i,j} = (i - j)^2$
・$O_{i,j}$：真の値のクラスiが予測値のクラスjと一致した割合
・$E_{i,j}$：真の値のクラスiが予測値のクラスjと一致するであろう確率

「Cohen's kappa（**コーエンのk係数**）」は、**カッパ係数**と呼ばれることもあり、正解値と予測値の一致度の評価に使われます。ただ、クラスが3以上ある場合に、少しでも値がずれていたら不正解としてしまうと、近い値をとった場合も、遠い値をとった場合も、同じように評価されることになり、一致率が高いのか低いのかといったことが反映されにくいという面があります。そこで、単純なk係数で現れる問題を解消するための工夫として重みを使った評価指標が「重み付きk係数」です。

カッパ係数のスコアは、－1から1までの数値で、0.8を超えるスコアは、一般的に良好な一致と見なされます。ゼロより小さい値は一致しないことを意味します。

▼カッパ係数の解釈の目安

0より小さい	一致していない
0.00〜0.20	わずかに一致
0.21〜0.40	概ね一致
0.41〜0.60	適度に一致
0.61〜0.80	かなり一致
0.81〜1.00	ほとんど一致

重み付きカッパ係数を求めるにはweights='quadratic'（'quadratic'は線形荷重を意味する）を指定します。

▼カッパ係数を求めるscikit-learnの関数の書式

```
sklearn.metrics.cohen_kappa_score(y1, y2
                                  [, labels=None, weights=None, sample_weight=None])
```

▼重み付きカッパ係数を求めてみる

```
from sklearn.metrics import cohen_kappa_score


y_true = [2, 0, 2, 2, 0, 1]
y_pred = [0, 0, 2, 2, 0, 2]
cohen_kappa_score(y_true, y_pred, weights='quadratic')
```

▼出力

```
0.5454545454545454
```

▼評価指標に重み付きカッパ係数が使われているコンペ

「Prudential Life Insurance Assessment」

2.2 データセットの前処理

　ここでは、分析コンペで提供されるデータの形式とその種類、実際に分析するにあたってどのような加工処理（**前処理**、または**特徴量エンジニアリング**と呼ばれる）が必要なのかを見ていきます。

2.2.1 分析コンペで提供されるデータセット

　分析コンペでは、テーブルデータ、時系列データ、画像データ、テキスト形式の自然言語を含むテーブルデータなどが、コンペの課題に沿って提供されます。ここでは、本書で取り扱うテーブルデータ、画像データ、時系列データについて紹介します。

■ テーブルデータ

　一般的に、表にまとめたデータのことを「テーブルデータ」と呼びます。テーブルデータは、1件のデータにあたるレコード（行）と、カラム（列）で構成されます。

　テーブルデータが提供される分析コンペの多くでは、

- ・train.csv（訓練用のデータ）
- ・test.csv（予測用のデータ）
- ・gender_submission.csv（提出用のファイル）

の3ファイルが提供されます。train.csvが訓練用のデータで、このファイルのデータをモデルで学習します。test.csvは、予測用のデータです。完成したモデルにデータを入力し、予測を行います。gender_submission.csvは、予測結果を保存するためのファイルで、このファイルの形式に従って同名のファイルを作成し、これをサブミット（提出）することになります。

　テーブルデータは、カンマ区切りのCSV形式ファイル（TSVなど別形式のこともあります）として提供されるので、多くの場合、これをPandasのデータフレームに読み込んで分析を行います。なお、テーブルの各カラム（列）には、数値データやテキストデータが格納されていますが、状況によって欠損値（データが欠落していること）を任意のデータに置き換えるなどの「前処理」が必要になります。

2.2 データセットの前処理

▼「Titanic: Machine Learning from Disaster」で提供されるテーブルデータ

	train_id	name	item_condition_id	category_name	brand_name	price	shipping	item_description
0	0	MLB Cincinnati Reds T Shirt Size XL	3	Men/Tops/T-shirts	NaN	10.0	1	No description yet
1	1	Razer BlackWidow Chroma Keyboard	3	Electronics/Computers & Tablets/Components & P...	Razer	52.0	0	This keyboard is in great condition and works ...
2	2	AVA-VIV Blouse	1	Women/Tops & Blouses/Blouse	Target	10.0	1	Adorable top with a hint of lace and a key hol...
3	3	Leather Horse Statues	1	Home/Home Dècor/Home Dècor Accents	NaN	35.0	1	New with tags. Leather horses. Retail for [rm]...
4	4	24K GOLD plated rose	1	Women/Jewelry/Necklaces	NaN	44.0	0	Complete with certificate of authenticity
...	...	...	...	...	...	...	...	...
1482530	1482530	Free People Inspired Dress	2	Women/Dresses/Mid-Calf	Free People	20.0	1	Lace, says size small but fits medium perfectl...
1482531	1482531	Little mermaid handmade dress	2	Kids/Girls 2T-5T/Dresses	Disney	14.0	0	Little mermaid handmade dress never worn size 2t
1482532	1482532	21 day fix containers and eating plan	2	Sports & Outdoors/Exercise/Fitness accessories	NaN	12.0	0	Used once or twice, still in great shape.
1482533	1482533	World markets lanterns	3	Home/Home Dècor/Home Dècor Accents	NaN	45.0	0	There is 2 of each one that you see! So 2 red ...
1482534	1482534	Brand new lux de ville wallet	1	Women/Women's Accessories/Wallets	NaN	22.0	0	New with tag, red with sparkle. Firm price, no...

1482535 rows × 8 columns

　注目の分析手法ですが、テーブルデータでは多くの場合、線形回帰分析やロジスティック回帰、ランダムフォレスト、GBDT、LightGMBを利用したモデルを使うのが一般的です。ただし、状況によっては、主に画像分類で使用される多層パーセプトロン（ニューラルネットワーク）が使用されることもあります。

■画像データ

　機械学習での画像を扱う分野に**一般物体認識**があります。一般物体認識には、画像を二値またはマルチクラスに分類する**画像分類**や、物体が写っている場所をその物体を囲う四角形として出力する**物体検出**がありますが、どちらの場合も、訓練用とテスト用の画像データが提供されます。

　データ形式は、JPEG形式などの画像に特化したフォーマットのほか、プログラムから直接読み込めるようにピクセルデータ配列として提供されることもあります。

▼「Dogs vs. Cats Redux: Kernels Edition」で提供されるJPEG形式の画像データ

■ 時系列データ

　時間の推移に沿って観測（記録）されたデータのことを**時系列データ**と呼びます。飲食店や施設などの来客数を予測するコンペでは、日付ごとに記録された来客者数がデータとして提供されます。また、ユーザーが将来購入するであろう商品を予測するタスクでは、ユーザーごとの過去の購入履歴を時系列に沿って記録したデータが提供されたりします。

　ただ、必ずしも時間軸に沿って記録されたデータだけでなく、ID番号ごとに並べられたデータを時系列データとして扱うこともあります。例えば、ある商品の販売価格を予測する回帰タスクでは、レコードに記録されている商品名や商品説明などのテキストを、レコードの並び順の「時系列データ」として扱うことがあります。データの並び順にも意味を持たせようという試みです。

　注目の分析手法ですが、時系列データの場合、ニューラルネットワーク系のモデルが使われることが多いです。時系列データの処理に特化した「再帰型ニューラルネットワーク（RNN）」や、状況によっては「畳み込みニューラルネットワーク（CNN）」、ノーマルなニューラルネットワーク（多層パーセプトロン）も使われます。

　ただし、ニューラルネットワーク系のモデルは処理時間が長いので、時間短縮のために回帰分析系のモデルやランダムフォレストなどの非ニューラルネットワーク系のモデルが使われることもあります。

2.3 データの前処理（特徴量エンジニアリング）

　分析コンペで提供されるデータは、そのままの状態で分析（モデルを使用した学習）にかけられることもありますが、一部のデータが欠落していたり、データのサイズが大きすぎるなど、そのままの状態では分析にかけられないことがあります。このような場合は、データを「前処理」することで、分析にかけられるようにします。前処理は**特徴量エンジニアリング**とも呼ばれ、次のことを行います。

・提供されたデータを機械学習アルゴリズムが扱える形式に変換する
・提供されたデータから機械学習アルゴリズムが扱える新しいデータを作成する

　いずれにしても、分析コンペで提供されるデータをモデルで学習しやすいように、あるいは学習できるように何らかの処理を加えるのが、特徴量エンジニアリングの目的です。

2.3.1　データの概要を確認する方法

　テーブルデータの概要を確認するには、Pandasライブラリのprofile_report()メソッドが便利です。CSV形式のファイルをPandasのデータフレームに読み込み、読み込んだデータフレームに対してメソッドを実行すると、以下のレポートが表示されます。

・Overview
・Variables
・Correlations
・Missing Values
・Sample

■ タイタニック号のデータの概要を見る

　ここでは、学習用のコンペとして公開されている「Titanic: Machine Learning from Disaster」でノートブックを作成し、以下のコードを入力して訓練データの概要を出力してみます。

2.3 データの前処理（特徴量エンジニアリング）

▼「Titanic: Machine Learning from Disaster」の訓練データの概要を見る

```
import pandas as pd
import pandas_profiling


train = pd.read_csv('../input/titanic/train.csv')
train.profile_report()
```

☐ Overview

　OverviewのDataset infoには、データの行数（レコード数）や列数（カラム数）、データ型などの情報が表示されます。訓練用のデータは、891レコード、12列で構成されていることが確認できます。Missing cellsは欠損値の数で、866の欠損値があります。データ型では、カテゴリカルデータ（テキスト）のカラムが6，数値のカラムが5，bool値のカラムが1となっています。

▼ OverviewのDataset info

Dataset statistics		Variable types	
Number of variables	12	CAT	6
Number of observations	891	NUM	5
Missing cells	866	BOOL	1
Missing cells (%)	8.1%		
Duplicate rows	0		
Duplicate rows (%)	0.0%		
Total size in memory	322.0 KiB		

☐ PassengerId（Variables）

　Variablesには、各列（カラム）の概要が表示されます。PassengerIdは、乗客の識別用のIDです。

▼ PassengerId

PassengerId Real number (R_{20}) UNIFORM UNIQUE	Distinct count	891	Mean	446
			Minimum	1
	Unique (%)	100.0%	Maximum	891
	Missing	0	Zeros	0
	Missing (%)	0.0%	Zeros (%)	0.0%
	Infinite	0	Memory size	7.1 KiB
	Infinite (%)	0.0%		

□ Survived（Variables）

生存者の状況です。Distinct countが2で、二値のデータが存在することを示しています。死亡（0）の数が549、生存（1）の数が342となっています。

▼ Survived

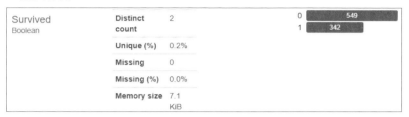

□ Pclass（Variables）

チケットのクラスで、1等、2等、3等の各クラスに分類されています。1等が216、2等が184、3等が491です。

▼ Pclass

□ Name（Variables）

Nameは乗客の名前で、テキストデータです。

▼ Name

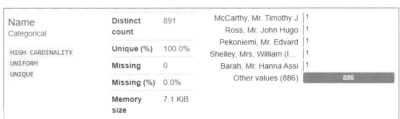

2.3 データの前処理（特徴量エンジニアリング）

□ Sex (Variables)

性別を示すカテゴリカルなデータです。男性の数が577、女性の数が314です。

▼ Sex

□ Age (Variables)

乗客の年齢です。欠損値が177含まれています。平均が約29.69、最小値が0.42、最大値が80となっています。構成比を表すヒストグラムも表示されています。

▼ Age

□ SibSp (Variables)

同乗した兄弟姉妹と配偶者の人数です。ヒストグラムの0.0は兄弟姉妹または配偶者が0の人数で、1は兄弟姉妹または配偶者が1人いた数です。最大値は8です。

▼ SibSp

□ Parch（Variables）

同乗した親と子供の人数です。ヒストグラムの0.0は同乗した親または子供が0の人数です。最大値は6です。

▼ Parch

Parch Real number (ℝ≥0) ZEROS	Distinct count	7	Mean	0.3815937149
	Unique (%)	0.8%	Minimum	0
	Missing	0	Maximum	6
	Missing (%)	0.0%	Zeros	678
	Infinite	0	Zeros (%)	76.1%
	Infinite (%)	0.0%	Memory size	7.1 KiB

□ Ticket（Variables）

チケットの番号で、681種類の番号があります。「1601」「347082」「CA 2343」が7ずつ重複していて、「347088」「CA 2144」が6ずつ重複しています。

▼ Ticket

Ticket Categorical HIGH CARDINALITY UNIFORM	Distinct count	681	1601	7
	Unique (%)	76.4%	347082	7
			CA. 2343	7
	Missing	0	347088	6
	Missing (%)	0.0%	CA 2144	6
	Memory size	7.1 KiB	Other values (676)	858

□ Fare（Variables）

運賃です。最小値は0、最大値は512.3292です。

▼ Fare

Fare Real number (ℝ≥0) ZEROS	Distinct count	248	Mean	32.20420797
	Unique (%)	27.8%	Minimum	0
	Missing	0	Maximum	512.3292
	Missing (%)	0.0%	Zeros	15
	Infinite	0	Zeros (%)	1.7%
	Infinite (%)	0.0%	Memory size	7.1 KiB

2.3 データの前処理（特徴量エンジニアリング）

☐ **Cabin（Variables）**

客室番号で、147種類の番号があります。欠損値が687で、全体の77.1%を占めています。「G6」「B96 B98」「C23 C25 C27」にそれぞれ4ずつ重複があり、「D」「C22 C26」にはそれぞれ3ずつ重複があります。

▼ Cabin

Cabin Categorical	Distinct count	147	G6	4
			B96 B98	4
HIGH CARDINALITY	Unique (%)	72.1%	C23 C25 C27	4
MISSING	Missing	687	D	3
UNIFORM			C22 C26	3
	Missing (%)	77.1%	Other values (142)	186
	Memory size	7.1 KiB		

☐ **Embarked（Variables）**

乗客が乗船した港を示すカテゴリカルなデータです。港の数が3あり、それぞれの港から乗船した人の数がわかります。欠損値が2存在します。

▼ Embarked

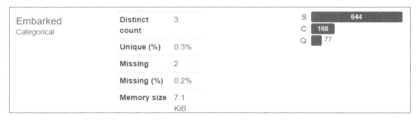

2.3.2 欠損値の補完

　分析コンペで提供されるデータのうち、主にテーブルデータには、記録漏れなどの理由から一部のデータが存在しない（欠落している）場合があります。このような欠落しているデータのことを**欠損値**と呼びます。存在しないのに値という文字が付くことに少々、違和感はありますが、データが存在する／存在しないを識別するための用語として使われています。

　データに欠損値が存在する場合は、状況に応じて以下のことを行って対処することになります。

2.3 データの前処理（特徴量エンジニアリング）

- ・欠損値があっても解析に支障はないと判断し、そのまま使う
- ・代表値（平均値や中央値など）で補完する
- ・他のカラムのデータから欠損値を予測して補完する
- ・欠損値であることを示すデータを用いて補完する

　欠損値があるレコードを除外してしまう、あるいは欠損値があるカラムごと削除してしまう、という方法もあります。データの量が十分にあり、欠損値を含むデータを除外しても分析上影響が出ないと判断できれば、この方法もよいかもしれません。ただ、予測に使用するテストデータにも欠損値が含まれることがよくあるので、この場合は除外することはできません。いずれにしても、分析で使える情報量を減らしてしまうことになるので、あまり得策ではないといえます。

■欠損値としてそのまま使う

　GBDTやLightGMBでは、欠損値をそのまま扱うことができます。この場合、欠損値が「欠損している」という意味を持つことになるので、むやみに補完したり、データごと削除してしまうのは得策ではありません。

　また、scikit-learnのランダムフォレストは、欠損値に−9999などの通常、とり得ないであろう値を「代入」することで、対処することができます。欠損値のまま取り扱うのに近い方法なので、ここでは補完ではなく代入という言い方をしています。

■欠損値を代表値で置き換える

　欠損値をなくす方法として、最もシンプルで、よく使われるのが、欠損値が存在するカラムの代表値で埋めることです。ただ、最もありそうな値で埋めてしまえという発想なので、欠損がランダムに発生していることが前提になります。もし、欠損の発生がランダムではなく、何らかの要因によって発生に偏りがある場合は、このあとで紹介する方法で欠損値自体をデータ化するなど、別の方法を検討する必要があります。

□平均値を埋め込む

　一般的によく知られている代表値に平均値があります。欠損値が存在するカラムの平均を求め、その値を欠損している箇所に埋め込みます。

　また、テーブルデータのレコード全体が、あるカラムの値によってグループ分けできる場合があります。カテゴリカルなデータが存在するカラムがある場合は、欠損値

81

2.3 データの前処理（特徴量エンジニアリング）

が存在するカラムについても、そのカテゴリごとに平均を求め、それぞれのカテゴリに存在する欠損値に埋め込む方法もあります。この方法は、欠損値が存在するカラムのデータが、カテゴリごとに大きく変わるような場合に有効です。

□ ベイジアン平均を埋め込む

カテゴリごとに平均を求める場合、カテゴリのデータ数が極端に少ないと、その平均値はあまり意味がないものになってしまいます。

このような場合は、統計学のベイズ推定の考え方を基にした「ベイジアン平均」を用いて、平均値を推定する方法があります。

● ベイジアン平均

$$\bar{x} = \frac{\sum_{i=1}^{n} x_i + Cm}{n + C}$$

あらかじめ、値が m であるデータを C 個観測したことにして、平均を求める値の和に加え、これを欠損値を含むデータ全体の個数で割って平均を求めます。m の値をどうするか、という問題がありますが、欠損値以外のデータの平均を用いるとよいでしょう。そうして求めた平均値は、データの数が少なければ m に近い値になり、データの数が十分に多ければカテゴリの平均に近づくようになります。

□ 中央値または対数変換後の平均値を埋め込む

商品価格や年収のように、データの分布に偏りがあったり、突出した外れ値が存在する場合は、平均ではなく中央値を使うのが常套手段です。

また、分布に極端に偏りが見られる場合は、データ全体を対数変換してから平均を求める方法があります。対数変換によって、分布の偏りをなくして正規分布に近似できる可能性があるためです。カラム全体を対数変換後の値に置き換えてから平均値を求めた場合は、その平均値をそのまま埋め込みます。カラム全体の値を置き換えずに対数の平均だけを求めた場合は、対数の状態の平均値を実数に戻してから埋め込むようにします。

■欠損値から新たな特徴量を作成する

　実は、欠損値が完全にランダムに分布していることはあまりなく、何らかの理由によって偏った分布になっていることが多いです。この場合、欠損している事自体に情報があると考えられます。

　そこで、欠損値から特徴量（カラムのデータ）を作り出すのですが、この場合、最もシンプルなのが、「欠損かどうかを表す二値の特徴量を作成する」方法です。もし、欠損値が存在するカラムが複数ある場合は、それぞれのカラムごとに二値の特徴量として新規のカラムを作成します。

2.3.3　数値データの前処理

　数値のデータは、そのままモデルに入力して学習させることができますが、若干の加工処理を施すことで、「分析に適したデータ」にすることができます。この場合、モデルに入力するデータ（特徴量）に対しても、正解値（数値である場合）に対しても行われます。

　ただし、ランダムフォレストやGBDTなどのモデルでは、入力データに加工処理を施してもあまり意味がないので、「特徴量の作成」においては、ここで紹介する方法が使われることはありません。ですが、正解値とするデータが数値の場合は、加工処理が有効になることがあり、そのような場合はランダムフォレストやGBDTなどのモデルにおいても加工処理（主に対数変換）が行われます。

■データを「正規化」して0～1.0の範囲に押し込める

　正規化（せいきか、英語：normalization）とは、データを一定の規則に基づいて変形し、利用しやすくすることとされています。機械学習での正規化は、「**データを0～1.0の間に収める**」ことを意味します。なぜ、このようなことを行うのかというと、

・特徴量として扱うデータのスケールを揃（そろ）えるため
・活性化関数の出力が0～1.0なのでこれに合わせるため

などの理由があります。どちらも、ニューラルネットワーク系のモデルを使うことを前提にしています。

2.3 データの前処理（特徴量エンジニアリング）

　1つ目の理由は、ニューラルネットワーク系のモデルに入力する際に、入力値のスケールを揃えることで、データが計算結果に与える影響を極力、同じレベルにしようという試みです。2つ目の理由は、ニューラルネットワーク系のモデルは、ニューロンと呼ばれるユニットで構成され、それぞれのユニットには出力を調整するための活性化関数が配置されることを考慮しての試みです。詳しいことはニューラルネットワークの解説のところでお話ししますが、活性化関数はいわゆる「確率」を出力する関数で、具体的には0〜1.0の範囲の値を出力します。ただし出力は、**重み**と呼ばれる調整値を掛け合わせた結果なので、この重みの値が大きすぎる値、あるいは小さすぎる値をとらないよう、入力するデータのスケールを活性化関数の出力範囲に合わせようというものです。

　なお、「データを0〜1.0の間に収める」のは、このあとで紹介する標準化も同じですが、正規化は、「**データをデータ全体の最大値で割って0〜1.0の間に収める**」という点で異なります。このような正規化の手法を特に「Min-Maxスケーリング」と呼ぶことがあります。

●正規化（Min-Maxスケーリング）

$$\acute{x} = \frac{x - x_{min}}{s_{max} - x_{min}}$$

　正規化は画像データを扱う場合によく用いられます。画像データは、グレースケールでもカラー画像のRGB値でも、0〜255の範囲のピクセル値で表されます。最小値が0、最大値が255（8桁の2進数がすべて1の状態）と決まっていますので、多くの場合、標準化ではなく正規化が用いられます。

　次は、手書き数字の画像の「MNIST」というデータセットを読み込んで、0〜255の範囲のグレースケールのピクセル値を0〜1.0の範囲に正規化する例です。ここでもローカル環境のJupyter Notebookを使用しています。

▼「MNIST」の訓練データを読み込む

```
# MNISTデータセットをインポート
from tensorflow.keras.datasets import mnist
# MNISTデータセットをNumPy配列に読み込む
(x_train, y_train), (x_test, y_test) = mnist.load_data()
# 1番目の画像の6行目のデータを出力
print(x_train[0][5])
```

2.3 データの前処理（特徴量エンジニアリング）

▼出力

```
[  0   0   0   0   0   0   0   0   0   0   0   0   3  18  18  18 126 136
 175  26 166 255 247 127   0   0   0   0]
```

▼訓練データを正規化して１番目の画像の６行目のデータを出力

```
(x_train/255.0)[0][5]
```

▼出力

```
[0.         0.         0.         0.         0.         0.
 0.         0.         0.         0.         0.         0.
 0.01176471 0.07058824 0.07058824 0.07058824 0.49411765 0.53333333
 0.68627451 0.10196078 0.65098039 1.         0.96862745 0.49803922
 0.         0.         0.         0.         ]
```

■データを「標準化」して平均０、標準偏差１の分布にする

データの標準化は、ある式を当てはめることで、どのようなデータでも

　　平均＝0，　標準偏差＝1

のデータに変換するという統計学のマジックです。データ自体は確率を表す値になるので、0〜1.0の範囲にスケーリングされます（ただし0や1.0の極値をとることはない）。標準化の計算を行うには、データの平均値と標準偏差の値が必要になります。

●標準化の式

$$標準化 = \frac{データ(x_i) - 平均(\mu)}{標準偏差(\sigma)}$$

データ(x_i)：標準化を行う対象のデータ

平均(μ)：データの標準化前の平均

標準偏差(σ)：標準偏差$(\sigma) = \sqrt{分散(\sigma^2)}$

$$分散(\sigma^2) = \frac{(x_1-\bar{x})^2+(x_2-\bar{x})^2+(x_3-\bar{x})^2+\cdots+(x_n-\bar{x})^2}{n(データの個数)}$$

個々のデータと平均値との差である偏差を2乗した偏差平方の和を求め、これを
データの個数で割って求めたのが分散です。さらに分散の平方根をとったのが標準偏
差です。標準偏差は、個々のデータが平均からどのくらい離れているかを測る尺度と
して利用されます。

データの標準化は、「データの偏差を標準偏差で割る」ことで行います。こうすること
で、そのデータが、平均から標準偏差何個分だけ離れているのかを示す数値に置き換わ
ります。

こうして標準化を行うと、データの分布が「平均＝0、標準偏差＝1」の「標準正規分布」
になります。個々のデータは、元のデータの分布パターンをそのまま残しているので、
標準化したデータを学習させても、元のデータと同じように学習できます。

次は、numpy.std()関数で標準偏差を求めて標準化を行う例です。データは、引き
続きMNISTの訓練データを使用しています。

▼訓練データを正規化して1番目の画像の6行目のデータを出力

```
import numpy as np
xmean = x_train.mean()  # 平均を求める
xstd  = np.std(x_train) # 標準偏差を求める
# 訓練データを標準化して1番目の画像の6行目のデータを出力
((x_train-xmean)/xstd)[0][5]
```

■対数変換で正規分布に近似させる

正規化や標準化では、スケーリングすることによってデータの分布が伸縮しますが、
分布の「形」そのものは変化しません。一方で、データの分布は、きれいな山型を描く
とは限らず、左右どちらかの裾野が長くなることがあります。例えば、商品価格のデー
タでは、価格の低い方に分布が集中し、価格が高い方に裾が伸びた分布になりがちで
す。このような場合、元のデータを正規分布に近似させる手段として、対数変換を行
います。

対数変換は、対象のデータの値を変えるという意味では、スケール変換と同じです。
しかし、対数変換ではデータの分布が変化します。これは、データのスケールが大き
いときはその範囲が縮小され、逆に小さいときは拡大されるためです。このことで、
裾の長い分布の範囲を狭めて山のある分布に近づけたり、極度に集中している分布を
押しつぶしたように裾の長い分布に近づけることができます。対数をとる場合は、
log(x+1)のように1を加えてから対数をとります。NumPyのlog1p()は、1を加え
てから対数を計算する関数です。

2.3 データの前処理（特徴量エンジニアリング）

▼対数変換の例

```
import numpy as np
x = ([1.0, 10.0, 100.0, 1000.0, 10000.0])
np.log1p(x)
```

▼出力

```
array([0.69314718, 2.39789527, 4.61512052, 6.90875478, 9.21044037])
```

2.3.4 カテゴリデータの前処理

　モデルで学習するデータには、数値型のデータのほかに、ここで紹介するカテゴリデータがあります。カテゴリごとに分類されたデータで、例えば服のサイズを示す「Small」「Medium」「Large」は、カテゴリデータです。このようにカテゴリデータはテキストで表されることが多いのですが、画像分類の際の正解値を示す0～9の数値を10パターンのカテゴリデータとして扱うこともあります。

■Label encoding

　カテゴリデータを数値化する手段として使われるのが、Label encoding（**ラベルエンコーディング**）という手法です。例えば、6の水準があるカテゴリデータの場合、各水準が0から5までの数値に変換されます。

▼ラベルの生成

```
from sklearn.preprocessing import LabelEncoder

data = ['A1', 'A2', 'A3', 'B1', 'B2', 'B3', 'A1', 'A2', 'A3']
le = LabelEncoder()  # LabelEncoderを生成
le.fit(data)         # LabelEncoderを初期化
print(le.classes_)   # 生成されたラベルを確認
```

▼出力

```
['A1' 'A2' 'A3' 'B1' 'B2' 'B3']
```

▼ラベルエンコーディング

```
print(le.transform(data))
```

▼出力

```
[0 1 2 3 4 5 0 1 2]
```

scikit-learnのLabelEncoderクラスを使用しました。LabelEncoderオブジェクトからfit()メソッドを実行すると、引数に指定した配列の要素がどのようにラベル化されるかを確認できます。結果を見てみると、カテゴリカルなデータdataから

['A1' 'A2' 'A3' 'B1' 'B2' 'B3']

のように、カテゴリの6個のラベルが抜き出されています。続いて、LabelEncoderオブジェクトに対してtransform()メソッドを実行すると、引数にしたデータが、

[0 1 2 3 4 5 0 1 2]

のように、各水準を示す0から5までの数値に変換されました。A1が0、A2が1、A3が2のように置き換えられています。

このように、Label encodingを行うことで、テキストデータを数値化してモデルに入力できるようになります。なお、カテゴリデータの各水準を文字列として辞書順に並べ、その順序でインデックスが割り当てられるので、インデックスの数値の大小には意味がありません。あくまで、ラベリングするための識別値として機能します。

■One-hot-encoding

カテゴリデータは、データのカテゴリ（水準）の数が決まっているので、その水準かどうかを示すHigh（1）とLow（0）の二値を用意し、これを使ってデータを作り替えることができます。One-hot-encoding（ワンホットエンコーディング）には、Pandasなどのライブラリが対応していますが、ここではscikit-learnのOneHotEncoderを使ってみることにします。

▼0〜9のカテゴリデータをOne-hot-encodingする

```
from sklearn.preprocessing import OneHotEncoder
# NumPy配列
df = np.array([0, 1, 2, 3, 4, 5, 6, 7, 8, 9])
# sparse=Falseを指定して戻り値を配列形式にする
ohe = sp.OneHotEncoder(sparse=False)
# 変換する際はデータを2次元配列にする必要がある
print(ohe.fit_transform(df.reshape(-1, 1)))
```

2.3 データの前処理（特徴量エンジニアリング）

▼出力

```
[[1. 0. 0. 0. 0. 0. 0. 0. 0. 0.]
 [0. 1. 0. 0. 0. 0. 0. 0. 0. 0.]
 [0. 0. 1. 0. 0. 0. 0. 0. 0. 0.]
 [0. 0. 0. 1. 0. 0. 0. 0. 0. 0.]
 [0. 0. 0. 0. 1. 0. 0. 0. 0. 0.]
 [0. 0. 0. 0. 0. 1. 0. 0. 0. 0.]
 [0. 0. 0. 0. 0. 0. 1. 0. 0. 0.]
 [0. 0. 0. 0. 0. 0. 0. 1. 0. 0.]
 [0. 0. 0. 0. 0. 0. 0. 0. 1. 0.]
 [0. 0. 0. 0. 0. 0. 0. 0. 0. 1.]]
```

　それぞれのデータが0〜9までの水準（要素数10）を持つ配列に拡張され、該当する水準を1にすることで、そのデータがどの水準のものなのかが示されています。次に、カテゴリデータがテキストの場合の変換例を見てみましょう。

▼テキスト形式のカテゴリデータをOne-hot-encodingする

```
data = np.array(['A1', 'A2', 'A3', 'B1', 'B2', 'B3', 'A1', 'A2', 'A3'])
ohe = OneHotEncoder(sparse=False)
print(ohe.fit_transform(data.reshape(-1, 1)))
```

▼出力

```
[[1. 0. 0. 0. 0. 0.]
 [0. 1. 0. 0. 0. 0.]
 [0. 0. 1. 0. 0. 0.]
 [0. 0. 0. 1. 0. 0.]
 [0. 0. 0. 0. 1. 0.]
 [0. 0. 0. 0. 0. 1.]
 [1. 0. 0. 0. 0. 0.]
 [0. 1. 0. 0. 0. 0.]
 [0. 0. 1. 0. 0. 0.]]
```

　水準の数が6個あり、数値のときと同じように、そのデータが属する水準の値が1であることが確認できます。

2.3.5 テキストデータの前処理

分析コンペにはテキストデータを扱うコンペがあり、自然言語処理（Natural Language Processing）が題材なので「**NLPコンペ**」と呼ばれたりします。これらのNLPコンペでは、機械翻訳や文章の分類、文章の生成、質疑応答などが課題として与えられています。

一方、テーブルデータを扱う分析コンペにもテキストデータを扱うものがあり、この場合は、NLPコンペと同様に自然言語処理のテクニックを用いたテキストデータの前処理が必須となります。なお、ここで紹介するのは、英文のように単語間がスペースで区切られたテキストデータについてのものです。日本語の場合は、単語間の区切りがないため、「分かち書き」という単語に分解するための処理が別途で必要になります。

■Bag-of-Words

テキストデータの前処理として最もシンプルなものに、文章を単語のレベルで分割し、各単語の出現数をカウントする「Bag-of-Words」という手法があります。具体的には、n個のテキストがあり、その中に出現する単語の種類がk個ある場合、それぞれのテキストを長さがkのベクトルに変換し、その成分（要素）を単語の出現回数とします。これによりn個のテキストは、

データn×単語の出現回数k

の行列に変換されます。Bag-of-Wordsの処理は、scikit-learnのCountVectorizerで行うことができます。

□sklearn.feature_extraction.text.CountVectorizer()

書式	

	`sklearn.feature_extraction.text.CountVectorizer(`
	`    input='content'`
	`    [, encoding='utf-8', decode_error='strict',`
	`    strip_accents=None, lowercase=True, preprocessor=None,`
	`    tokenizer=None, stop_words=None,`
	`    token_pattern='(?u)¥b¥w¥w+¥b',`
	`    ngram_range=(1, 1), analyzer='word', max_df=1.0,`
	`    min_df=1, max_features=None, vocabulary=None, binary=False,`
	`    dtype='numpy.int64' ]`
	`)`

2.3 データの前処理（特徴量エンジニアリング）

主な パラメーター	input	入力するテキストデータとして、ファイルまたはデータフレーム、リストを指定します。
	encoding	文字のエンコード方式を指定します。デフォルトはutf-8。
	lowercase	トークン化する前に、すべての文字を小文字に変換します。デフォルトはTrue。
	stop_words	英語のストップワードリストを指定できます。
	token_pattern	トークン（分割した単語）の構成を示す正規表現。デフォルトの正規表現'(?u)¥b¥w¥w+¥b'は、2文字以上の英数字のトークンを選択します。
	ngram_range	抽出される異なる単語のNグラムのn値の範囲として、その下限と上限を指定します。デフォルトは (1, 1)。
	analyzer	特徴量を単語Nグラムで作成する場合は'word'、文字Nグラムで作成する場合は'char'を指定します。デフォルトは'word'。
	dtype	戻り値の行列のデータ型。デフォルトはNumPyのint64。

▼ Bag-of-Words による変換例

```python
from sklearn.feature_extraction.text import CountVectorizer
corpus = [
    'This is the first document.',
    'This document is the second document.',
    'And this is the third one.',
    'Is this the first document?'
]

vectorizer = CountVectorizer()
# Bag-of-Words を実行し変換後の行列を取得
X = vectorizer.fit_transform(corpus)
# 戻り値は scipy.sparse の疎行列なので NumPy 配列に変換して出力
X.toarray()
```

▼出力

```
array([[0, 1, 1, 1, 0, 0, 1, 0, 1],
       [0, 2, 0, 1, 0, 1, 1, 0, 1],
       [1, 0, 0, 1, 1, 0, 1, 1, 1],
       [0, 1, 1, 1, 0, 0, 1, 0, 1]], dtype=int64)
```

▼単語にマッピングされたインデックスを出力

```
vectorizer.vocabulary_
```

▼出力

```
{'this': 8, 'is': 3, 'the': 6, 'first': 2, 'document': 1,
 'second': 5, 'and': 0, 'third': 7, 'one': 4}
```

2.3 データの前処理（特徴量エンジニアリング）

　Bag-of-Wordsによる変換で出力された行列には、4つの文に対応する4個のベクトルが格納されています。ベクトルの成分はすべて9個で、これは出現する単語の種類と同じです。1個目のベクトルを見ると、

$$[0, 1, 1, 1, 0, 0, 1, 0, 1]$$

となっています。これは、インデックス1、2、3、6、8の単語が含まれていることを示しています。ベクトルの第1成分はインデックス0、第2成分はインデックス1に対応するので、第2成分の1は、この文章にインデックス1の単語'document'が1個含まれていることを示しています。

■N-gram

　Bag-of-Wordsでは、単語の単位で分割しましたが、N-gramと呼ばれる手法では、連続する単語のつながりで分割します。Bag-of-Wordsでは単語単位の分割なので、

・単語同士の近さ
・単語の順番

が考慮されません。これをできるだけ考慮しようというのが、N-gramの試みです。N-gramのNは連続する単語の数を示していて、単語1つをもとにインデックスを作成する方法を**ユニグラム**（実質的にBag-of-Words）、単語2つの並びをもとにインデックスを作成する方法を**バイグラム**、単語3つの並びをもとにインデックスを作成する方法を**トリグラム**と呼びます。

・1文字：1-gram（ユニグラム）
・2文字：2-gram（バイグラム）
・3文字：3-gram（トリグラム）

　2-gram（バイグラム）では、'This is the first document.'という文から「This-is」「is-the」「the-first」「first-document」という4パターンの単語のつながりを抽出して、インデックスの割り当てを行います。

▼N-gramの例

```
# N-grams
from sklearn.feature_extraction.text import CountVectorizer
corpus = [
```

2.3 データの前処理（特徴量エンジニアリング）

```
    'This is the first document.',
    'This document is the second document.',
    'And this is the third one.',
    'Is this the first document?'
]

vectorizer = CountVectorizer(
    analyzer='word',        # 単語単位のN-gramsを指定
    ngram_range=(2, 2))  # 2-gramsにする
# 変換後の行列を取得
X = vectorizer.fit_transform(corpus)
# 戻り値はscipy.sparseの疎行列なのでNumPy配列に変換して出力
X.toarray()
```

▼出力

```
array([[0, 0, 1, 1, 0, 0, 1, 0, 0, 0, 0, 1, 0],
       [0, 1, 0, 1, 0, 1, 0, 1, 0, 0, 1, 0, 0],
       [1, 0, 0, 1, 0, 0, 0, 0, 1, 1, 0, 1, 0],
       [0, 0, 1, 0, 1, 0, 1, 0, 0, 0, 0, 0, 1]], dtype=int64)
```

▼ 2単語のつながりにマッピングされたインデックスを出力

```
vectorizer.vocabulary_
```

▼出力

```
{'this is': 11,
 'is the': 3,
 'the first': 6,
 'first document': 2,
 'this document': 10,
 'document is': 1,
 'the second': 7,
 'second document': 5,
 'and this': 0,
 'the third': 8,
 'third one': 9,
 'is this': 4,
 'this the': 12}
```

2.3 データの前処理（特徴量エンジニアリング）

■TF-IDF

TF-IDFは、Bag-of-Wordsで作成した単語のカウント行列を、単語の重要度を含んだ数値に変換します。TF-IDFという名前は、

・TF（Term Frequency）：テキストにおける単語の出現比率
・IDF（Inverse Document Frequency）：その単語が存在するテキストの割合の逆数の対数

を計算して数値化することからきています。特にIDFは、特定のテキストにしか出現しない単語の重要度を高める働きをします。

▼TF-IDFの例

```python
from sklearn.feature_extraction.text import CountVectorizer
from sklearn.feature_extraction.text import TfidfTransformer
corpus = [
    'This is the first document.',
    'This document is the second document.',
    'And this is the third one.',
    'Is this the first document?'
]

vectorizer = CountVectorizer()
transformer = TfidfTransformer()
# 変換後の行列を取得
tf = vectorizer.fit_transform(corpus)
tfidf = transformer.fit_transform(tf)
# 戻り値はscipy.sparseの疎行列なのでNumPy配列に変換して出力
tfidf.toarray()
```

▼出力

```
array(
[[0., 0.46979139, 0.58028582, 0.38408524, 0., 0., 0.38408524, 0., 0.38408524],
 [0., 0.6876236 , 0., 0.28108867, 0., 0.53864762, 0.28108867, 0., 0.28108867],
 [0.51184851, 0., 0., 0.26710379, 0.51184851, 0., 0.26710379, 0.51184851, 0.26710379],
 [0., 0.46979139, 0.58028582, 0.38408524, 0., 0., 0.38408524, 0., 0.38408524]])
```

次は、'This document is the second document.'の文をBag-of-Wordsで変換した結果（上段）と、TF-IDFで変換した結果（下段）です。

インデックスの5は'second'に割り当てられていて、この単語は変換対象の文にしか登場しないため、0.53864762と、ほかより大きな値になっています。

インデックス1の'document'が0.6876236になっていますが、これは登場回数が2回であるためです。

▼ 'This document is the second document.' を Bag-of-Words と TF-IDF で変換した結果

```
[0, 2, 0, 1, 0, 1, 1, 0, 1]
[0., 0.6876236 , 0., 0.28108867, 0., 0.53864762, 0.28108867, 0., 0.28108867]
```

■Embedding

自然言語処理における単語やカテゴリ変数（カテゴリカルなデータの集まり）のような表現を実数ベクトルに変換する手法のことをEmbeddingと呼びます。Bag-of-Wordsでは「単語同士の近さ」に関する情報が抜け落ちるという問題点がありましたが、単語同士の意味の近さを捉えてベクトル化することで、この問題を克服しようとする試みです。カテゴリ変数を扱う場合でも、水準の数が多いとOne-Hot Encodingを使うのが難しいことがあり、このような場合にもEmbeddingによる前処理は有効です。

▼ Word2Vec を利用した Embedding の例

```python
# ローカルのNotebookで実行する場合はgensimライブラリを事前にインストールしておく必要がある
from gensim.models import word2vec
corpus = [
    'This is the first document.',
    'This document is the second document.',
    'And this is the third one.',
    'Is this the first document?'
]
# 文(センテンス)ごとにリストにする
sentence = [d.split() for d in corpus]
# トレーニング
model = word2vec.Word2Vec(
    sentence,
    size=10,        # 単語ベクトルの次元数
    min_count=1,    # n回未満登場する単語を破棄
    window=2        # 学習に使う前後の単語数
    )
```

2.3 データの前処理（特徴量エンジニアリング）

▼ 'This'をベクトルに変換

```
model.wv['This']
```

▼出力

```
array([-0.03036566, -0.03328177, -0.03540546,  0.03609973, -0.0208969 ,
        -0.00282113,  0.04919054,  0.03928714,  0.01856414, -0.00488336],
      dtype=float32)
```

▼ 'is'をベクトルに変換

```
model.wv['is']
```

▼出力

```
array([ 0.00936804,  0.01538271,  0.0050044 , -0.04264035, -0.01507833,
        -0.04177737,  0.00160811,  0.03466636, -0.01644683, -0.02715201],
      dtype=float32)
```

▼ 'document'に近い単語を抽出

```
model.wv.most_similar('document')
```

▼出力

```
[('Is', 0.735491156578064),
 ('the', 0.45420241355895996),
 ('is', 0.39117687940597534),
 ('first', 0.22435833513736725),
 ('third', 0.2016928642988205),
 ('one.', 0.07977260649204254),
 ('second', -0.10030214488506317),
 ('document.', -0.12311232089996338),
 ('This', -0.3949657678604126),
 ('And', -0.40882113575935364)]
```

　　ニューラルネットワークには、Embedding層と呼ばれる層があり、Tensorflow ラ
イブラリを利用して実装することができます。Embedding層にテキストデータを入
力すると、Embeddingの処理が行われます。本書の9章ではEmbedding層を配置
する事例を紹介していますので、参照してもらえればと思います。

2.4 モデルの作成

　機械学習は大きく分けて、「**教師あり学習**」と「**教師なし学習**」に分類されます。このうち、Kaggleの分析コンペで行われるのは、目的変数（正解値）ありきの「教師あり学習」です。教師あり学習では、分析を行うアルゴリズムにテストデータを投入し、目的変数を正確に言い当てる能力を評価します。ここで使われる分析アルゴリズムとは、PythonやR言語で作成した解析用のプログラムのことで、これを**モデル**と呼びます。

　当然ですが、モデルは分析手法をプログラムに置き換えたものなので、実際に予測を行うには、作成したモデルにデータを読み込ませて、その予測値と正解値との誤差がなくなるように「学習（あるいは訓練）」をいかにうまく行わせるのかが、カギになります。

2.4.1　線形回帰モデル

　線形回帰のモデルは構造がシンプルで、かつ処理時間が速いことから、モデル選定の初期段階で使われることが多いです。シンプルに線形回帰の手法で学習を行うモデルのほかに、**正則化**と呼ばれる処理を加えることで、モデルが訓練データに過剰に適合するのを防止する機能を備えたモデルもあります。

- sklearn.linear_model.LinearRegression

　最も基本的な最小二乗法を用いた線形回帰モデルを実装するためのクラスです。

- sklearn.linear_model.Ridge

　正則化に**L2正則化**と呼ばれる手法を用いたリッジ回帰モデルを実装するためのクラスです。

- sklearn.linear_model.Lasso

　正則化に**L1正則化**と呼ばれる手法を用いたラッソ回帰モデルを実装するためのクラスです。

2.4.2 GBDT (勾配ブースティング木)

　勾配ブースティング木 (GBDT：Gradient Boosting Decision Tree) は、モデル構築の容易さと予測精度の高さから、分析コンペでよく用いられています。特にテーブルデータを扱うコンペでは、上位入賞者の多くがGBDTのモデルを使用している例もあります。GBDTの特徴として、

・特徴量は数値である必要がある
・欠損値をそのままの状態で扱える
・特徴量のスケーリングが必要だと考えられる場合でもスケーリングが不要

といったことが挙げられます。さらに、モデルに使われるハイパーパラメーターをチューニングしなくても精度が出やすい、という点も挙げられます。後述のニューラルネットワーク系のモデルには数多くのハイパーパラメーターがあり、そのチューニングには試行錯誤を重ねることが多いのですが、そのようなことに悩むことなく高い精度を出せるのが、数多くの分析コンペでGBDTが使われている理由でしょう。

● GBDTを実装するためのライブラリ
・XGBoost
・LightGBM
・CatBoost

■ GBDTを実装するためのライブラリ

　GBDTを実装するためのライブラリとして、以下のライブラリが公開されています。

● XGBoost
　2014年に公開されて以来、GBDTの実装として長きにわたって利用されている定番のライブラリです。学習するタスクの種類と対応する分析手法をobjectiveオプションで指定します。

objectiveオプションの値	説明
'reg:squarederror'	平均二乗誤差を最小化するように線形回帰の手法で学習を進めます。デフォルトの設定値です。
'reg:logistic'	ロジスティック回帰の手法で学習を進めます。
'binary:logistic'	ロジスティック回帰を用いて二値分類のタスクを学習します。
'multi:softmax'	マルチクラス分類のタスクを学習します。予測値の出力はソフトマックス関数による確率値が用いられます。

正解値と予測値との誤差を測定する**目的関数**（**誤差関数**、**損失関数**とも呼ばれれる）はeval_metricオプションで指定すると、関数の出力値を最小化するように学習が進められます。

eval_metricオプションの値	説明
'rmse'	Root Mean Squared Error。二乗平均平方根誤差。
'rmspe'	Root Mean Squared Percentage Error。二乗平均平方根誤差率。
'mae'	Mean Absolute Error。平均絶対誤差。

- LightGBM

2017年に公開された、XGBoostの改良版ともいえるモデルです。高速であることから、現在、分析コンペにおいてXGBoostよりも多く使われるようになっています。

- CatBoost

カテゴリ変数の扱いなどに特徴的な工夫がなされたGBDTのライブラリです。XGBoostやLightGBMと比較して、分析コンペで使われる機会は少ないようです。ただ、変数間の相互作用が重要なケースでは高い精度を出すことがあり、コンペの上位入賞チームが採用している例もあります。

2.4.3 多層パーセプトロン (MLP：Multilayer perceptron)

画像分類や物体検出を含む一般物体認識や音声の分類、検知などのタスクをはじめ、自然言語処理を含むタスクでは、多層パーセプトロンなどのニューラルネットワーク系のモデルを使うのが一般的です。テーブルデータを扱うコンペでも使われることが多く、GBDTよりも高い精度を出しているノートブックが多く公開されていたりします。

ニューラルネットワーク系のモデルでは、動物の神経細胞を模した**ニューロン**と呼ばれる重み付きのユニットを複数配置することで「Layer（層）」を形成し、入力データを層から層へ順伝播することで、最終出力としての予測値を出力します。このため、最終の層である出力層には、二値分類の場合は2個、マルチクラス分類の場合はクラス数と同じ数のユニット（ニューロン）が配置されます。それぞれのユニットは分類先のクラスを示すので、出力はそのクラスである可能性を示す確率値になります。

なお、ニューラルネットワークのニューロンを1層だけ配置した最も原始的なモデルを**単純パーセプトロン**と呼ぶことから、これを多層構造としたものは**多層パーセプトロン**という呼び方をします。**ニューラルネットワーク**という用語は、多くの場合、多層パーセプトロンのことを指します。

■ 多層パーセプトロン（MLP）を実装するためのライブラリ

多層パーセプトロンをモデルとして実装するためのライブラリには以下のものがあります。これらのライブラリは、ノートブック環境にインストール済みですので、分析コンペのノートブックからインポートしてすぐに使うことができます。

- TensorFlow
- Keras
- PyTorch
- Chainer

Google社が開発したTensorFlowが最も有名ですが、PyTorchも人気です。分析コンペでは、TensorFlowを使いやすくしたラッパーライブラリであるKerasが多く使われていましたが、TensorFlow2.0からはAPIの一部としてKerasが統合されましたので、現在はTensorFlowをインポートすればKerasの機能をそのまま使えるようになっています。tensorflow.kerasを用いた多層パーセプトロンのモデル構築は、本書の4章で紹介しています。

■ 多層パーセプトロン（MLP）のパラメーターチューニング

TensorFlowなどのライブラリを使えば、多層パーセプトロンのプログラミングはさほど難しくはありません。必要なメソッドの名前やメソッドのパラメーターがわかれば、容易にモデルを構築して学習を行わせることができます。

ただ、多層パーセプトロンには、次のように数多くの**ハイパーパラメーター**と呼ばれる設定項目があり、これらを適正に決めることが精度向上のポイントになります。

- 層の数
- 1層あたりのユニット（ニューロン）の数
- ユニットからの出力に適用する活性化関数の種類（Sigmoid、ReLUなど）
- 損失関数（誤差関数、あるいは目的関数とも呼ばれる）の種類（クロスエントロピー誤差関数など）
- 誤差逆伝播（バックプロパゲーション）における勾配降下アルゴリズム（オプティマイザー）の種類（SGDやAdamなど）
- バッチサイズ（訓練時に使用するサンプル数）
- エポック数（学習を繰り返す回数）
- 学習率

このほかにも、一定の割合で出力を無効にする**ドロップアウト率**や正則化におけるパラメーター値の設定があります。ハイパーパラメーターの数が多くてうんざりしますが、慣れないうちはデフォルト値が設定されているものはそのまま利用し、あとはKaggleで公開されているノートブックのうちで、多層パーセプトロンを使用しているものを参考にするとよいかと思います。

本書の5章では、多層パーセプトロンのパラメーターチューニングをはじめ、専用のライブラリを用いたパラメーターの自動探索についても紹介しています。また、6章では学習率を自動調整して精度を上げる各種の手法を紹介していますので、ぜひ参照してもらえればと思います。

2.4.4　畳み込みニューラルネットワーク（CNN）

一般物体認識や音声の分類などのタスクでは、**畳み込みニューラルネットワーク**（**CNN**：Convolutional Neural Network）がMLPと同様に、あるいはそれ以上に多く使われています。

CNNは、MLPを進化させた、いわゆる「ディープラーニング」に分類されるニューラルネットワークの一形態です。最大の特徴は、「畳み込み演算」によってデータが持つ特徴を検出するユニットにあります。CNNのモデルの構造としては、畳み込み演算を行うユニットで構成される「畳み込み層」を単体、もしくは複数配置し、最終の出力層にノーマルなパーセプトロン（ニューロン）をクラスの数だけ配置したものとなります。

2.4 モデルの作成

CNNには、畳み込みを行う際のフィルターの数、プーリングと呼ばれる処理におけるウィンドウサイズなど、MLPにはない新たなハイパーパラメーターがあるので、これらの値も決める必要があります。一般的に、MLPよりも処理に時間がかかりますが、画像分類などでは高い精度を出します。ただ、処理時間がかかる分、GPUの使用を検討することになります。

2.4.5　再帰型ニューラルネットワーク（RNN）

時間的な順序に従って一定の間隔で集められたデータのことを**時系列データ**と呼びます。会話を記録したテキストデータや、質問と答えからなるデータも時系列データです。また、音声データも時系列データの一種ですが、画像データのピクセル値が並んだ行列の行データを画像上部から順に、時系列のデータとして扱うこともあります。

時系列データを用いた予測では、再帰型ニューラルネットワークが画期的な性能を発揮しています。**再帰型ニューラルネットワーク**（**RNN**：Recurrent Neural Network）は、「中間層の出力を再び中間層に入力する」という自己ループを持つネットワークです。

近年では、勾配消失（あるいは爆発）の問題から、制限なく過去にさかのぼることはできないというRNNの弱点をカバーした、**LSTM**（Long Short-Term Memory：**超短期記憶**）と呼ばれるユニットを配置した_STMネットワークが多く使われています。

本書の9章では、メルカリの出品価格の予測に、LSTMとMLPによる複合型のモデルを使用する例を紹介しています。分析コンペで提供されるテーブルデータには、商品説明などのテキストデータが含まれているので、テキストデータの学習はLSTMを配置した層で行い、その他の数値データの学習は通常のニューロンを配置した層で行って、最終出力の段階で各層からの出力を結合し、出品価格の予測値を出力するようにしています。

2.5 バリデーション

バリデーションとは、完成したモデルに実際のデータを入力し、予測性能の評価を行うことを指します。精度の評価には、「2.1　分析コンペの課題と評価」で紹介した手法が使われますが、一方でバリデーションを行う際に「どのデータを使えばいいのか」という問題があります。

分析コンペでは、予測結果を提出（サブミット）すると、テストデータを用いたスコアでモデルの性能を確認できますが、モデルの開発途上にあって、毎回、サブミットで性能評価をするのは現実的ではありません。何より分析コンペでは、1日あたりのサブミットの回数に制限があるので、試行錯誤を繰り返すようなことはできないのです。

そこで、scikit-learnやTensorFlowなどのライブラリで作成するモデルには、学習時にバリデーションも並行して行う機能が組み込まれていて、手持ちのデータでバリデーションを行えるようになっています。

2.5.1　分析コンペで提供されるテストデータ

分析コンペにおけるテストデータの提供方法には、次のパターンがあります。

- コンペの開催と同時に、最終順位を決める際に使用するテストデータが公開される。ただし、正解値が収録されている場合とそうでない場合とがある。
- 2ステージ制のコンペでは、第1ステージでモデル開発のためのテストデータが提供され、第2ステージで最終順位を決めるためのテストデータが改めて提供される。

このように、最初からテストデータの「完全版」が提供されることもありますが、そうでない場合も多くあります。そういうこともあり、多くの場合、訓練（学習）データから一部のデータを切り出して、これをバリデーションデータとして使用することになります。

2.5.2　バリデーションの手法

バリデーションでは、どのようなデータを用いるかによって、ホールドアウト検証やクロスバリデーションなどの手法が使われます。

■ホールドアウト（Hold-Out）検証

ホールドアウト検証は、訓練データをランダムに分解し、その一部をバリデーション用に使用します。最もシンプルな方法で、手持ちの訓練データを使って試行錯誤が行えます。

▼ホールドアウト検証

train：訓練データのうちバリデーション用を除くデータ
valid：バリデーションに使用するデータ

訓練データが何らかの規則に従って並んでいるような場合は注意が必要です。例えば、マルチクラス分類のタスクで、データがクラスごとに並んでいるような場合は、データの並びをそのままにして切り分けると、データ自体に偏りが生じ、正しく学習が行えないばかりか、検証もうまく行えません。そこで、訓練データを分割する場合は、データをシャッフルしてランダムに分割することが重要です。これは、一見ランダムに並んでいるように見えるデータに対しても有効です。

scikit-learnやTensorFlowなどのライブラリに用意されているデータ分割用の関数やメソッドでは、オプションを指定するだけで、データのシャッフルによるランダムな抽出が行えるようになっています。

■ クロスバリデーション（Cross Validation：交差検証）

ホールドアウトを複数回繰り返すことで、最終的に訓練データすべてを使ってバリデーションを行うという手法です。

▼クロスバリデーション

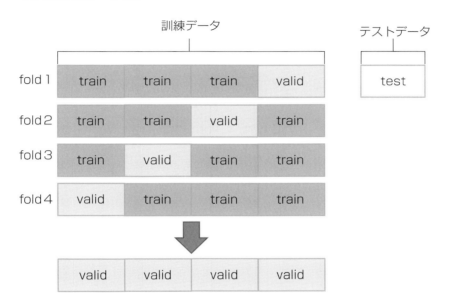

訓練データからバリデーションデータを抽出することを「fold」と呼びます。上記の例では、foldを4回繰り返すことで、訓練データのすべてをバリデーションデータに用いるようにしています。これによって計4回のバリデーションが行われることになりますが、スコアの平均をとることで、各foldで生じる偏りを極力減らします。

scikit-learnのKFoldクラスで、クロスバリデーション用のデータセットを作ることができます。訓練データを、fold数を指定して分割し、それぞれ抽出されたバリデーションデータを使ってモデルで予測を行ってその平均をとる、という使い方をします。この場合、fold数を例えば2から4に増やした場合、計算する時間は2倍になりますが、学習に用いるデータは全体の50%から75%に増えるので、その分、モデルの精度向上に期待できます。しかし、fold数を増やすことと学習に用いるデータ量が増えることとは比例しないので、むやみにfold数を増やしても意味がありません。一般的にfold数は4か5で十分でしょう。

一方で、手持ちのデータが大量にあるような状況では、バリデーションに使用するデータの割合を変えてもモデルの精度がほとんど変化しない、ということがあります。そのような場合は、fold数を2にするか、いっそのことホールドアウト検証にするという選択肢も有効です。

■ Stratified K-fold

二値分類やマルチクラス分類などの分類タスクでは、foldごとに含まれるクラスの割合を同じにすることがあります。これを**Stratified K-fold**（**層化抽出**）と呼びます。テストデータで分類される各クラスの割合はほぼ同じであるという仮定に基づいて、バリデーションの評価を安定させようという試みです。

特に、極端に正解になり得ないクラスが存在する場合は、バリデーションデータをランダムに抽出した場合、各クラスの割合に偏りが生じてしまい、foldごとのスコアが乱高下とはいわないまでも、看過できないレベルのぶれが生じることがあります。このような場合は、Stratified K-foldを行うのが有効です。Stratified K-foldには、scikit-learnのStratifiedFoldクラスが対応しています。

3章

回帰モデルと勾配ブースティング木による「住宅価格」の予測

3.1 「House Prices: Advanced Regression Techniques」のデータを前処理する

Point

◎分析コンペ「House Prices: Advanced Regression Techniques」の課題を確認し、攻略法を検討します。

◎提供されているテーブルデータを分析にかけられるように、以下の前処理を行います。

- 数値型のカラムで分布に偏りがある場合は対数変換して正規分布させる
- カテゴリカルなデータを情報表現（ダミー変数）に変換する
- 欠損値をデータの平均値に置き換える

分析コンペ

House Prices: Advanced Regression Techniques

Kaggleの「Getting Started」カテゴリで、「House Prices: Advanced Regression Techniques」*が公開中です。すでにエントリーは終了していますが、学習用のディストリビューションとして残されていて、作成したノートブックから実際にサブミットして、ランキングに載ることができるようになっています。特に、ランダムフォレストや勾配ブースティング木の学習に最適なコンペです。

本章では、このコンペを利用して、リッジ回帰、ラッソ回帰、GBDT（勾配ブースティング木）による「住宅販売価格の予測」を行います。

＊「House Prices: Advanced Regression Techniques」
https://www.kaggle.com/c/house-prices-advanced-regression-techniques/

107

3.1 「House Prices: Advanced Regression Techniques」のデータを前処理する

▼Kaggleの「House Prices: Advanced Regression Techniques」

3.1.1 「House Prices: Advanced Regression Techniques」の概要

「House Prices: Advanced Regression Techniques」（以下「House Prices」と表記）では、実際に販売された戸建住宅のデータとその販売価格が訓練データとして与えられ、訓練（学習）によって得られたモデルを使って、課題（テストデータ）として与えられた住宅データから、個々の販売価格を予測します。

■ House Pricesのデータはテーブルデータ

訓練用のデータとして、住宅の仕様や販売価格など81カテゴリ、計1460件のデータがCSVファイルとして提供されます。カンマ区切りのデータで、分析の際はPandasのデータフレームに読み込んで使用します。

▼訓練データのカラムとその内容

Id	1～1460の通し番号
MSSubClass	建物の分類（20、60などの整数値）
MSZoning	用途別の区画（'RL'などのカテゴリを表すテキスト）
LotFrontage	接続道路の幅（フィート）
LotArea	土地面積（平方フィート）
Street	道路アクセスのタイプ（すべて'Pave'）

3.1 「House Prices: Advanced Regression Techniques」のデータを前処理する

Alley	路地アクセスのタイプ（'Grvl'、'Pave'などのカテゴリを表すテキスト、欠損値多い）
LotShape	土地の形状（'IR1'などのカテゴリを表すテキスト）
LandContour	土地の平坦性（'Lvl'などのカテゴリを表すテキスト）
Utilities	利用可能なユーティリティのタイプ（すべて'AllPub'）
LotConfig	ロット構成（'Inside'などのカテゴリを表すテキスト）
LandSlope	土地の勾配（'Mod'などのカテゴリを表すテキスト）
Neighborhood	近隣の状況（'BrkSide'などのカテゴリを表すテキスト）
Condition1	幹線道路または鉄道に近接（'Norm'などのカテゴリを表すテキスト）
Condition2	幹線道路または鉄道に近接（'Norm'などのカテゴリを表すテキスト）
BldgType	住居のタイプ（'1Fam'などのカテゴリを表すテキスト）
HouseStyle	住居のスタイル（'1Story'などのカテゴリを表すテキスト）
OverallQual	全体的な材料と仕上げの品質（整数値）
OverallCond	全体的な状態の評価（整数値）
YearBuilt	元の建設年（4桁の年号）
YearRemodAdd	改造年（4桁の年号）
RoofStyle	屋根のタイプ（'Gable'などのカテゴリを表すテキスト）
RoofMatl	屋根のマテリアル（すべて'CompShg'）
Exterior1st	家の外装カバー（'VinylSd'などのカテゴリを表すテキスト）
Exterior2nd	家の外装カバー（複数の材料の場合）（'VinylSd'などのカテゴリを表すテキスト）
MasVnrType	石積みのベニヤのタイプ
MasVnrArea	石積みベニア面積の平方フィート（整数値）
ExterQual	外装材の品質（'TA'などのカテゴリを表すテキスト）
ExterCond	外装材の現状（'TA'などのカテゴリを表すテキスト）
Foundation	基礎の種類（'PConc'などのカテゴリを表すテキスト）
BsmtQual	地下室の高さ（'Gd'などのカテゴリを表すテキスト）
BsmtCond	地下室の概況（'Gd'などのカテゴリを表すテキスト）
BsmtExposure	地下壁（'Gd'などのカテゴリを表すテキスト）
BsmtFinType1	地下の仕上がり（'GLQ'などのカテゴリを表すテキスト）
BsmtFinSF1	タイプ1仕上げ済み平方フィート（整数値）
BsmtFinType2	タイプ2仕上がり（'Unf'などのカテゴリを表すテキスト）
BsmtFinSF2	タイプ2仕上げ済み平方フィート（整数値）
BsmtUnfSF	地下室の未完成の平方フィート（整数値）
TotalBsmtSF	地下面積の合計平方フィート（整数値）
Heating	暖房の種類（'GassA'などのカテゴリを表すテキスト）
HeatingQC	加熱の品質と状態（'Ex'などのカテゴリを表すテキスト）
CentralAir	セントラル空調（'Y'または'N'）
Electrical	電気システム（'SBrkr'などのカテゴリを表すテキスト）
1stFlrSF	1階の平方フィート（整数値）
2ndFlrSF	2階の平方フィート（整数値）

3

回帰モデルと勾配ブースティング木による「住宅価格」の予測

LowQualFinSF	低品質の仕上げ済み平方フィート（すべてのフロア）（整数値）
GrLivArea	グレード（地上）のリビングエリアの平方フィート（整数値）
BsmtFullBath	地下フルバスルーム（整数値）
BsmtHalfBath	地下半分のバスルーム（整数値）
FullBath	グレードを超えるフルバスルーム（整数値）
HalfBath	ハーフバスルーム（整数値）
BedroomAbvGr	ベッドルームの数（整数値）
KitchenAbvGr	キッチン数（整数値）
KitchenQual	キッチンの品質（'Gd'などのカテゴリを表すテキスト）
TotRmsAbvGrd	グレードより上の部屋の合計（バスルームは含まない）
Functional	ホーム機能の評価（'Typ'などのカテゴリを表すテキスト）
Fireplaces	暖炉の数（整数値）
FireplaceQu	暖炉の品質（'Gd'などのカテゴリを表すテキスト）
GarageType	ガレージの場所（'Attchd'などのカテゴリを表すテキスト）
GarageYrBlt	ガレージが建てられた年（4桁の年号）
GarageFinish	ガレージの内部仕上げ（'RFn'などのカテゴリを表すテキスト）
GarageCars	ガレージに収容可能な車の数（整数値）
GarageArea	ガレージの平方フィートでのサイズ（整数値）
GarageQual	ガレージの品質（'Gd'などのカテゴリを表すテキスト）
GarageCond	ガレージの状態（'Gd'などのカテゴリを表すテキスト）
PavedDrive	私道は舗装されているか（'Y'または'N'）
WoodDeckSF	ウッドデッキ領域の平方フィート（整数値）
OpenPorchSF	ポーチエリアの平方フィート（整数値）
EnclosedPorch	ポーチエリアで囲まれた平方フィート（整数値）
3SsnPorch	スリーシーズンポーチエリアの平方フィート（整数値）
ScreenPorch	スクリーンポーチエリアの平方フィート（整数値）
PoolArea	プール面積の平方フィート（整数値）
PoolQC	プールの品質（'Gd'などのカテゴリを表すテキスト、欠損値多い）
Fence	フェンスの品質（'MnPrv'などのカテゴリを表すテキスト、欠損値多い）
MiscFeature	その他の機能（'Shed'などのカテゴリを表すテキスト、欠損値多い）
MiscVal	その他の機能の量（整数値）
MoSold	販売月（1〜12の数値）
YrSold	販売年（4桁の年号）
SaleType	販売のタイプ（'New'などのカテゴリを表すテキスト）
SaleCondition	販売の条件（'Normal'などのカテゴリを表すテキスト）
SalePrice	住宅の販売価格（ドル）。ターゲット変数（正解ラベル）

3.1 「House Prices: Advanced Regression Techniques」のデータを前処理する

3.1.2 「House Prices」のデータを前処理する

「House Prices: Advanced Regression Techniques」にアクセスし、[Note books]タブの[New Botebook]ボタンをクリックして新規のノートブックを作成します。作成が済んだら、カーネルの[input]➡「house-prices-advanced-regression-techniques」フォルダー内の訓練データtrain.csvとテストデータtest.csvをPandasのデータフレームに読み込みます。

▼訓練データとテストデータをデータフレームに読み込む（セル1）

```
import pandas as pd
train = pd.read_csv(
    "../input/house-prices-advanced-regression-techniques/train.csv")
test = pd.read_csv(
    "../input/house-prices-advanced-regression-techniques/test.csv")
print('train shape:', train.shape) # 訓練データの形状を出力
print('test shape:', test.shape)   # テストデータの形状を出力
```

▼出力

```
train shape: (1460, 81)
test shape: (1459, 80)
```

訓練データには1,460レコード、テストデータには1,459レコードのデータが収録されています。訓練データのカラム数は81ですが、テストデータでは予測に使用する'SalePrice'（住宅の販売価格）がありませんので、カラム数は80となっています。訓練データの情報をDataFrame.info()メソッドで出力してみます。

▼訓練データの情報を出力（セル2）

```
train.info()
```

▼出力

```
<class 'pandas.core.frame.DataFrame'>
RangeIndex: 1460 entries, 0 to 1459
Data columns (total 81 columns):
 #   Column          Non-Null Count    Dtype
---  ------          --------------    -----
 0   Id              1460 non-null     int64
 1   MSSubClass      1460 non-null     int64
```

3.1 「House Prices: Advanced Regression Techniques」のデータを前処理する

2	MSZoning	1460 non-null	object
3	LotFrontage	1201 non-null	float64
4	LotArea	1460 non-null	int64
5	Street	1460 non-null	object
6	Alley	91 non-null	object
7	LotShape	1460 non-null	object
8	LandContour	1460 non-null	object
9	Utilities	1460 non-null	object
10	LotConfig	1460 non-null	object
11	LandSlope	1460 non-null	object
12	Neighborhood	1460 non-null	object
13	Condition1	1460 non-null	object
14	Condition2	1460 non-null	object
15	BldgType	1460 non-null	object
16	HouseStyle	1460 non-null	object
17	OverallQual	1460 non-null	int64
18	OverallCond	1460 non-null	int64
19	YearBuilt	1460 non-null	int64
20	YearRemodAdd	1460 non-null	int64
21	RoofStyle	1460 non-null	object
22	RoofMatl	1460 non-null	object
23	Exterior1st	1460 non-null	object
24	Exterior2nd	1460 non-null	object
25	MasVnrType	1452 non-null	object
26	MasVnrArea	1452 non-null	float64
27	ExterQual	1460 non-null	object
28	ExterCond	1460 non-null	object
29	Foundation	1460 non-null	object
30	BsmtQual	1423 non-null	object
31	BsmtCond	1423 non-null	object
32	BsmtExposure	1422 non-null	object
33	BsmtFinType1	1423 non-null	object
34	BsmtFinSF1	1460 non-null	int64
35	BsmtFinType2	1422 non-null	object
36	BsmtFinSF2	1460 non-null	int64
37	BsmtUnfSF	1460 non-null	int64
38	TotalBsmtSF	1460 non-null	int64
39	Heating	1460 non-null	object
40	HeatingQC	1460 non-null	object
41	CentralAir	1460 non-null	object
42	Electrical	1459 non-null	object

3.1 「House Prices: Advanced Regression Techniques」のデータを前処理する

43	1stFlrSF	1460 non-null	int64
44	2ndFlrSF	1460 non-null	int64
45	LowQualFinSF	1460 non-null	int64
46	GrLivArea	1460 non-null	int64
47	BsmtFullBath	1460 non-null	int64
48	BsmtHalfBath	1460 non-null	int64
49	FullBath	1460 non-null	int64
50	HalfBath	1460 non-null	int64
51	BedroomAbvGr	1460 non-null	int64
52	KitchenAbvGr	1460 non-null	int64
53	KitchenQual	1460 non-null	object
54	TotRmsAbvGrd	1460 non-null	int64
55	Functional	1460 non-null	object
56	Fireplaces	1460 non-null	int64
57	FireplaceQu	770 non-null	object
58	GarageType	1379 non-null	object
59	GarageYrBlt	1379 non-null	float64
60	GarageFinish	1379 non-null	object
61	GarageCars	1460 non-null	int64
62	GarageArea	1460 non-null	int64
63	GarageQual	1379 non-null	object
64	GarageCond	1379 non-null	object
65	PavedDrive	1460 non-null	object
66	WoodDeckSF	1460 non-null	int64
67	OpenPorchSF	1460 non-null	int64
68	EnclosedPorch	1460 non-null	int64
69	3SsnPorch	1460 non-null	int64
70	ScreenPorch	1460 non-null	int64
71	PoolArea	1460 non-null	int64
72	PoolQC	7 non-null	object
73	Fence	281 non-null	object
74	MiscFeature	54 non-null	object
75	MiscVal	1460 non-null	int64
76	MoSold	1460 non-null	int64
77	YrSold	1460 non-null	int64
78	SaleType	1460 non-null	object
79	SaleCondition	1460 non-null	object
80	SalePrice	1460 non-null	int64

```
dtypes: float64(3), int64(35), object(43)
memory usage: 924.0+ KB
```

> データ型はint64、float64、object
> です。objectはテキストデータが格
> 納されていることを示しています。あ
> と、19個のカラムに欠損値が含まれ
> ていることが確認できます。

3.1「House Prices: Advanced Regression Techniques」のデータを前処理する

■販売価格を対数変換して正規分布させる

訓練データの'SalePrice'には、住宅の販売価格が格納されていますが、分布状況が低価格側に偏っています。そこで、対数変換することで正規分布に近似させることにします。

▼販売価格の分布を対数変換後と比べてみる（セル3）

```python
import numpy as np
import matplotlib.pyplot as plt
from scipy.stats import skew
%matplotlib inline


# SalePriceについて底をeとするa+1の対数に変換し、
# 元の値と共にデータフレームに登録
prices = pd.DataFrame({'price':train['SalePrice'],
                       'log(price + 1)':np.log1p(train['SalePrice'])})
print(prices, '¥n')
# 'price'の対数変換前後の歪度を出力
print('price skew        :', skew(prices['price']))
print('log(price+1) skew:', skew(prices['log(price + 1)']))


# "SalePrice"の変換前と変換後をヒストグラムにする
# プロット図のサイズを設定
plt.rcParams['figure.figsize'] = (12.0, 6.0)
prices.hist()
```

▼出力

	price	log(price + 1)
0	208500	12.247699
1	181500	12.109016
2	223500	12.317171
3	140000	11.849405
4	250000	12.429220
...	...	...
1455	175000	12.072547
1456	210000	12.254868
1457	266500	12.493133
1458	142125	11.864469
1459	147500	11.901590

114

```
[1460 rows x 2 columns]
price skew       : 0.12122191311528363
log(price+1) skew: -0.009219256306869523
```

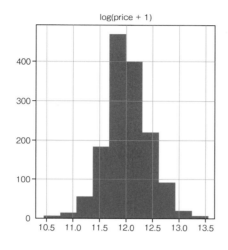
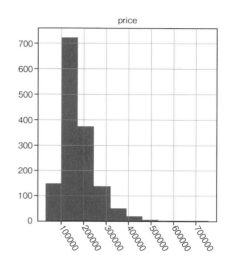

　対数変換は、NumPyのnp.log1p(x)関数で行いました。この関数は、

> 底をeとするx+1の対数

を計算します。
　対数は0以下の計算ができないので、底をeとするxの対数を求めるnp.log(x)の場合だと、0の値を入力すると負の無限大を示す-inf、マイナスの値を入力するとNaNが返されてしまいます。そこで、対策としてnp.log1p()関数を使用しました。
　結果、'SalePrice'の元の値の歪度は0.1212、対数変換後の歪度は-0.0092で、かなり小さな値になりました。**歪度**（わいど）は、分布の歪み（ひずみ）度合いを示す指標で、0に近いほど左右対称の正規分布であることを示します。
　グラフにおいても、変換前に比べてほぼ正規分布の形になっていることが確認できましたので、訓練データの'SalePrice'を対数変換しておくことにします。

▼SalePriceの値を、底をeとするa+1の対数に変換する（セル4）
```
train["SalePrice"] = np.log1p(train["SalePrice"])
```

3.1 「House Prices: Advanced Regression Techniques」のデータを前処理する

■訓練データとテストデータを連結して前処理する

　　ここで、データの前処理をまとめて行えるように、訓練データとテストデータを連結して1つのデータフレームにします。前処理では'Id'と'SalePrice'のカラムは必要ないので、'MSSubClass'～SaleCondition'のカラムのみを抽出してから連結することにします。

▼訓練データとテストデータからMSSubClass～SaleConditionのカラムを抽出して連結（セル5）

```
all_data = pd.concat((train.loc[:,'MSSubClass':'SaleCondition'],
                      test.loc[:,'MSSubClass':'SaleCondition']))
# 連結したデータを出力
print(all_data.shape)
print(all_data)
```

▼出力

(2919, 79)

	MSSubClass	MSZoning	LotFrontage	LotArea	Street	Alley	LotShape	LandContour	Utilities	LotConfig	...
0	60	RL	65.0	8450	Pave	NaN	Reg	Lvl	AllPub	Inside	...
1	20	RL	80.0	9600	Pave	NaN	Reg	Lvl	AllPub	FR2	...
2	60	RL	68.0	11250	Pave	NaN	IR1	Lvl	AllPub	Inside	...
3	70	RL	60.0	9550	Pave	NaN	IR1	Lvl	AllPub	Corner	...
4	60	RL	84.0	14260	Pave	NaN	IR1	Lvl	AllPub	FR2	...
...	...	...	...	...	...	...	...	...	...	...	...
1454	160	RM	21.0	1936	Pave	NaN	Reg	Lvl	AllPub	Inside	...
1455	160	RM	21.0	1894	Pave	NaN	Reg	Lvl	AllPub	Inside	...
1456	20	RL	160.0	20000	Pave	NaN	Reg	Lvl	AllPub	Inside	...
1457	85	RL	62.0	10441	Pave	NaN	Reg	Lvl	AllPub	Inside	...
1458	60	RL	74.0	9627	Pave	NaN	Reg	Lvl	AllPub	Inside	...

2919 rows × 79 columns

ScreenPorch	PoolArea	PoolQC	Fence	MiscFeature	MiscVal	MoSold	YrSold	SaleType	SaleCondition
0	0	NaN	NaN	NaN	0	2	2008	WD	Normal
0	0	NaN	NaN	NaN	0	5	2007	WD	Normal
0	0	NaN	NaN	NaN	0	9	2008	WD	Normal
0	0	NaN	NaN	NaN	0	2	2006	WD	Abnorml
0	0	NaN	NaN	NaN	0	12	2008	WD	Normal
...	...	...	...	...	...	...	...	...	...
0	0	NaN	NaN	NaN	0	6	2006	WD	Normal
0	0	NaN	NaN	NaN	0	4	2006	WD	Abnorml
0	0	NaN	NaN	NaN	0	9	2006	WD	Abnorml
0	0	NaN	MnPrv	Shed	700	7	2006	WD	Normal
0	0	NaN	NaN	NaN	0	11	2006	WD	Normal

■ 数値型のカラムで分布に偏りがある場合は対数変換する

'SalePrice' 以外にも、数値が入力されたカラムが多数、存在します。そこで、これらのカラムについても正規分布しているかを調べ、分布に偏りがある場合は対数変換しておくことにします。

分布の歪み度合いを示す指標である歪度（わいど）についてはすでに触れましたが、改めて説明しておきます。平均が0、標準偏差が1の標準化を行う場合、

$$\frac{X - \mu}{\sigma}$$

のように計算します。Xはデータの行列、μはデータの平均値、σは標準偏差です。これを3乗した値の平均が、歪度の値となります。

$$歪度 = \frac{1}{n}\sum_{i=1}^{n}\left(\frac{X_i - \mu}{\sigma}\right)^3$$

3乗する理由は、$(X - \mu)/\sigma$の値がマイナスであれば2乗することでマイナスが消えてプラスの値となるため、3乗して、またマイナスの値にするためです。

歪度係数が0より大きい場合は右の裾が長い分布になります。

▼歪度 > 0

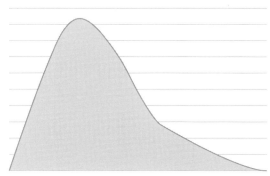

歪度が0の場合は分布の形が左右対称になります。ただ、厳密にいうと正確に左右対称の分布になるわけではなく、あくまで平均0の右側にある標準化した値の3乗の和と、平均0の左側にある値の3乗の和が同じになるということです。

▼歪度＝0

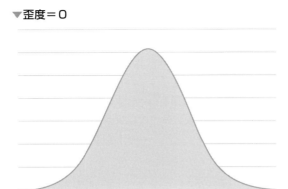

そして、歪度係数が0より小さい場合は、左の裾が長い分布になります。

▼歪度＜0

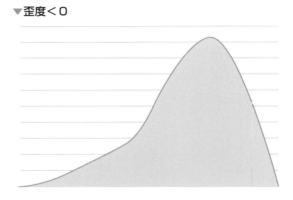

統計学では、歪度についての一般的な経験則として、以下のことがいわれています。

・歪度が－1未満または1を超える場合は、分布は非常に歪んでいる。
・歪度が－1から－0.5の間、または0.5から1の間にある場合、分布はわずかに歪んでいる。
・歪度が－0.5から0.5の間の場合、分布はおよそ対称である。

ここで、「歪度＝0.75」という係数に注目します。歪度が0.75の場合、右裾が長い分布になり、先ほどの「歪度＞0」のグラフとほぼ同じ形になります。先の経験則の「分布はわずかに歪んでいる」という状態です。このあとで確認しますが、House Prices

には、歪度がプラス側に大きく突出しているカラムが21程度存在し、分布が非常に歪んでいるといわれる1を超えるカラムもいくつか存在します。反対に、歪度がマイナスの場合は、すべて−0.75までの範囲内に収まっています。

　そこで、数値型のデータが格納されているすべてのカラムについて、歪度がプラス0.75より大きい、つまり右裾が長い分布であるかを調べ、そうであれば対数変換を行って正規分布に近似させることにします。

▼**数値型のカラムで歪度が0.75を超える場合は対数変換する（セル6）**

```python
from scipy.stats import skew

# object型ではないカラムのインデックスを取得
numeric_feats = all_data.dtypes[all_data.dtypes != "object"].index
print('-----Column of non-object type-----')
print(numeric_feats)


# object型ではないカラムの歪度を、欠損値を除いてから求める
skewed_feats = train[numeric_feats].apply(lambda x: skew(x.dropna()))
print('-----Skewness of non-object type column-----')
print(skewed_feats)


# 歪度が0.75より大きいカラムのみをskewed_featsに再代入
skewed_feats = skewed_feats[skewed_feats > 0.75]
print('-----Skewness greater than 0.75-----')
print(skewed_feats)
# 抽出したカラムのインデックスを取得
skewed_feats = skewed_feats.index


# 歪度が0.75より大きいカラムの値を対数変換する
all_data[skewed_feats] = np.log1p(all_data[skewed_feats])
all_data[skewed_feats] # 歪度が0.75より大きいカラムの対数変換後を出力
```

▼**出力**

```
-----Column of non-object type-----
Index(['MSSubClass', 'LotFrontage', 'LotArea', 'OverallQual', 'OverallCond',
       'YearBuilt', 'YearRemodAdd', 'MasVnrArea', 'BsmtFinSF1', 'BsmtFinSF2',
       'BsmtUnfSF', 'TotalBsmtSF', '1stFlrSF', '2ndFlrSF', 'LowQualFinSF',
       'GrLivArea', 'BsmtFullBath', 'BsmtHalfBath', 'FullBath', 'HalfBath',
       'BedroomAbvGr', 'KitchenAbvGr', 'TotRmsAbvGrd', 'Fireplaces',
```

3.1「House Prices: Advanced Regression Techniques」のデータを前処理する

```
        'GarageYrBlt', 'GarageCars', 'GarageArea', 'WoodDeckSF', 'OpenPorchSF',
        'EnclosedPorch', '3SsnPorch', 'ScreenPorch', 'PoolArea', 'MiscVal',
        'MoSold', 'YrSold'],
      dtype='object')
-----Skewness of non-object type column-----
MSSubClass         1.406210
LotFrontage        2.160866
LotArea           12.195142
OverallQual        0.216721
OverallCond        0.692355
YearBuilt         -0.612831
YearRemodAdd      -0.503044
MasVnrArea         2.666326
BsmtFinSF1         1.683771
BsmtFinSF2         4.250888
BsmtUnfSF          0.919323
TotalBsmtSF        1.522688
1stFlrSF           1.375342
2ndFlrSF           0.812194
LowQualFinSF       9.002080
GrLivArea          1.365156
BsmtFullBath       0.595454
BsmtHalfBath       4.099186
FullBath           0.036524
HalfBath           0.675203
BedroomAbvGr       0.211572
KitchenAbvGr       4.483784
TotRmsAbvGrd       0.675646
Fireplaces         0.648898
GarageYrBlt       -0.648708
GarageCars        -0.342197
GarageArea         0.179796
WoodDeckSF         1.539792
OpenPorchSF        2.361912
EnclosedPorch      3.086696
3SsnPorch         10.293752
ScreenPorch        4.117977
PoolArea          14.813135
MiscVal           24.451640
MoSold             0.211835
```

YrSold	0.096170

dtype: float64

-----Skewness greater than 0.75-----

MSSubClass	1.406210
LotFrontage	2.160866
LotArea	12.195142
MasVnrArea	2.666326
BsmtFinSF1	1.683771
BsmtFinSF2	4.250888
BsmtUnfSF	0.919323
TotalBsmtSF	1.522688
1stFlrSF	1.375342
2ndFlrSF	0.812194
LowQualFinSF	9.002080
GrLivArea	1.365156
BsmtHalfBath	4.099186
KitchenAbvGr	4.483784
WoodDeckSF	1.539792
OpenPorchSF	2.361912
EnclosedPorch	3.086696
3SsnPorch	10.293752
ScreenPorch	4.117977
PoolArea	14.813135
MiscVal	24.451640

dtype: float64

▼出力

	MSSubClass	LotFrontage	LotArea	MasVnrArea	BsmtFinSF1	BsmtFinSF2	BsmtUnfSF	TotalBsmtSF	1stFlrSF	2ndFlrSF	...
0	4.110874	4.189655	9.042040	5.283204	6.561031	0.0	5.017280	6.753438	6.753438	6.751101	...
1	3.044522	4.394449	9.169623	0.000000	6.886532	0.0	5.652489	7.141245	7.141245	0.000000	...
2	4.110874	4.234107	9.328212	5.093750	6.188264	0.0	6.075346	6.825460	6.825460	6.765039	...
3	4.262680	4.110874	9.164401	0.000000	5.379897	0.0	6.293419	6.629363	6.869014	6.629363	...
4	4.110874	4.442651	9.565284	5.860786	6.486161	0.0	6.196444	7.044033	7.044033	6.960348	...
...	...	...	...	...	...	...	...	...	...	...	...
1454	5.081404	3.091042	7.568896	0.000000	0.000000	0.0	6.304449	6.304449	6.304449	6.304449	...
1455	5.081404	3.091042	7.546974	0.000000	5.533389	0.0	5.686975	6.304449	6.304449	6.304449	...
1456	3.044522	5.081404	9.903538	0.000000	7.110696	0.0	0.000000	7.110696	7.110696	0.000000	...
1457	4.454347	4.143135	9.253591	0.000000	5.823046	0.0	6.356108	6.816736	6.878326	0.000000	...
1458	4.110874	4.317488	9.172431	4.553877	6.632002	0.0	5.476464	6.904751	6.904751	6.912743	...

2919 rows × 21 columns

3.1 「House Prices: Advanced Regression Techniques」のデータを前処理する

GrLivArea	BsmtHalfBath	KitchenAbvGr	WoodDeckSF	OpenPorchSF	EnclosedPorch	3SsnPorch	ScreenPorch	PoolArea	MiscVal
7.444833	0.000000	0.693147	0.000000	4.127134	0.000000	0.0	0.0	0.0	0.000000
7.141245	0.693147	0.693147	5.700444	0.000000	0.000000	0.0	0.0	0.0	0.000000
7.488294	0.000000	0.693147	0.000000	3.761200	0.000000	0.0	0.0	0.0	0.000000
7.448916	0.000000	0.693147	0.000000	3.583519	5.609472	0.0	0.0	0.0	0.000000
7.695758	0.000000	0.693147	5.262690	4.442651	0.000000	0.0	0.0	0.0	0.000000
...	...	...	...	...	...	...	...	...	...
6.996681	0.000000	0.693147	0.000000	0.000000	0.000000	0.0	0.0	0.0	0.000000
6.996681	0.000000	0.693147	0.000000	3.218876	0.000000	0.0	0.0	0.0	0.000000
7.110696	0.000000	0.693147	6.163315	0.000000	0.000000	0.0	0.0	0.0	0.000000
6.878326	0.693147	0.693147	4.394449	3.496508	0.000000	0.0	0.0	0.0	6.552508
7.601402	0.000000	0.693147	5.252273	3.891820	0.000000	0.0	0.0	0.0	0.000000

■カテゴリカルなデータを情報表現（ダミー変数）に変換する

　House Pricesのデータには、数多くのカテゴリカルなデータが存在します。例え
ば、'LotShape'（土地の形状）には、IR1（不規則パターン1）、IR2（不規則パターン
2）、IR3（不規則パターン3）、Reg（規則的）の4種類のデータが含まれ、これらの
データは4つのカテゴリに分類できます。

　そこで、このようなカテゴリカルなデータは、**ダミー変数**を作ることで数値化する
ことにします。ダミー変数とは、「あるかなしか」、「ある状態をとるかとらないか」の
ように、2つに1つとなる状況を、数値化して「1」か「0」で表すために作成される
変数（カラム）のことです。試しに、'LotShape'をダミー変数にしてみます。

▼LotShape（土地の形状）を情報表現（ダミー変数）に変換（セル7）

```
cc_data = pd.get_dummies(train['LotShape'])
# 元の'LotShape'を追加
cc_data['LotShape'] = train['LotShape']
# 20レコードを出力
cc_data[:20]
```

3.1「House Prices: Advanced Regression Techniques」のデータを前処理する

▼出力

	IR1	IR2	IR3	Reg	LotShape
0	0	0	0	1	Reg
1	0	0	0	1	Reg
2	1	0	0	0	IR1
3	1	0	0	0	IR1
4	1	0	0	0	IR1
5	1	0	0	0	IR1
6	0	0	0	1	Reg
7	1	0	0	0	IR1
8	0	0	0	1	Reg
9	0	0	0	1	Reg
10	0	0	0	1	Reg
11	1	0	0	0	IR1
12	0	1	0	0	IR2
13	1	0	0	0	IR1
14	1	0	0	0	IR1
15	0	0	0	1	Reg
16	1	0	0	0	IR1
17	0	0	0	1	Reg
18	0	0	0	1	Reg
19	0	0	0	1	Reg

　ここで使用したPandasのget_dummies()メソッドは、データフレームに存在するカテゴリカルなカラムを自動検出し、ダミー変数に変換します。これを使って、すべてのカテゴリカルなデータをダミー変数に変換します。

▼カテゴリカルなカラムを情報表現（ダミー変数）に変換（セル8）
```
all_data = pd.get_dummies(all_data)
```

■欠損値をデータの平均値に置き換える

　先にデータの情報を確認した際に、20程度のカラムに欠損値（NaN）が含まれていることが判明しましたので、ここで欠損値をなくす試みとして、欠損値をそのカラムの平均値で置き換えることにします。ただし、訓練データのみのデータの平均値を用いることにします。学習する際に、テストデータの情報までを使ってしまわないようにするためです。

▼欠損値NaNをそのカラムの平均値に置き換える（平均値は訓練データから求める）（セル9）
```
all_data = all_data.fillna(all_data[:train.shape[0]].mean())
```

123

3.2 回帰モデルによる学習

> **Point**
> ◎「House Prices: Advanced Regression Techniques」のデータについて、回帰モデル（リッジ回帰、ラッソ回帰）で学習し、損失（RMSE）を確認します。
>
> **分析コンペ**
>
> House Prices: Advanced Regression Techniques

　まずは、2種類の回帰モデルで学習してみることにします。使用するのは、リッジ回帰モデルとラッソ回帰モデルです。

3.2.1　リッジ回帰とラッソ回帰の正則化手法の違い

　線形回帰では、回帰式を用いた予測が行われます。次は、複数の変数が存在する多項式回帰で一般的に用いられる式です。

● **多項式回帰の予測式（回帰式）**

$$f_w(x) = w_0 + w_1 x + w_2 x^2 + w_3 x^3 + \cdots + w_n x^n$$

　$f_w(x)$ は変数 x に対する重み w の関数であることを示しています。実際に求められるのは予測値です。線形回帰の目的は、この式で求められる $f_w(x)$ と実測値（正解値）の誤差が最小になる w を求めることにあります。このときの誤差 $E(w)$ の最もシンプルな測定法は、次の平均二乗誤差（MSE：Mean Squared Error）です。

　一方、今回のHouse Pricesの予測では、次の二乗平均平方根誤差（RMSE：Root Mean Squared Error）を誤差関数（損失関数）として用います。RMSEは、予測値が上振れ（正解値を大きく上回る）を起こした場合に、より大きな損失 $E(w)$ になるので、価格の予測に適しているのです。

●MSE（平均二乗誤差）

$$E(\boldsymbol{w}) = \frac{1}{n}\sum_{i=1}^{n}\left(t_i - f_{\boldsymbol{w}}(x_i)\right)^2$$

- n ：レコード数
- $f_w(x_i)$：i番目の入力データx_iに対する予測値
- t_i ：i番目の実測値（正解値）

●RMSE（二乗平均平方根誤差）

$$E(\boldsymbol{w}) = \sqrt{\frac{1}{n}\sum_{i=1}^{n}\left(t_i - f_{\boldsymbol{w}}(x_i)\right)^2}$$

　線形回帰に限らず、ニューラルネットワークも含めた学習では、誤差が小さくなるように重みの値を変化させていくのですが、学習が進むにつれて、訓練データの特性にのみフィットする「過剰適合」という現象が発生することがあります。過剰適合とは、訓練データにのみフィットしているがために柔軟性を欠き、テストデータのような未知のデータの予測はうまく行えない状況のことを指します。

■ リッジ回帰

　リッジ回帰は「正則化された線形回帰」の1つで、線形回帰の誤差関数に「重みの二乗和（L2正則化項）」を加えたものです。L2正則化項は、数学的にものの長さを表す**ユークリッド距離**とも呼ばれ、次の左の式で表されます。
　RMSEを誤差関数とした場合のリッジ回帰は、次の右の式のように表されます。

●L2正則化項

$$\lambda \sum_{j=1}^{m} w_j^2$$

●リッジ回帰

$$E(\boldsymbol{w}) = \sqrt{\frac{1}{n}\sum_{i=1}^{n}\left(t_i - f_{\boldsymbol{w}}(x_i)\right)^2 + \lambda \sum_{j=1}^{m} w_j^2}$$

ハイパーパラメーター λ（ラムダ）の値を増やすことでL2正則化項（L2ペナルティ）の値を大きくして正則化の強さを引き上げ、モデルの重みが小さくなるようにします。重みの影響が大きくなりすぎないように抑えることで、訓練データにのみ過剰に適合するのを防ぐわけです。L2正則化項による正則化では、重みは完全に0にはならない性質があるため、変数が多いと計算が煩雑になる傾向があります。

■ ラッソ回帰

ラッソ回帰は、リッジ回帰と同じく正則化された線形回帰です。正則化項は、「重みの和（L1正則化項）を加えたもので、次のように表されます。

●L1正則化項

$$\lambda \sum_{j=1}^{m} |w_j|$$

RMSEを誤差関数とした場合のラッソ回帰は、次のように表されます。

●ラッソ回帰

$$E(\boldsymbol{w}) = \sqrt{\frac{1}{n}\sum_{i=1}^{n}\left(t_i - f_{\boldsymbol{w}}(x_i)\right)^2 + \lambda \sum_{j=1}^{m} |w_j|}$$

ラッソ回帰は、リッジ回帰と違って不要と判断される説明変数の係数（重み）が0になる性質があります。このことは、目的変数に影響のある説明変数だけが自動的に選択されることを意味するので、モデルに含まれる変数の数が限定され、解釈が容易になる（スパースな解を求めることができる）ことになります。ただ、相関が強い複数の説明変数が存在する場合には、そのグループの中で1つの変数のみが選択されるので、限られた説明変数の効果しか探索できないことがあります。

3.2.2 リッジ回帰モデルで学習する

　最初に試すのが、**リッジ回帰**です。リッジ回帰は、L2正則化による回帰分析を行いますが、正則化の強度を11パターン用意し、それぞれの強度でどのくらいの損失が出るのかを調べてみたいと思います。まずは、結合した訓練データとテストデータをそれぞれに切り分け、対数変換した住宅価格を、訓練時の正解データとして用意します。

▼訓練データとテストデータに分ける（セル10）

```
X_train = all_data[:train.shape[0]]
X_test = all_data[train.shape[0]:]
y = train.SalePric
```

■二乗平均平方根誤差を計算する関数を定義する

　損失は、RMSE（二乗平均平方根誤差）で取得するので、rmse_cv()関数として定義しておきます。検証は、クロスバリデーションでデータを5個に分割して行うことにします。

▼二乗平均平方根誤差を求める関数の定義（セル11）

```
from sklearn.model_selection import cross_val_score

def rmse_cv(model):
    """二乗平均平方根誤差

    Parameters:
      model(obj): Modelオブジェクト
    Returns:
      (float)訓練データの出力値と正解値とのRMSE
    """
    # クロスバリデーションによる二乗平均平方根誤差の取得
    rmse = np.sqrt(
        -cross_val_score(
            model, X_train, y,
            scoring="neg_mean_squared_error", # 平均二乗誤差
```

3.2 回帰モデルによる学習

```
        cv = 5))                                    # データを5分割
    return(rmse)
```

□ **sklearn.model_selection.cross_val_score()**

クロスバリデーションを使用してスコアを評価します。

書式	sklearn.model_selection.cross_val_score (　　estimator, X, y = None, 　　groups = None, scoring = None cv = None, 　　n_jobs = None, verbose = 0, fit_params = None, 　　pre_dispatch = '2 * n_jobs', 　　error_score = nan)	
パラメーター	estimator	データの適合に使用するオブジェクト。
	X	フィットさせるデータ。
	y	ターゲット変数（正解値）。
	groups	データセットをトレーニング/テストセットに分割するときに使用されるサンプルのグループラベル。 デフォルトはNone。
	scoring	モデル評価に使用する誤差関数。
	cv	クロスバリデーションの方法。整数値を指定した場合は、その数で分割が行われる。
	n_jobs	計算に使用するCPUの数。デフォルトのNoneは1を意味する。ー1とした場合はすべてのプロセッサを使用することを意味する。
	verbose	冗長レベル。デフォルトは0。
	fit_params	推定器のfit()メソッドに渡すパラメーター。デフォルトはNone。
	pre_dispatch	並列実行中にディスパッチされるジョブの数を制御する。この数を減らすと、CPUが処理できる数よりも多くのジョブがディスパッチされてメモリ消費が急増するのを防ぐのに役立つことがある。 デフォルトは'2 * n_jobs'。
	error_score	推定器のフィッティングでエラーが発生した場合にスコアに割り当てる値。「raise」を設定すると、エラーが発生するようになり、数値を指定すると、FitFailedWarningが発生するようになる。 デフォルトはnan。

3.2 回帰モデルによる学習

■リッジ回帰モデルで学習する

　最初にリッジ回帰モデルで学習してみます。リッジ回帰は、scikit-learnのsklearn.linear_model.Ridgeクラスで実装し、L2正則化の強度（係数）を10パターン用意して、それぞれの強度で精度を測定します。

▼リッジ回帰で学習する（セル12）

```python
from sklearn.linear_model import Ridge


# リッジ回帰モデルを生成
model_ridge = Ridge()


# L2正則化の強度を10パターン用意
alphas = [0.05, 0.1, 0.5, 1, 5, 10, 15, 30, 50, 75]
# 正則化の各強度でリッジ回帰を実行
# 5分割のクロスバリデーションでRMSEを求め、その平均を取得
cv_ridge = [rmse_cv(Ridge(alpha = alpha)).mean()
            for alpha in alphas]


# cv_ridgeをSeriesオブジェクトに変換
cv_ridge = pd.Series(cv_ridge, index = alphas)
# スコアを出力
print('Ridge RMSE loss:')
print(cv_ridge, '¥n')
# スコアの平均を出力
print('Ridge RMSE loss Mean:')
print(cv_ridge.mean())


# 正則化の強度別のスコアをグラフにする
plt.figure(figsize=(10, 5))    # 描画エリアのサイズ
plt.plot(cv_ridge)             # cv_ridgeをプロット
plt.grid()                     # グリッド表示
plt.title('Validation - by regularization strength')
plt.xlabel('Alpha')
plt.ylabel('RMSE')
plt.show()
```

3.2 回帰モデルによる学習

▼出力

```
Ridge RMSE loss:
0.05     0.138937
0.10     0.137777
0.50     0.133467
1.00     0.131362
5.00     0.127821
10.00    0.127337
15.00    0.127529
30.00    0.128958
50.00    0.130994
75.00    0.133163
dtype: float64

Ridge RMSE loss Mean:
0.13173438128730322
```

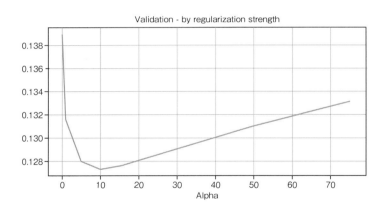

3.2.3 ラッソ回帰モデルで学習する

　次に、L1正則化を適用して学習するラッソ回帰モデルで学習してみます。ラッソ回帰モデルは、scikit-learnのsklearn.linear_model.Lassoクラスで実装できますが、複数の正則化の強度を試行できるLassoCVクラスを使ってみることにします。

■正則化の最適強度を探索しつつ学習する

　L1正則化の強度を、[1, 0.1, 0.001, 0.0005]の4パターン指定して学習を行います。実装は、

```
LassoCV(alphas = [1, 0.1, 0.001, 0.0005])
```

のようにalphasオプションにリストとして設定するようにします。学習が終了すると、最も精度が高かったときの強度がモデルに設定され、この状態で予測が行えるようになります。

□sklearn.linear_model.Lasso.LassoCV()
　L1正則化の強度 (alpha値) のリストを反復して分析するラッソ回帰モデルを生成します。fit()による学習終了後、最も分析精度が高かったalpha値がモデルに設定されます。

書式	sklearn.linear_model.LassoCV(　　eps=0.001, n_alphas=100, alphas=None, 　　fit_intercept=True, normalize=False, precompute='auto', 　　max_iter=1000, tol=0.0001, copy_X=True, cv=None, 　　verbose=False, n_jobs=None, positive=False, 　　random_state=None, selection='cyclic')	
主な パラメーター	eps	alpha_min/alpha_maxの値。デフォルトは0.001。
	n_alphas	正則化強度 (alpha) のリストのサイズ。デフォルトは100。
	alphas	学習に使用する正則化強度 (alpha) のリスト。
	fit_intercept	このモデルの切片を計算するかどうか。 デフォルトはTrue。

3.2 回帰モデルによる学習

主な パラメーター （続き）	normalize	Trueの場合、データが事前に正規化される。デフォルトはFalse。fit_interceptがFalseに設定されている場合、このパラメーターは無視される。
	max_iter	反復の最大数。デフォルトは1000。
	tol	最適化の許容範囲。更新時の値がtol値より小さい場合は、tol値以上になるまで最適化を続行。デフォルトは0.0001。
	cv	クロスバリデーションの方法。整数値を指定した場合は、その数で分割が行われる。

▼ラッソ回帰で学習する（セル13）

```python
from sklearn.linear_model import LassoCV


# ラッソ回帰モデルで推定する
# L1正則化項を4パターンで試す
model_lasso = LassoCV(
    alphas = [1, 0.1, 0.001, 0.0005]).fit(X_train, y)


print('Lasso regression RMSE loss:')             # クロスバリデーションによる
print(rmse_cv(model_lasso))                       # RMSEを出力


print('Average loss:', rmse_cv(model_lasso).mean())  # RMSEの平均を出力
print('Minimum loss:', rmse_cv(model_lasso).min())   # RMSEの最小値を出力
print('Best alpha  :', model_lasso.alpha_)           # 採用されたalpha値を出力
```

▼出力

```
Lasso regression RMSE loss:
[0.10330995 0.13147299 0.12552458 0.10530461 0.14723333]
Average loss: 0.12256909294466993
Minimum loss: 0.10330995071896441
Best alpha  : 0.0005
```

3.3 GBDT（勾配ブースティング木）で学習する

> **Point**
>
> ◎「House Prices: Advanced Regression Techniques」のデータについて、GBDT（勾配ブースティング木）で学習し、損失（RMSE）を確認します。
>
> **分析コンペ**
>
> House Prices: Advanced Regression Techniques

最後に、**GBDT**（Gradient Boosting Dicision Tree：**勾配ブースティング木**）で学習してみます。GBDTモデルは、GBDTのライブラリXGBoostをインポートすることで生成することができます。

3.3.1 GBDT

勾配ブースティング木とは、学習アルゴリズムにあまり高性能なものを使わず、その代わりに予測値の誤差を、新しく作成した学習アルゴリズムが次々に引き継いでいきながら、誤差を小さくしていく手法のことです。

機械学習でよく用いられるアルゴリズムにランダムフォレストがありますが、ランダムフォレストは、例えば3つの決定木（学習器）があれば、それを一斉に実行して、多数決で予測値を決めます。

これに対して勾配ブースティング木は、決定木が増えるに従って、その決定木が持つ誤差を小さくしていくという考え方です。

3.3 GBDT（勾配ブースティング木）で学習する

▼GBDTの予測

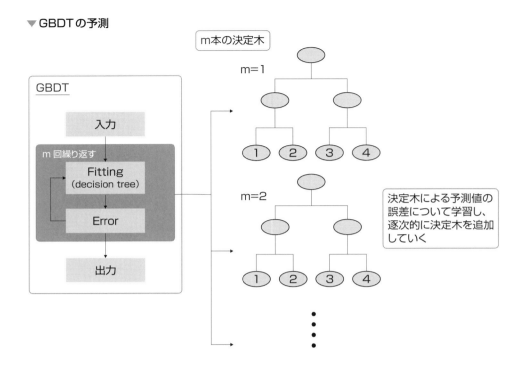

■GBDTの実装（XGBoost）

　GBDTは、XGBoost、LightGBM、CatBoostなどのライブラリで提供されているので、それぞれインポートしてすぐに使うことができます。今回はXGBoostを使用しますが、Learning API版とscikit-LearnのAPI版の2種類があるので、検証とモデル作成においてそれぞれを使用することにします。

3.3.2 XGBoostのxgboost.cv()で学習の進捗状況を確認する

XGBoostでの学習には、Learning APIのメソッドを使う方法と、scikit-learn APIのメソッドを使う方法があります。まずは、決定木の数を多めに設定して損失の推移を確かめたいので、Learning APIのxgboost.cv()を使ってみることにします。このメソッドは、xgboostオブジェクトでクロスバリデーションを用いた検証を行い、履歴を戻り値として返します。

この結果を踏まえて、scikit-learn APIのXGBRegressorオブジェクト生成によるXGBoostモデルでの学習を行い、予測に使用するモデルを作成します。

□xgboost.DMatrix()

Learning APIのXGBoostモデルで使用される、データオブジェクトDMatrixを生成します。DMatrixは、XGBoost用として、メモリ効率とトレーニング速度の両方に最適化された、行列を表現するためのオブジェクトです。欠損値を埋める必要がある場合はmissingオプションを使用します。

書式	

	`xgboost.DMatrix(`
	　　`data, label=None, weight=None, base_margin=None,`
	　　`missing=None, silent=False, feature_names=None,`
	　　`feature_types=None, nthread=None`
	`)`

□xgboost.cv()

XGBoost本体であるxgboostオブジェクトを使って、クロスバリデーションを用いた検証を行い、履歴を戻り値として返します。

書式	

	`xgboost.cv(`
	　　`params, dtrain, num_boost_round=10, nfold=3,`
	　　`stratified=False, folds=None, metrics=(), obj=None,`
	　　`feval=None, maximize=False, early_stopping_rounds=None,`
	　　`fpreproc=None, as_pandas=True, verbose_eval=None,`
	　　`show_stdv=True, seed=0, callbacks=None, shuffle=True`
	`)`

主な パラメーター	params	パラメーター名と設定値のdictオブジェクト。
	dtrain	トレーニングされるデータ。
	num_boost_round	作成する決定木の本数。ブースティングの反復回数となる。デフォルトは10。
	nfold	クロスバリデーション時の分割数。デフォルトは3。
	early_stopping_rounds	早期停止（アーリーストッピング）の監視回数を指定する。デフォルトはNone。
	verbose_eval	進行状況を表示するかどうか。Trueの場合、ブースト段階で進行状況が表示される。整数を指定した場合、指定されたすべてのブースティングステージの進行状況が表示される。デフォルトはNone。
	callbacks	各反復の最後に適用されるコールバック関数のリスト。
	shuffle	バリデーションデータをサンプリングする際にデータをシャッフルするかどうか。デフォルトはTrue。

□XGBoostモデル共通の主なパラメーター

パラメーター	説明
eta	学習率。0～1の範囲で設定。デフォルトは0.3。
gamma	決定木の葉ノードを分岐させるために最低限減らさなくてはならない目的変数の値。この値を大きくすると、目的関数がわずかしか減少しないときは分岐しなくなるため、分岐自体が起こりにくくなる。デフォルトは0。
max_depth	決定木の最大深度。この値を大きくすると、モデルがより複雑になり、訓練データによりフィット（過剰適合）するようになる。デフォルトは6。
min_child_weight	決定木の葉ノードをさらに分岐するために最低限必要となる葉ノードを構成するデータの数（実際に使われるのは目的関数への二階微分値）。この値が大きいほど、葉ノードの要素が少ないときは分岐しないため、全体的に分岐が起こりにくくなる傾向がある。デフォルトは1。
subsample	決定木ごとの訓練データからのサンプリング割合。デフォルトは1。
alpha	決定木の葉ノードの重みに対するL1正則化の強度。デフォルトは0。
lambda	決定木の葉ノードの重みに対するL2正則化の強度。デフォルトは1。

■ XGBoostのパラメーターチューニングのポイント

XGBoostには様々なパラメーターがあるので、主なパラメーターの設定値の目安についてまとめておきます。

3.3 GBDT（勾配ブースティング木）で学習する

□eta（学習率）

　学習率を小さくし、決定木の数を増やすことで継続的に精度を上げることが期待できますが、その分、収束までに時間がかかるようになります。このため、最初は0.1程度の大きめの値から始め、細かい精度を探求する必要があれば、0.01や0.05などの小さい値を試すとよいかと思います。

□num_boost_round（決定木の数）

　いわゆる学習回数ですが、1000もしくはそれ以上の大きな値としておき、アーリーストッピングとの併用で決めるのがよいでしょう。

□early_stopping_rounds（監視回数）

　アーリーストッピングにおける監視対象のround数ですが、一般的に50程度がよいとされています。ただし、学習が進まないのになかなか停止しない場合は値を大きくし、逆に学習の途上で早期に停止してしまう場合は値を小さくする、などの措置をとります。

□max_depth、min_child_weight

　決定木の深さや分岐を制御できるので、これらを設定することでモデルの複雑さを調整できます。

- max_depth
  3〜9の範囲で1刻みで設定。5から試すとよいでしょう。
- min_child_weight
  0.1〜10.0で最初は1.0からスタート。
- alpha、lambda
  決定木の葉ノードの重みに適用する正則化強度ですが、alphaのデフォルト値0、lambdaのデフォルト値1のままでよいでしょう。余裕があったら、両者のバランスを見極めつつ、小刻みに値を変えてみる感じです。

- subsample
  ランダム性を加えることができるので、過剰適合が置きている場合は、デフォルトの1に対して0.9を設定する、あるいは0.6〜0.95の範囲で0.05刻みで試すという手があります。

3.3 GBDT（勾配ブースティング木）で学習する

■XGBoostのxgboost.cv()で学習の進捗状況を確認する

決定木の深さを3、学習率を0.1にして学習を行ってみます。決定木の数は1000にしておいて、アーリーストッピング（監視回数は50とする）により制御するようにします。

▼GBDTで学習する（セル14）

```
import xgboost as xgb

dtrain = xgb.DMatrix(X_train, label = y)

# 決定木の深さ3、学習率0.1
params = {"max_depth":3, "eta":0.1}
# xgboostモデルでクロスバリデーションを実行
cross_val = xgb.cv(
    params,
    dtrain,
    num_boost_round=1000,      # 決定木の本数
    early_stopping_rounds=50)  # アーリーストッピングの監視回数
cross_val
```

▼出力

	train-rmse-mean	train-rmse-std	test-rmse-mean	test-rmse-std
0	10.380516	0.003151	10.380511	0.007227
1	9.345150	0.002914	9.345144	0.007586
2	8.413392	0.002710	8.413386	0.007926
3	7.574889	0.002511	7.575220	0.007951
4	6.820173	0.002320	6.820488	0.007688
...	...	...	...	...
405	0.040728	0.000315	0.125469	0.013440
406	0.040664	0.000320	0.125464	0.013418
407	0.040607	0.000326	0.125434	0.013416
408	0.040534	0.000332	0.125432	0.013409
409	0.040472	0.000354	0.125412	0.013406

410 rows × 4 columns

▼30回以降の検証データと訓練データのRMSEをグラフにする（セル15）
```
plt.figure(figsize=(8, 6)) # 描画エリアのサイズ
plt.plot(cross_val.loc[30:,["test-rmse-mean", "train-rmse-mean"]])
plt.grid()                 # グリッド表示
plt.xlabel('num_boost_round')
plt.ylabel('RMSE')
plt.show()
```

▼出力

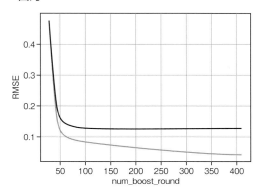

■scikit-learnのXGBoostで学習する

　アーリーストッピングが効いて、決定木の数が410のところで停止しました。では、scikit-learnのXGBoost実装であるXGBModel()で、決定木の数を410、決定木の深さを3、学習率を0.1に設定してモデルを生成し、fit()で学習させてみます。

▼xgboostで学習する（セル16）
```
model_xgb = xgb.XGBRegressor(
    n_estimators=410,   # 決定木の本数
    max_depth=3,        # 決定木の深さ
    learning_rate=0.1)  # 学習率0.1
model_xgb.fit(X_train, y)

print('xgboost RMSE loss:')
print(rmse_cv(model_xgb).mean()) # クロスバリデーションによるRMSEの平均を出力
```

▼出力
```
xgboost RMSE loss:
0.12437590381245056
```

3.4 ラッソ回帰とGBDTで予測し、アンサンブルする

> **Point**
> ◎「House Prices: Advanced Regression Techniques」のデータの学習において良好な精度を示したラッソ回帰とGBDTの各モデルでテストデータの予測を行います。
> ◎それぞれのモデルの予測結果をアンサンブルして、さらなる精度向上を試みます。
> ◎最終予測を実際にサブミットして、テストデータの予測精度を確認します。
>
> **分析コンペ**
>
> House Prices: Advanced Regression Techniques

　これまでに、リッジ回帰モデル、ラッソ回帰モデル、GBDTそれぞれで学習しました。この結果を受け、損失が低かったラッソ回帰とGBDTを採用することにして、それぞれでテストデータを用いた予測を行うことにします。予測が完了したら、それぞれの結果をアンサンブルして最終予測を決定し、実際にサブミットしてみます。

3.4.1　ラッソ回帰とGBDTで予測する

　ラッソ回帰もGBDTどちらも、predict()メソッドで予測ができます。ただ、注意点として、販売価格については対数変換してから学習していますので、予測する際は対数変換前の値に戻すことが必要です。これには、NumPyのexpm1()メソッドを使うことにします。

▼ラッソ回帰とGBDTで予測する（セル17）

```
lasso_preds = np.expm1(model_lasso.predict(X_test))
xgb_preds = np.expm1(model_xgb.predict(X_test))
```

■予測結果をアンサンブルする

　ラッソ回帰とGBDTの予測結果をアンサンブルして最終予測を算出します。損失の低さに応じて重み付き平均でアンサンブルすることにし、ラッソ回帰を0.7、GBDTを0.3にしてアンサンブルします。

▼ラッソ回帰とGBDTの予測をアンサンブルする（セル18）
```
preds = lasso_preds * 0.7 + xgb_preds * 0.3
```

3.4.2　サブミットして予測精度を見てみよう

住宅の販売価格の予測データを、提出用のCSVファイルにまとめます。

▼提出用のCSVファイルの作成（セル19）
```
solution = pd.DataFrame({"id":test.Id, "SalePrice":preds})
solution.to_csv("ridge_sol.csv", index = False)
```

　作成が済んだら、ノートブックの右上に表示されている[Save Version]ボタンをクリックし、[Save Version]ダイアログの[Save & Run All (Commit)]をオンにして[Save]ボタンをクリックします。
　コミット（保存）できたら、「House Prices: Advanced Regression Techniques」のトップページから[Notebook]タブを開き、保存済みのノートブック名をクリックして開きます。ノートブックを下にスクロールしていくと、作成済みのCSVファイルの概要の先頭付近に[Submit]ボタンがあるので、これをクリックします。

▼予測結果をサブミットする

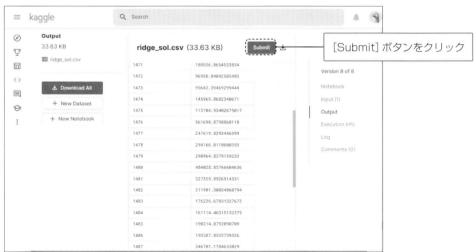

　サブミットした結果、テストデータの検証が行われ、損失が「0.12087」でした。

NOTE

第4章 画像認識コンペで多層パーセプトロン（MLP）を使う

4.1 画像認識コンペ「Digit Recognizer」の課題を多層パーセプトロン（MLP）で解く

Point
◎画像データに必要な前処理として、ピクセル値の正規化を行います。
◎ニューラルネットワーク（多層パーセプトロン）のモデルを使用して、画像認識におけるマルチクラス分類を行います。

分析コンペ

Digit Recognizer

　「Digit Recognizer」は、数字画像を認識するOCR（Optical Character Recognition：光学文字認識ソフトウェア）を作成するコンペですが、学習用として常設されているので、実際に解析結果を提出して他の参加者と順位を競うことができます。また、開設以来2千を超えるチームが参加していて、様々なノウハウが蓄積されているので、上位を狙うための試行錯誤を実体験できるのが醍醐味です。
　このコンペで「勝つ」ためには、ニューラルネットワークを深層化した「畳み込みニューラルネットワーク（CNN）」を用いるのが常套手段ですが、本章では、その前身となるニューラルネットワーク（多層パーセプトロン：MLP）について、

・コンペで戦うために必要なMLPに関する知識
・コンペで上位にランクインするためのチューニング法

の習得を目的とします。

4.1.1　フィードフォワードニューラルネットワーク（FFNN）

　ニューラルネットワークは、画像認識だけでなく音声、自然言語処理を含むパターン認識、さらには市場における顧客データに基づく購入物の類推などのデータマイニングに広く用いられています。

■ニューラルネットワークのニューロン

　ニューラルネットワークをひと言で表現すると、「動物の脳細胞を模した人工ニューロンというプログラム上の構造物をつないでネットワークにしたもの」です。画像認識を例にすると、ネコの画像をネットワークに入力すると、ネットワークの出口から「その画像はネコである」という答えが出てくるイメージです。

　これは、ニューラルネットワークが、脳機能に見られるいくつかの特性に類似した数理的なモデルであるからこそ実現できるものです。動物の脳は、神経細胞の巨大なネットワークです。神経細胞そのものは**ニューロン**と呼ばれていて、その先端部分には、他のニューロンからの信号を受け取る**樹状突起**があり、**シナプス**と呼ばれるニューロン同士の結合部を介して他のニューロンと接続されています。例えば、視覚情報を扱うための膨大な数のニューロンが複雑に絡み合ったネットワークがあるとしましょう。ある物体を見たときの視覚的な情報がネットワークに入力されると、ニューロンを通るたびに信号が変化し、最終的にその物体が何であるかを認識する信号が出力されます。大雑把にいうと、動物の脳はこのようなニューロンのネットワークに流れる信号で外部や内部の情報を処理していると考えられています。

▼ニューロンから発せられる信号の流れ

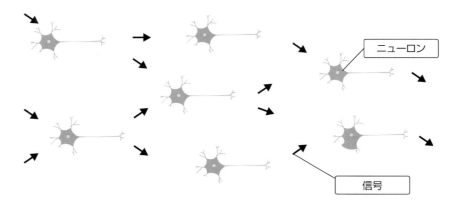

このような神経細胞（ニューロン）をコンピューター上で「機械的に」表現できないものかと考案されたのが**人工ニューロン**です。人工ニューロンは他の（複数の）ニューロンからの信号を受け取り、内部で変換処理（活性化関数）をして他のニューロンに伝達します。

▼人工ニューロン（単純パーセプトロン）

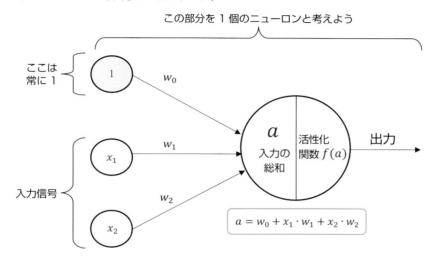

人工ニューロンは、複数の人工ニューロンからなる「層」を形成し、学習によって結合強度を変化させ、問題解決能力を持つようなモデルを形成します。これがニューラルネットワークです。

さて、動物のニューロンに目を移すと、ニューロンに何らかの刺激が電気的な信号として入ってくると、この電位を変化させることで「活動電位」を発生させる仕組みになっています。活動電位とは、いわゆる「ニューロンが発火する」という状態を作るためのもので、活動電位にするのかしないのかを決める境界、つまり「閾値（しきいち）」を変化させることで、発火する／しない状態にします。

人工ニューロンでは、このような仕組みを実現する手段として、他のニューロンからの信号（図の1、x_1、x_2）に「重み」（図のw_0、w_1、w_2）を適用（実際には掛け算）し、「重みを通した入力信号の総和」（$a=w_0+x_1\cdot w_1+x_2\cdot w_2$）に活性化関数（図の$f(a)$）を適用することで1個の「発火／発火しない」信号を出力します。このように入力と人工ニューロンの2層から構成されるモデルを特に**単純パーセプトロン**と呼びます。まさに図で示したように複数の入力に対して、1つ出力する関数です。

一方、ニューラルネットワークでは、単体のニューロンが出力する信号の種類は1個だけですが、同じものを複数のニューロンに出力します。図では出力する信号が1個になっていますが、実際は矢印がもっとたくさんあって、複数のニューロンに出力されるイメージです。

ここで、ニューロン、ニューラルネットワークの基本的な動作を整理しておきましょう。ニューラルネットワークでは、

入力信号 ➡ 重み・バイアス ➡ 活性化関数 ➡ 出力（発火する／しない）

という流れを作ることで、ニューロンのネットワークを人工的に再現します。ただ、発火するかどうかは、常に「活性化関数の出力」によって決定されるので、もとをたどれば発火するかどうかは活性化関数に入力される値次第、ということになります。ですので、闇雲に発火させず、正しいときにのみ発火させるように、信号の取り込み側には重み・バイアスという調整値が付いています。バイアスとは重みだけを入力するための値のことで、他の入力信号の総和が0または0に近い小さな値になるのを防ぐ、「底上げ」としての役目を持ちます。

■ 学習するということは重み・バイアスを適切な値に更新するということ

ここまでを整理すると、人工ニューロンの動作の決め手は「重み・バイアス」と「活性化関数」ということになります。活性化関数には様々なものがあり、一定の閾値を超えると発火するもの、発火ではなく「発火の確率」を出力するものなどです。一方、重み・バイアスについては、値は決まっていませんので、プログラム側で適切な値を探すことになります。他のニューロンからの出力に重み（図のw_1、w_2）を掛けた値、およびバイアス（図のw_0）の値の合計値が入力信号となるので、重み・バイアスを適切な値にしなければ、活性化関数の種類が何であっても人工ニューロンは正しく動作することができません。次の図を見てください。

▼ニューラルネットワーク

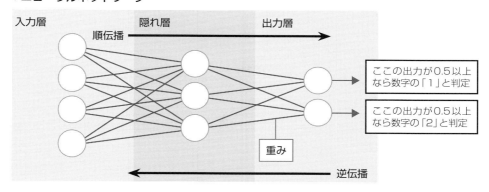

　今回参加するコンペ「Digit Recognizer」では、28×28ピクセルのグレースケールの画像データの認識について競うわけですが、ニューラルネットワークをモデルにする場合、入力層には、「28×28ピクセル＝784個（画素）」のピクセル値が並ぶことになります。このグループを**入力層**と呼びます。これに接続されるニューロンのグループが**隠れ層**です。図では、ここに出力層の2個のニューロンが接続されていますので、仮に上段のニューロンが発火した場合は手書き数字の画像が「1」、下段のニューロンが発火した場合は手書き数字の画像が「2」であると判定するものと仮定しましょう。発火する閾値は0.5にし、0.5以上であれば発火として扱います。一方、活性化関数はどんな値を入力しても0か1、もしくは0～1の範囲に収まる値を出力するので、手書き数字が1のものであれば上段のニューロンが発火すれば正解、2のものであれば下段のニューロンが発火すれば正解です。

　しかし、最初は重みとバイアスは場あたり的に決めるのが一般的ですので、上段のニューロンが発火してほしい（手書き数字は「1」）のに0.1と出力され、逆に下段のニューロンが0.9になったりします。そこで、順方向への値の伝播で上段のニューロンが出力した0.1と正解の0.5以上の値との誤差を測り、この誤差がなくなるように、出力層に接続されている重みとバイアスの値を修正します。さらに、修正した重みに対応するように隠れ層に接続されている重みとバイアスの値を修正します。出力するときとは反対の方向に向かって誤差をなくすように重みとバイアスの値を計算していくことから、このことを専門用語で**誤差逆伝播法（Backpropagation：バックプロパゲーション）**と呼びます。

なお、学術的な観点から、ニューラルネットワークにおける人工ニューロンは、生体のニューロンの動作を極めて簡略化した動作をするものとされています。つまり、順方向へ信号を伝達するモデルです。順方向への伝播のみを行うフィードフォワードニューラルネットワーク（FFNN）が、本来のニューラルネットワークの形態です。

このことから、バックプロパゲーションを用いつつ多層化されたネットワークは、**多層パーセプトロン**と呼んで区別されます。ただ、慣用的に多層パーセプトロンはすなわちニューラルネットワークのことを指し、機械学習全般におけるプログラミングの世界でも同じような扱いがされています。

■順方向で出力して間違いがあれば
逆方向に向かって修正して１回の学習を終える

ディープラーニングを含む機械学習でいうところの「学習」とは、「**順方向に向かっていったん出力を行い、誤差逆伝播で重みとバイアスを修正する**」ことです。ただ、学習を１回しただけでは不十分です。前ページの例では、「同じ手書き数字の画像」をもう一度ネットワークに入力すれば、上段のニューロンが間違いなく発火するでしょうが、ちょっと書き方を変えた（１が少し斜めに書かれているなどの）画像が入力された場合、下段のニューロンが発火するかもしれません。あるいはどのニューロンも発火しない、逆に両方とも発火してしまうこともあります。なぜなら、このニューラルネットワークは「学習したときに使った画像しか認識できない」からです。

なので、いろいろな書き方の「１」の画像を何枚も入力して重みとバイアスを修正することで、どんな書き方であっても「１」と認識できるように学習させることが必要です。そうすれば、いろいろな書き方の「１」を入力しても、常に上段のニューロンのみが発火するようになるはずです。同様に様々なパターンの「２」の画像を入力しても常に下段のニューロンのみが発火するはずです。こうしてひと通りの画像の入力が済んだら「１回目の学習が終了した」ということになります。

もちろん、１回の学習ですべての手書き数字の１と２を言い当てられるとは限らないので、同じ画像のセットをもう一度学習（順伝播→誤差逆伝播）させることもあります。これが機械学習の画像認識における「学習」の基本です。このような学習を「正確にかつ効率よく行う」ことが、画像認識系のコンペティション（分析コンペ）におけるOCR開発の究極の目的です。

4.1.2 特徴量の作成（MNISTデータの前処理）

「Digit Recognizer」のコンペティションで題材になっているのは、**MNIST**（エム ニスト）と呼ばれるデータセットです。ここで、「Digit Recognizer」のOverviewの ページに書かれているコンペティションの概要について見てみましょう。

▼「Digit Recognizer」のOverviewのページに書かれているコンペの概要の一部を日本語に翻訳

RまたはPythonと機械学習の基礎知識、あるいはある程度の実践経験があることを前提に、 ニューラルネットワークなどの手法を学ぶのがこのコンペティションの趣旨です。

●**コンペティションの説明**
手書き画像のMNIST（Modified NIST、ここでNISTはNational Institute of Standards and Technology〔米国国立標準技術研究所〕）は、1999年のリリース以来、分類アルゴリズムのベン チマークの基礎として機能してきました。新しい機械学習技術が登場しても、MNISTは研究者と 学習者の両方にとって信頼できるリソースです。
このコンペティションの目標は、何万もの手書きの画像のデータセットから数字を正しく識別 することです。ここには、回帰からニューラルネットワークまですべてをカバーするチュートリ アルスタイルのカーネルのセットがアップされています。様々なアルゴリズムを試して、何がうまく 機能し、どのように手法が比較されるかを学ぶことをお勧めします。

●**ここで身に付くスキル**
・シンプルなニューラルネットワークを含むコンピュータービジョンの基礎
・SVM（サポートベクターマシン）やK近傍法などの分類方法

ここでうたわれているように、使用するデータはMNISTと呼ばれる、手書き数字の 画像を集めたデータセットです。

■「Digit Recognizer」のノートブックを作成する

Kaggleのトップページの検索窓に「Digit Recognizer」と入力し、検索結果から 「Digit Recognizer」のリンクをクリックします。

4.1 画像認識コンペ「Digit Recognizer」の課題を多層パーセプトロン（MLP）で解く

▼「Digit Recognizer」のトップページを表示する

[Notebooks]タブをクリックし、[New Notebook]をクリックします。

▼ノートブックの作成

　ノートブックの作成が初めての場合は、規約を理解したうえでコンペティションに参加するかを尋ねるダイアログが開くので、[I Understand and Accept]をクリックします。

▼コンペティションへの参加の確認

■MNISTを入力できる形に前処理する

ノートブックのタイトルを任意のタイトルに変更します。セルに入力済みのコードがありますので、[Run Current Cell] ボタンをクリックして実行します。

▼入力済みのセルを実行する

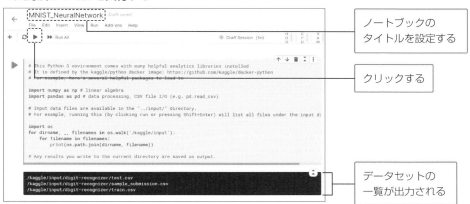

ノートブックから利用できるデータセットの一覧が表示されました。input/digit-recognizer/内に、

- test.csv
- sample_submission.csv
- train.csv

の3ファイルが用意されていることを示しています。

では、test.csvを読み込んで、どんなデータが格納されているのか見てみることにしましょう。

▼train.csvをpandasのDataFrameに読み込んで中身を表示（セル2）

```
train = pd.read_csv('/kaggle/input/digit-recognizer/train.csv')
train
```

4.1 画像認識コンペ「Digit Recognizer」の課題を多層パーセプトロン（MLP）で解く

▼ train.csvのデータを表示

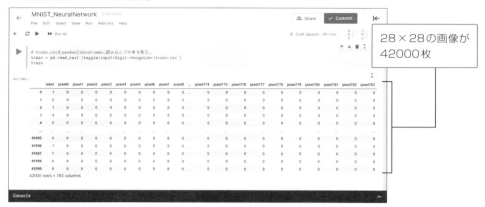

　出力されたデータには、0〜41999までの行があり、各1行が1枚の画像に対応するので42000枚の画像データが格納されていることになります。labelの列は、それぞれの手書き数字が0〜9のどれであるかを示す正解ラベルで、pixel0〜pixel783の列が画像そのもののデータです。手書き数字の画像は28×28ピクセルのグレースケールのデータなので、28×28＝784のピクセル値がフラットに並んでいることになります。

　では、train.csvのデータをニューラルネットワークに入力できるように、データの前処理として以下のことを行います。

●train.csvについて
・42000セットのデータを訓練用として31500セット、検証用として10500セットに分割する。
・画像のピクセル値を255.0で割って0〜1.0の範囲に変換する。
・正解ラベルをOne-Hot表現に変換する。

●test.csvについて
・ファイルの読み込みのみを行う。

　画像のピクセルデータは、グレースケールの色調を示す0から255までの値です。ただ、ニューロンに配置する活性化関数は、0から1.0の範囲の値を出力するので、これに合わせて、すべてのピクセル値を255.0で割ることですべての値を0から1.0

の範囲に変換します。

　一方、その画像が何の数字であるかを示す正解ラベルは、5、1、0、…のように0から9の整数値になっています。ただし、これから作成するニューラルネットワークの出力層のニューロン数は10です。この10という数は、手書き数字が何の数字であるかを示す正解ラベルの0〜9に対応しています。0から9、つまり全部で10種類なので、10個のクラスのマルチクラス分類として、手書き数字の認識問題を解きます。

　10個のニューロンの出力は、当初、でたらめな値になりますが、学習を繰り返すことで次の図のように正しく認識するようになります。

▼**出力層のニューロンの出力と分類結果の関係**

出力層の ニューロン	「3」の場合 の出力	「0」の場合 の出力	「9」の場合 の出力	分類される 数字
①	0.00	0.99	0.00	0
②	0.00	0.00	0.00	1
③	0.01	0.00	0.01	2
④	0.99	0.01	0.00	3
⑤	0.00	0.00	0.40	4
⑥	0.02	0.02	0.00	5
⑦	0.00	0.00	0.01	6
⑧	0.01	0.01	0.00	7
⑨	0.00	0.00	0.00	8
⑩	0.00	0.00	0.99	9

　正解ラベルの値の範囲を出力層のニューロン数に合わせて、(10行，1列)の行列、プログラム的には要素数が10の配列に変換します。例えば、正解ラベルが3の場合は、

　　[0, 0, 0, 1, 0, 0, 0, 0, 0, 0]

のような配列にします。4番目の要素の1は正解が3であることを示します。このように、1つの要素だけがHigh（1）で、その他はLow（0）のようなデータの並びを表現することを**ワンホット**（One-Hot）**エンコーディング**と呼びます。

　では、ノートブックの3番目のセルに次のコードを入力して、データの前処理を行いましょう。

4.1 画像認識コンペ「Digit Recognizer」の課題を多層パーセプトロン（MLP）で解く

▼MNISTデータセットを前処理する（セル3）

```python
import numpy as np
import pandas as pd
from tensorflow.keras.utils import to_categorical
from sklearn.model_selection import KFold

# train.csvを読み込んでpandasのDataFrameに格納。
train = pd.read_csv('/kaggle/input/digit-recognizer/train.csv')
# trainから画像データを抽出してDataFrameオブジェクトに格納。
train_x = train.drop(['label'], axis=1)
# trainから正解ラベルを抽出してSeriesオブジェクトに格納。
train_y = train['label']
# test.csvを読み込んでpandasのDataFrameに格納。
test_x = pd.read_csv('/kaggle/input/digit-recognizer/test.csv')

# trainのデータを4分割し、訓練用に3、バリデーション用に1の割合で配分する。
kf = KFold(n_splits=4, shuffle=True, random_state=123)
# 訓練用とバリデーション用のレコードのインデックス配列を取得。
tr_idx, va_idx = list(kf.split(train_x))[0]
# 訓練とバリデーション用の画像データと正解ラベルをそれぞれ取得。
tr_x, va_x = train_x.iloc[tr_idx], train_x.iloc[va_idx]
tr_y, va_y = train_y.iloc[tr_idx], train_y.iloc[va_idx]

# 画像のピクセル値を255.0で割って0～1.0の範囲にしてnumpy.arrayに変換。
tr_x, va_x = np.array(tr_x / 255.0), np.array(va_x / 255.0)

# 正解ラベルをOne-Hot表現に変換
tr_y = to_categorical(tr_y, 10) # numpy.ndarrayオブジェクト
va_y = to_categorical(va_y, 10) # numpy.ndarrayオブジェクト

# tr_x、tr_y、va_x、va_yの形状を出力。
print(tr_x.shape)
print(tr_y.shape)
print(va_x.shape)
print(va_y.shape)
```

▼出力

```
(31500, 784)
(31500, 10)
(10500, 784)
(10500, 10)
```

訓練データ、検証データ共に、2次元のNumPy配列に格納されていることが確認できます。1次元の部分が画像の枚数、2次元の部分がそれぞれのデータです。正解ラベルについては、データの個数が10になっているので、One-hot-encodingされたことがわかります。次に、訓練データには0〜9までの数字が何枚ずつあるのか調べてみます。

▼**格納されている数字の枚数（セル4）**

```
from collections import Counter
count = Counter(train['label'])  # 0〜9の各数字の枚数を調べる。
count
```

▼**出力**

```
Counter({1: 4684,
         0: 4132,
         4: 4072,
         7: 4401,
         3: 4351,
         5: 3795,
         8: 4063,
         9: 4188,
         2: 4177,
         6: 4137})
```

▼**各数字の枚数をグラフにする（セル5）**

```
import seaborn as sns
sns.countplot(train['label'] )   # 0〜9の各数字の枚数をグラフにする。
```

▼**出力**

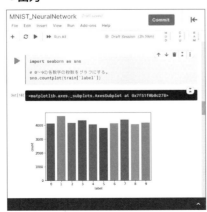

4.1 画像認識コンペ「Digit Recognizer」の課題を多層パーセプトロン（MLP）で解く

訓練データの1枚目の画像データを出力してみます。

▼ **1枚目の画像データを出力（セル6）**

```
print(tr_x[0])    # 訓練データの1番目の要素を出力。
```

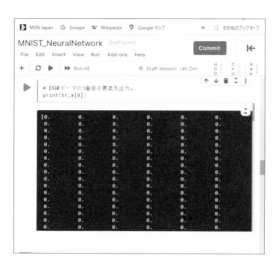

少々わかりにくいので、テキストエディターにコピー＆ペーストして、28×28で表示すると次のようになります。このデータは数字の5です。

▼ **テキストエディターで画像データを28×28で表示したところ**

訓練データの1〜50枚目までをMatplotlibのグラフ機能を使って描画してみます。

▼手書き数字のデータを描画する（セル7）
```python
import matplotlib.pyplot as plt
%matplotlib inline

# 訓練データから50枚抽出してプロットする。
plt.figure(figsize=(12,10))
x, y = 10, 5 # 10列5行で出力。
for i in range(50):
    plt.subplot(y, x, i+1)
    # 28×28にリサイズして描画する。
    plt.imshow(tr_x[i].reshape((28,28)),interpolation='nearest')
plt.show()
```

▼出力

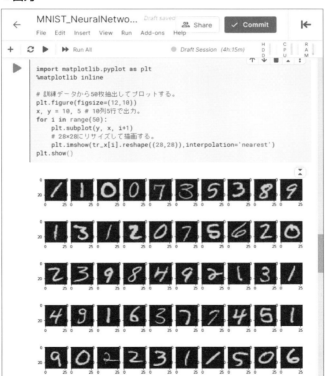

4.1.3 ニューラルネットワークで画像認識を行う

　手書き数字を認識するニューラルネットワークをプログラミングします。バックプロパゲーションを備えているので、多層パーセプトロンのモデルになります。プログラミングするのは、次のような形状をした2層構造の多層パーセプトロンです。入力層はデータそのものなので、層の数には含めません。

▼2層構造のニューラルネットワーク

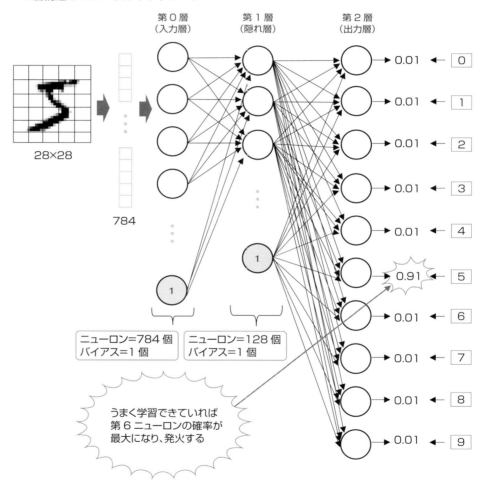

　図では、手書き数字の「5」を入力したときのイメージを示しています。ユニットを示す丸の中に「1」と書かれたものは**バイアス**です。バイアスは、重みの値のみを出力するための存在なので、バイアスからの出力は常に「1」です。

入力したデータに重みを掛けてバイアスの値を足す、ということを隠れ層（第1層）と出力層のすべてのニューロンで行い、最終的に出力層の10個のうちのどれかを発火させるようにします。手書き数字が「5」であれば、上から6番目（0から始まるため）のニューロンを発火させるという具合です。これをKerasライブラリを使用してプログラミングしていきます。

■第1層（隠れ層）の構造

入力層は、入力データそのもので、すでに前処理が済んでいますので、第1層からプログラミングしていきます。入力層から隠れ層までの構造を図で表すと次のようになります。入力層には、$x_1^{(0)}$から$x_{784}^{(0)}$までの出力と、それにバイアスのためのダミーデータ「1」があります。

▼入力層→隠れ層

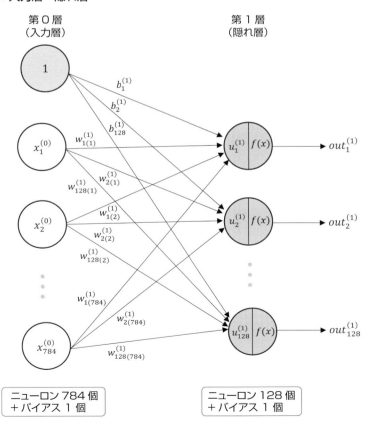

バイアスをb、重みをwとして、次のように添え字を付けています。

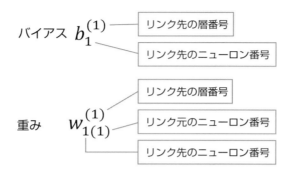

上付きの(1)は、第1層にリンクしていることを示しています。下付きの1は、リンク先が第1ニューロンであることを示し、その右隣りの(1)はリンク元が前層の第1ニューロンであることを示します。$w_{1(1)}^{(1)}$は、第1層の第1ニューロンの重みで、リンク元は第0層の第1ニューロンということになります。

■第1層の入力／出力における処理

入力層のx_1に着目すると、その出力先は512個のニューロンになっているので、それぞれ512通りの重みを掛けた値が第1層のニューロンに入力されることになります。入力層にはx_{784}までの784個の値があるので、この計算を784回行います。さらに第1層の個々のニューロンは入力された値の合計を求めてバイアスの値を加算します。これを訓練データの画像の数（31500）だけ行いますが、まともに計算していたら大変なので、TensorFlowをはじめとする機械学習ライブラリでは、行列を用いた計算が行われます。

画像データを格納しているNumPy配列は行列の計算に対応しているので、2次元化することで数字が縦横に並んだ行列を表現できます。今回の入力データは、784個の値からなる画像データが31500セット含まれる2次元配列で、すでに（31500行，784列）の行列になっています。

▼入力データ

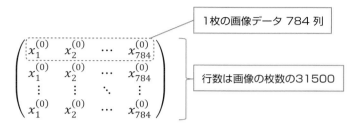

　入力データの行列に掛け算する第1層のニューロンの重み行列は、(784行，512列)になります。行列の掛け算は、「**行の順番と列の順番の数が同じ要素（成分）同士を掛けて足し上げる**」ということをします。これを行列の**内積**と呼びます。XとYという行列同士の掛け算であれば、「**Xの1行目の要素とYの1列目の要素を順番に掛け算してその和を求める**」という具合です。(2, 3)行列と(3, 2)行列の内積は、

$$\begin{pmatrix} 2 & 3 & 4 \\ 5 & 6 & 7 \end{pmatrix} \begin{pmatrix} a & d \\ b & e \\ c & f \end{pmatrix} = \begin{pmatrix} 2a+3b+4c & 2d+3e+4f \\ 5a+6b+7c & 5d+6e+7f \end{pmatrix}$$

のように計算するので、行列Xの列数と行列Yの行数は同じであることが必要です。今回の入力データの形状は(31500行，784列)なので、(784行，1列)の行列との内積の計算ができます。この計算から出力される行列は(31500行，1列)になります。

　ここで、先のニューラルネットワークの図をもう一度見てみましょう。第0層（入力層）のデータの個数は784で、これは入力データの行列(31500行，784列)の列の数と同じです。すなわち、入力層のデータをニューロンとして考えると、「**ニューラルネットワークのニューロンの数は行列の列数と等しい**」という法則があることがわかります。前の層の出力に掛け合わせる重み行列の列の数を「設定したいニューロンの数」にすればよいので、(784行，128列)の重み行列を用意すれば、ひとまず第1層（隠れ層）の形ができあがります。このときの内積の結果は、(31500行，128列)の行列になるので、同じ形状のバイアス行列を用意して行列同士の足し算を行えば、バイアス値の入力までを済ませることができます。

4.1 画像認識コンペ「Digit Recognizer」の課題を多層パーセプトロン（MLP）で解く

▼入力層からの入力に第1層（隠れ層）の重みとバイアスを適用する

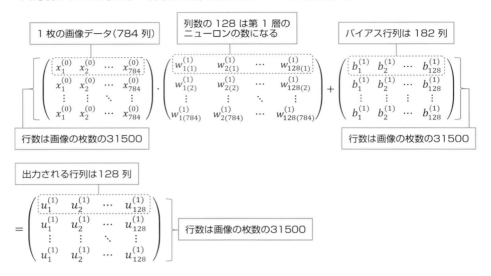

ポイントは、重み（w）とバイアス（b）について、文字と添え字で示している行列の各要素にはランダムに生成した値が入るということです。さて、これで第1層のニューロンへの入力が完了しましたので、あとは各ニューロン内で活性化関数を適用して、

$$\begin{pmatrix} sigmoid(u_1^{(1)}) & sigmoid(u_2^{(1)}) & \cdots & sigmoid(u_{128}^{(1)}) \\ sigmoid(u_1^{(1)}) & sigmoid(u_2^{(1)}) & \cdots & sigmoid(u_{128}^{(1)}) \\ \vdots & \vdots & \ddots & \vdots \\ sigmoid(u_1^{(1)}) & sigmoid(u_2^{(1)}) & \cdots & sigmoid(u_{128}^{(1)}) \end{pmatrix} = \begin{pmatrix} out_1^{(1)} & out_2^{(1)} & \cdots & out_{128}^{(1)} \\ out_1^{(1)} & out_2^{(1)} & \cdots & out_{128}^{(1)} \\ \vdots & \vdots & \ddots & \vdots \\ out_1^{(1)} & out_2^{(1)} & \cdots & out_{128}^{(1)} \end{pmatrix}$$

の計算を行います。

$sigmoid(\ )$ とあるのはシグモイド関数を適用することを示しています。

■ シグモイド関数

確率を出力する活性化関数に**シグモイド関数**（**ロジスティック関数**）があります。次の式を見てください。

4.1 画像認識コンペ「Digit Recognizer」の課題を多層パーセプトロン（MLP）で解く

● **重みベクトル*w*を使って*x*に対する出力値を求める**

$$f_w(x) = {}^t\!w\,x$$

この関数は、「**重みベクトル*w*を使って未知のデータ*x*に対する出力値を求める**」ということをします。これに基づいて分類結果を出力する活性化関数 $f_w(x)$ を用意するのですが、今回、出力してほしいのは予測の信頼度です。信頼度ですので、確率で表すことになりますが、そうすると、関数の出力値は0から1までの範囲であることが必要です。そこで、出力値を0から1に押し込めてしまう次の関数 $f_w(x)$ を用意します。パラメーターとしてのバイアス、重みをベクトル*w*で表すと、関数の形は次のようになります。

● **シグモイド関数（ロジスティック関数）**

$$f_w(x) = \frac{1}{1 + \exp\left(-{}^t\!wx\right)}$$

この関数を**シグモイド関数**、または**ロジスティック関数**と呼びます。${}^t\!w$ はパラメーターのベクトルを転置した行ベクトル、*x*は x_n のベクトルです。*w*を転置したことで*x*との内積の計算が行えるようになります。$\exp\left(-{}^t\!wx\right)$ は「指数関数」で、$\exp(x)$ は e^x のことを表します。$\exp\left(-{}^t\!wx\right)$ という書き方をしているのは、$e^{-{}^t\!wx}$ だと指数部分が小さくなって見づらいからです。新たに出てきた指数関数とは、指数部を変数にした関数のことで、次のように表されます。

※ベクトルや行列の転置は w^t や w^T のように表すことが多いのですが、本書では添え字を多用するため、右上ではなく ${}^t\!w$ のように左上に表記しています。

● **指数関数**

$$y = a^x$$

*a*を指数の**底**と呼び、底*a*は0より大きくて1ではない数とします。指数関数のグラフを描くと、$a > 1$ のときは単調に増加するグラフになり、$0 < a < 1$ のときは単調に減少するグラフになります。関数の出力は常に正の数です。

▼指数関数のグラフ

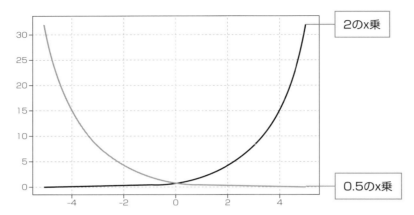

　exp (x)で求めるe^xのeは**ネイピア数**と呼ばれる数学定数です。具体的には2.7182…という値を持ち、eを底とする指数関数「e^x」は何度微分しても、あるいは何度積分しても同じ形のまま残り続けることから、ある現象を解き明かすための「解」やその方程式の多くにeが含まれます。

　NumPyライブラリにはネイピア数を底とした指数関数exp()がありますので、シグモイド関数の実装は簡単です。

▼Pythonにおけるシグモイド関数の実装例
```
def sigmoid(x):
    return 1 / (1 + np.exp(-x))
```

　np.exp(-x)が数式のexp($-{}^t\boldsymbol{wx}$)に対応します。sigmoid()のパラメーターxには、${}^t\boldsymbol{wx}$の結果を配列として渡すようにしますが、注意したいのは「1 + np.exp(-x)」で1を足す部分です。パラメーターのxは配列なので、np.exp(-x)も配列になりますので、スカラー(単一の数値)と配列との足し算になります。配列と行(横)ベクトルは構造が同じなので、スカラーとベクトルの足し算の法則で次のように計算する必要があります。

●${}^t\boldsymbol{wx}$ = (1　2　3)の場合

$$1 + {}^t\boldsymbol{wx} = 1 + (1\ \ 2\ \ 3) = (1+1\ \ 1+2\ \ 1+3) = (2\ \ 3\ \ 4)$$

NumPyには「**ブロードキャスト**」という機能が搭載されていますので、

スカラー + 配列（ベクトル）

と書けば、上記の法則に従ってスカラーとすべての要素との間で計算が行われます。次は、シグモイド関数からの出力をグラフにするプログラムです。

▼シグモイド関数のグラフを描くソースコードの例

```python
# グラフのインライン表示
%matplotlib inline
# ライブラリのインポート
import numpy as np
import matplotlib.pyplot as plt

def sigmoid(x):                    # シグモイド関数
    return 1 / (1 + np.exp(-x))

# -5.0から5.0までを0.01刻みにした等差数列
x = np.arange(-5.0, 5.0, 0.01)
y = sigmoid(x) # 等差数列を引数にしてシグモイド関数を実行
plt.plot(x,    # 等差数列をx軸に設定
         y)    # シグモイド関数の結果をy軸にしてグラフを描く
plt.grid(True) # グリッドを表示
plt.show()
```

▼シグモイド関数のグラフ

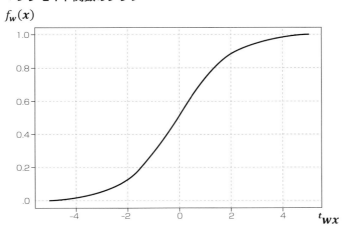

4.1 画像認識コンペ「Digit Recognizer」の課題を多層パーセプトロン（M_P）で解く

$^t\boldsymbol{wx}$の値を変化させると、$f_{\boldsymbol{w}}(\boldsymbol{x})$の値は0から1に向かって滑らかに上昇していきます。また、$^t\boldsymbol{wx} = 0$では$f_{\boldsymbol{w}}(\boldsymbol{x}) = 0.5$になるので、$0 < f_{\boldsymbol{w}}(\boldsymbol{x}) < 1$と表せます。

■第1層（隠れ層）のプログラミング

第1層をプログラミングします。これまでに入力したセルの次のセルに以下のコードを入力します。コメント部分は必要に応じて省いてください。

▼モデルオブジェクトの生成と第1層の作成（セル8）

```python
# ニューラルネットワークの構築
# tensorflow.keras.models から Sequential をインポート
from tensorflow.keras.models import Sequential
# tensorflow.keras.layers から Dense、Activation をインポート
from tensorflow.keras.layers import Dense, Activation

# Sequential オブジェクトを生成。
model = Sequential()

# 第1層(隠れ層)
model.add(Dense(
    128,                      # ニューロン数。
    input_dim=tr_x.shape[1],  # 入力データの形状を指定。
    activation='sigmoid'      # 活性化関数はシグモイド。
))
```

keras.models.Sequentialは、ニューラルネットワークの基盤になるオブジェクトのためのクラスです。Kerasでは、このオブジェクトを生成してから必要な層を追加することでモデルを構築します。ニューラルネットワークの層はkeras.layers.Denseクラスのオブジェクトなので、これを生成して、Sequentialクラスのadd()メソッドでネットワーク上に配置します。

Dense()メソッドは、第1引数でニューロンの数を指定し、activationオプションで活性化関数を指定するだけで、ニューラルネットワークの層を生成します。ただし、直前に位置する層が入力層の場合にのみ、input_dimオプションで入力データの形状を指定します。先のコードでは、

```python
input_dim=tr_x.shape[1]
```

として、tr_xの形状を取得するようにしています。

あと、重みとバイアスの初期値が気になるところですが、デフォルトで–1.0～1.0の一様乱数で初期化されるようになっています。

■第2層の入力／出力における処理

隠れ層から出力層までの構造は次のようになります。隠れ層からの出力は$out_1^{(1)}$から$out_{128}^{(1)}$まであり、これにバイアスと重みを適用して10個のニューロンから出力します。

▼隠れ層➡出力層

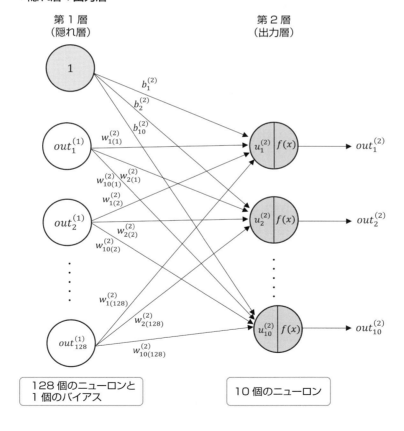

出力層の処理を見ておきましょう。

4.1 画像認識コンペ「Digit Recognizer」の課題を多層パーセプトロン（MLP）で解く

▼第1層（隠れ層）からの入力に第2層（出力層）の重みとバイアスを適用する

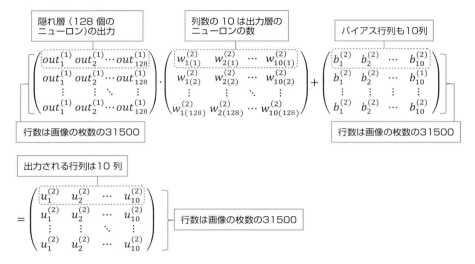

あとは各ニューロン内で活性化関数を適用して、

$$\begin{pmatrix} softmax(u_1^{(2)}) & softmax(u_2^{(2)}) & \cdots & softmax(u_{10}^{(2)}) \\ softmax(u_1^{(2)}) & softmax(u_2^{(2)}) & \cdots & softmax(u_{10}^{(2)}) \\ \vdots & \vdots & \ddots & \vdots \\ softmax(u_1^{(2)}) & softmax(u_2^{(2)}) & \cdots & softmax(u_{10}^{(2)}) \end{pmatrix} = \begin{pmatrix} out_1^{(2)} & out_2^{(2)} & \cdots & out_{10}^{(2)} \\ out_1^{(2)} & out_2^{(2)} & \cdots & out_{10}^{(2)} \\ \vdots & \vdots & \ddots & \vdots \\ out_1^{(2)} & out_2^{(2)} & \cdots & out_{10}^{(2)} \end{pmatrix}$$

の計算を行います。出力層の活性化関数には「ソフトマックス関数」を使います。

■ソフトマックス関数

出力層の活性化関数としてソフトマックス関数を使います。この関数はマルチクラス分類に用いられる関数で、0から1.0の範囲の実数を出力するのですが、各クラスの出力の総和が1になる、という特徴があります。つまり、10個のニューロンから出てくる値を「確率」として解釈できます。1つ目の「0」を示すニューロンの出力は80パーセント、2つ目の「1」を示すニューロンの出力は10.5パーセント、というような確率的な解釈ができます。

●ソフトマックス関数

$$y_k = \frac{\exp(a_k)}{\sum_{i=1}^{n} \exp(a_i)}$$

$\exp(x)$は、e^xを表す指数関数です。eは、2.7182…のネイピア数です。この式では、出力層のニューロンが全部でn個あるとして、k番目の出力y_kを求めることを示しています。ソフトマックス関数の分子は入力信号a_kの指数関数、分母はすべての入力信号の指数関数の和になります。ソフトマックス関数をPythonで実装すると次のようになります。

▼ソフトマックス関数の実装

```python
def softmax(self, x):
    exp_x = np.exp(x)
    sum_exp_x = np.sum(exp_x)
    y = exp_x / sum_exp_x
    return y
```

ただし、ソフトマックス関数の実装では、指数関数の計算を行うことになるので、その際に指数関数の値が大きな値になります。例えば、e^{100}は0が40個以上も並ぶ相当に大きな値になります。e^{1000}になると、コンピューターのオーバーフローの問題で無限大を表すinfが返ってきます。そういうことがあるので、大きな値同士で割り算を行うと結果が不安定になってしまいます。

そこで、ソフトマックスの指数関数の計算を行う際は、何らかの定数を足し算、または引き算しても結果は変わらないという特性を活かして、オーバーフロー対策を行います。具体的には、入力信号の中で最大の値を取得し、これを

xp_x = np.exp(x - 最大値)

のように引くことで正しく計算できるようになります。

▼ソフトマックス関数の実装（改良版）

```python
def softmax(x):
    '''ソフトマックス関数
    Parameters:
        x: 関数を適用するデータ
    '''
    c = np.max(x)
    exp_x = np.exp(x - c)      # オーバーフローを防止する
    sum_exp_x = np.sum(exp_x)
    y = exp_x / sum_exp_x
    return y
```

■第2層（出力層）をプログラミングする

第2層をプログラミングします。第1層を定義したコードの続きとして、以下のコードを入力します。

▼第2層（出力層）の作成（セル8のコードの続き）

```
# 第2層(出力層)
model.add(Dense(
    10,                      # ニューロン数はクラスの数と同数の10。
    activation='softmax'     # マルチクラス分類に適したソフトマックスを指定。
))
```

■バックプロパゲーションの目的、その処理とは

出力層までがプログラミングできましたので、順方向への処理を行うフィードフォワードネットワークは完成しました。残るは、学習を行うためのバックプロパゲーション（誤差逆伝播法）の実装です。ここで、シンプルな多層パーセプトロンを例に、バックプロパゲーションの処理の流れを眺めておきましょう。

多層パーセプトロンには、隠れ層や出力層にそれぞれ重みとバイアスが存在するので、最終の出力と正解値との誤差の勾配（グラフにしたときの誤差を示す曲線の勾配とお考えください）が最も小さくなるように、出力層の重み、バイアスを更新しながら、その直前の層にも「誤差を最小にする情報」を伝達して、さらに直前の層の重み、バイアスを更新することになります。

▼2層構造の多層パーセプトロンにおけるバックプロパゲーションを考える

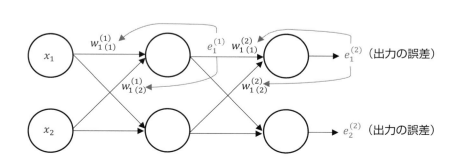

このように、出力層から直前の層に向かって（逆方向に）誤差の情報を伝播し、重み、バイアスを更新するのがバックプロパゲーションの目的です。誤差の測定方法および重みやバイアスの修正には数学的な手法が用いられるのですが、ひとまず「誤差が逆伝播される流れ」について着目します（誤差を最小化するための手法については後述します）。

出力層のニューロン1からの出力誤差が$e_1^{(2)}$です。これを出力層の重み$w_{1(1)}^{(2)}$と$w_{1(2)}^{(2)}$に分配して、隠れ層の出力誤差としての$e_1^{(1)}$を求め、さらに$w_{1(1)}^{(1)}$と$w_{1(2)}^{(1)}$に分配します。ただし、出力層の出力誤差$e_1^{(2)}$、$e_2^{(2)}$は問題ないのですが、隠れ層には正解ラベルがないので、誤差を求めることができません。

そこで、このニューロンには隠れ層の2個のニューロンからのリンクが張られていることに着目します。それぞれのリンク上に$w_{1(1)}^{(2)}$と$w_{1(2)}^{(2)}$があるので、出力誤差$e_1^{(2)}$を$w_{1(1)}^{(2)}$と$w_{1(2)}^{(2)}$に分配します。続いて、出力誤差$e_2^{(2)}$を$w_{2(1)}^{(2)}$と$w_{2(2)}^{(2)}$に分配します。

▼2層ニューラルネットワークの誤差逆伝播を考える

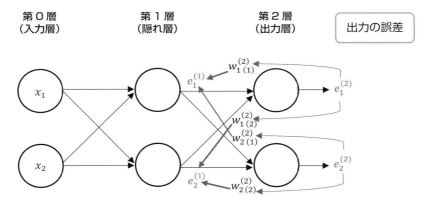

隠れ層の出力に対する正解値は存在しないので、隠れ層のニューロン1の出力誤差$e_1^{(1)}$に注目します。$e_1^{(1)}$は重み$w_{1(1)}^{(2)}$と$w_{2(1)}^{(2)}$に分配された状態で、それぞれの重みは出力層の2個のニューロンにリンクされています。ということは、隠れ層のニューロン1の出力誤差$e_1^{(1)}$は、$w_{1(1)}^{(2)}$と$w_{2(1)}^{(2)}$に分配された誤差を結合したものということになります。一方、隠れ層のニューロン2の出力誤差$e_2^{(1)}$は、$w_{1(2)}^{(2)}$と$w_{2(2)}^{(2)}$に分配された誤差を結合したものです。そうすると、隠れ層の誤差$e_1^{(1)}$と$e_2^{(1)}$を次の式で表せます。

●隠れ層の誤差$e_1^{(1)}$を求める式

$$e_1^{(1)} = e_1^{(2)} \cdot \frac{w_{1(1)}^{(2)}}{w_{1(1)}^{(2)} + w_{1(2)}^{(2)}} + e_2^{(2)} \cdot \frac{w_{2(1)}^{(2)}}{w_{2(1)}^{(2)} + w_{2(2)}^{(2)}}$$

●隠れ層の誤差$e_2^{(1)}$を求める式

$$e_2^{(1)} = e_1^{(2)} \cdot \frac{w_{1(2)}^{(2)}}{w_{1(1)}^{(2)} + w_{1(2)}^{(2)}} + e_2^{(2)} \cdot \frac{w_{2(2)}^{(2)}}{w_{2(1)}^{(2)} + w_{2(2)}^{(2)}}$$

　これらの式は、$e_1^{(2)}$、$e_2^{(2)}$を「それぞれのニューロンにリンクされている重みの大きさに応じてそれらの重みに対して分配する」ことを表しています。最終出力の誤差を$e_1^{(2)} = 0.8$、$e_2^{(2)} = 0.5$として、実際に$e_1^{(1)}$と$e_2^{(1)}$を求めてみます。

▼出力層から隠れ層への誤差逆伝播

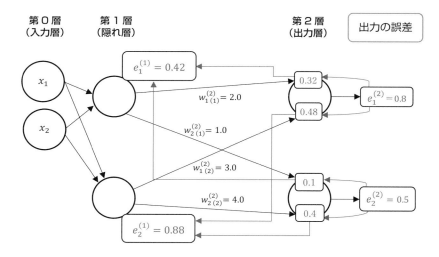

　出力層のニューロン1には0.8の誤差があり、このニューロンには重み2.0と3.0のリンクが来ているので、重みの大きさで誤差を分配すると0.32と0.48になります。一方、隠れ層のニューロン1の誤差$e_1^{(1)}$は、リンク先から逆伝播される誤差の合計なので、0.32と0.1を足した0.42になります。

▼隠れ層から第 1 層への誤差逆伝播

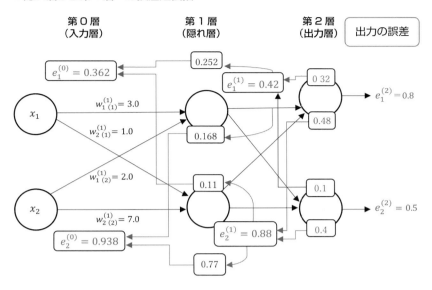

　入力層に伝播する誤差 $e_1^{(0)}$、$e_2^{(0)}$ までを計算しましたので、この誤差を用いて隠れ層にリンクされている重みの値を更新します。これまでの処理を一般化した式で表すと次のようになります。

● 誤差を逆伝播する式

$$E^{(l-1)} = {}^t W^{(l)} \cdot e^{(l)}$$

　上付き文字の (l) は層番号を表します。${}^t W^{(l)}$ は l 層に連結されている重み行列を転置（行と列の並びの入れ替え）した行列で、${}^t W^{(l)} \cdot e^{(l)}$ の計算を行うことで、直前の層の誤差 $E^{(l-1)}$ が求められます。ただし、この式は最もシンプルなもので、実際にはこのあとで紹介する「クロスエントロピー誤差関数」が使われます。

■クロスエントロピー誤差関数

　バックプロパゲーションを行う際、まずは出力値の誤差を測定しなければならないのですが、出力層を除く中間層の出力には「正解値」が存在しません。そこで、正解値を推定し、現時点の出力が期待する出力からどれだけ乖離しているか（誤差）を測定することで、出力が期待する値になるように、重みやバイアスといったパラメーターを調整していきます。このとき、期待する出力との誤差を測定するのが**損失関数**です。先に紹介した**クロスエントロピー**（cross entropy）**誤差関数**も、損失関数の1つです。まずは、クロスエントロピー誤差関数のもとになっている**尤度**（ゆうど）**関数**から見ていきましょう。

●尤度関数

$$L(w) = \prod_{i=1}^{n} P(\,t_i = 1|\boldsymbol{x_i}\,)^{t_i}\, P(\,t_i = 0|\boldsymbol{x_i}\,)^{1-t_i}$$

　$\prod$（パイ）は総乗の記号で、$\sum$の掛け算バージョンです。尤度関数は、統計学において、ある前提条件に従って結果が出現する場合に、逆に観察結果から見て前提条件が「何々であった」と推測する尤もらしさ（もっともらしさ）を表す数値（尤度）を変数とする関数として捉えたものであることから、このような名前で呼ばれています。

　先の式で表された$L(w)$関数が、パラメーターwを求めるための尤度関数です。関数の出力が最大になるようにw（重み・バイアス）を調整できれば、うまく学習できていることになります。このように、関数が最大・最小となる状態を求める問題のことを**最適化問題**と呼びます。ただ、関数の最大化は、符号を反転すると最小化に置き換えることができるので、一般的に関数を「最適化する」という場合は、関数を最小化するパラメーターを求めることを指します。

　最適化問題では「微分」を使うのが常套手段です。例えば、「**関数$f(x) = x^2$の最小値を求めよ**」という問題では、$f'(x) = 2x$であることから$x = 0$となるので、最小値$f(0) = 0$が求められます。このように、関数の最大・最小を考える場合、まずはパラメーターを偏微分して勾配を求めることになります。なので、尤度関数の最大化を考える場合も、尤度関数を各パラメーターで偏微分します。

4.1 画像認識コンペ「Digit Recognizer」の課題を多層パーセプトロン (MLP) で解く

　ところが、尤度関数を微分してパラメーター*w*を求める場合、尤度関数は掛け算の連続なので、どんどん値が小さくなり、コンピューターの構造上、精度が問題になります。さらに掛け算は足し算よりも負荷がかかる処理です。そこで、尤度関数の両辺に対数をとることで、後々の計算が掛け算（総乗）ではなく足し算（総和）になるようにします。このように対数をとった尤度関数は**対数尤度関数**と呼ばれます。

● 尤度関数の両辺に対数をとる（対数尤度関数）

$$\log L(\boldsymbol{w}) = \log \prod_{i=1}^{n} P(t_i = 1|\boldsymbol{x_i})^{t_i} P(t_i = 0|\boldsymbol{x_i})^{1-t_i}$$

　シグモイド関数を活性化関数にした場合、出力と正解値との誤差は対数尤度関数で調べ、さらに、これをパラメーターで偏微分して、最大化するパラメーターを探すことになるので、先の対数尤度関数を変形した次の式が使われます。

● 変形後の対数尤度関数

$$\log L(\boldsymbol{w}) = \sum_{i=1}^{n} (t_i \log f_{\boldsymbol{w}}(\boldsymbol{x_i}) + (1 - t_i) \log(1 - f_{\boldsymbol{w}}(\boldsymbol{x_i})))$$

　パラメーター*w*は、この対数尤度関数が「最大」になるように求めればよいことになります。一方、一般的な最適化問題として、誤差を「最小」にすることを考えた場合、「変形後の対数尤度関数」の式に－1を掛けたものが最小化問題を解くための関数になります。これが**クロスエントロピー誤差関数**です。クロスエントロピー誤差を$E(\boldsymbol{w})$とした場合、次の式で表されます。

● クロスエントロピー誤差関数

$$E(\boldsymbol{w}) = -\sum_{i=1}^{n} (t_i \log f_{\boldsymbol{w}}(\boldsymbol{x_i}) + (1 - t_i) \log(1 - f_{\boldsymbol{w}}(\boldsymbol{x_i})))$$

　ここで求める誤差は「現時点の出力が、期待する出力からどれだけ乖離しているか」を表していることになります。

さて、活性化関数がシグモイド関数やソフトマックス関数の場合、対数尤度関数を誤差関数（損失関数）として使うことになるので、対数尤度関数をそれぞれのパラメーターw_jで偏微分していきます。まずは、対数尤度関数$\log L(w)$をw_jで偏微分します。

●**対数尤度関数$\log L(w)$をパラメーターw_jで偏微分**

$$\frac{\log L(w)}{\partial w_j} = \frac{\partial}{\partial w_j} \sum_{i=1}^{n} \left(t_i \log f_w(x_i) + (1 - t_i) \log(1 - f_w(x_i)) \right)$$

途中の経過は省略しますが、結果として次のようになります。

●**対数尤度関数$\log L(w)$をパラメーターw_jで偏微分した結果**

$$\frac{\partial \log L(w)}{\partial w_j} = \sum_{i=1}^{n} \left(t_i - f_w(x_i) \right) x_{j(i)}$$

対数尤度関数$\log L(w)$をクロスエントロピー誤差関数$E(w)$に置き換えると、先の結果の式は次のようになります。

●**$E(w)$をパラメーターw_jで偏微分した結果**

$$\frac{\partial E(w)}{\partial w_j} = -\sum_{i=1}^{n} \left(t_i - f_w(x_i) \right) x_{j(i)}$$

□**パラメーターの更新式の導出**

最尤推定法は、尤度関数を最大化することが目的なので、パラメーターの更新式を導きます。ただ、「wで偏微分して0になる値」を求めなければならないのですが、解析的にこれを求めるのは困難です。そこで、反復学習により、「パラメーターを逐次的に更新する」という手法をとります。最小化のときは微分した結果の符号と逆方向に動かしますが、最大化のときは微分した結果の符号と同じ方向に動かすので、次のようになります。

4.1 画像認識コンペ「Digit Recognizer」の課題を多層パーセプトロン（MLP）で解く

● $E(\boldsymbol{w})$ をパラメーター w_j で偏微分した結果からパラメーターの更新式を導く

$$w_j := w_j + \eta \sum_{i=1}^{n} \left(t_i - f_{\boldsymbol{w}}(\boldsymbol{x_i}) \right) x_{j(i)} \quad \cdots\cdots \text{①}$$

　反復学習により、パラメーターを逐次的に更新するには、「**勾配降下法**」という手法を用います。次が勾配降下法によるパラメーターの更新式です。

●勾配降下法によるパラメーターの更新式

$$w_j := w_j - \eta \frac{\partial E(\boldsymbol{w}, \boldsymbol{b})}{\partial \boldsymbol{w}}$$

$$b_j := b_j - \eta \frac{\partial E(\boldsymbol{w}, \boldsymbol{b})}{\partial \boldsymbol{b}}$$

　$\boldsymbol{w}$ は重みの行列、$\boldsymbol{b}$ はバイアスの行列（ベクトル）です。$\boldsymbol{\eta}$ は、**学習率**と呼ばれるもので、パラメーターの更新率を調整するためのごく小さな値です。ここで、①の更新式の形を勾配降下法の更新式と合わせるために符号を入れ替えてみます。すると、次のようになります。

●パラメーターの更新式の符号を入れ替える

$$w_j := w_j - \left\{ -\eta \sum_{i=1}^{n} \left(t_i - f_{\boldsymbol{w}}(\boldsymbol{x_i}) \right) x_{j(i)} \right\}$$

■ 勾配降下法の考え方

　損失関数（クロスエントロピー誤差関数）を最小化するための勾配降下法について見ていきましょう。勾配降下というくらいですから、最小値を見つけるために下り坂を進むことを示唆しています。まずはシンプルに、次のような2次関数 $g(x) = (x - 1)^2$ で考えてみましょう。グラフでわかるように関数の最小値は $x = 1$ のときで、この場合 $g(x) = 0$ です。

4.1 画像認識コンペ「Digit Recognizer」の課題を多層パーセプトロン（MLP）で解く

▼2次関数 $g(x) = (x-1)^2$ のグラフ

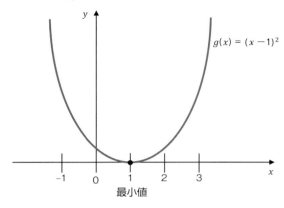

　勾配降下法を行うためには初期値が必要です。そこで、点の位置を適当に決めて、少しずつ動かして最小値に近づけることにしましょう。まずは、グラフの2次関数 $g(x) = (x-1)^2$ を微分します。$g(x)$ を展開すると

$$(x-1)^2 = x^2 - 2x + 1$$

なので、次のように微分できます。

$$\frac{d}{dx}g(x) = 2x - 2$$

　これで傾きが正なら左に、傾きが負なら右に移動すると、最小値に近づきます。$x = -1$ からスタートした場合は負の傾きです。$g(x)$ の値を小さくするには下方向に移動すればよいので、x を右に移動する、つまり x を大きくします。

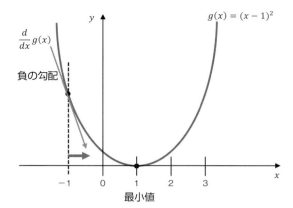

　点の位置を反対側の$x = 3$に変えてみましょう。今度は、点の位置の傾きが正なので、$g(x)$の値を小さくするには、xを左に移動する、つまりxを減らします。

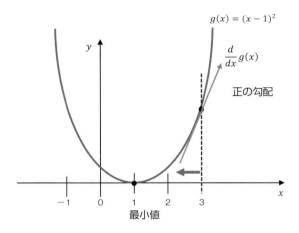

　このようにxの値を減らすことを繰り返し、最小値に達したと思えるくらいになるまで、同じように続けます。

□ **学習率の設定**

　しかし、先の方法には改善すべき点があります。それは、「最小値を飛び越えないようにする」ことです。もしも、xを移動したことにより最小値を飛び越えてしまった場合、最小値をまたいで行ったり来たりすることが永久に続いたり、あるいは最小値から離れていく、つまり発散した状態になります。そこで、xの値を「少しずつ更新する」ことを考えます。

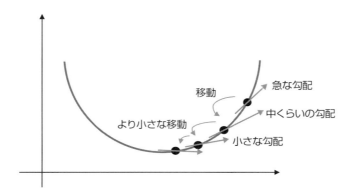

　このように、導関数$dg(x)/dx$の符号と逆の方向に点の位置を「少しずつ移動」していけば、だんだんと最小値に近づいていきます。ここで、その移動するときの係数を$\eta > 0$と書くことにすると、次のように記述できます。

$$x_{i+1} = x_i - \eta \frac{d}{dx} g(x_i)$$

　これは、新しい$x(x_{i+1})$を1つ前の$x(x_i)$を使って定義していることを示しているので、$A := B$（AをBによって定義する）という書き方を使って次のように表せます。

● 勾配降下法による更新式

$$x := x - \eta \frac{d}{dx} g(x)$$

　$dg(x)/dx$は、$g(x)$のxについての微分、xに対する$g(x)$の変化の度合い（ある瞬間の変化の量）を表します。この式で表される微分は、「xの小さな変化によって関数$g(x)$の値がどのくらい変化するか」ということを意味します。勾配降下法では、微分によって得られた式（導関数）の符号とは逆の方向にxを動かすことで、最小値（$f(x)$を最小にする方向）へ向かわせるようにします。それが前記の式です。:=の記号は、ここでは左辺のxを右辺の式で更新することを示します。

ここでのポイントは、「学習率」と呼ばれる正の定数 η（イータ）です。0.1 や 0.01 などの適当な小さめの値を使うことが多いのですが、当然のこととして、学習率の大小によって最小値に達するまでの移動（更新）回数が変わってきます。このことを「収束の速さが変わる」といいますが、いずれにしても、この方法なら最小値に近づくほど傾きが小さくなることが期待できるので、最小値を飛び越してしまう心配も少なくなります。この操作を続けて、最終的に点があまり動かなくなったら「収束した」として、その点を最小値とすることができます。

□ 勾配降下法の更新式

勾配降下法による更新式を使って、誤差関数 $E(w)$ を最小にすることを考えます。$E(w)$ には $f_w(x_i)$ が含まれていて、その $f_w(x_i)$ は、重み w_j、バイアス b_j の2つのパラメーターを持つ2次関数です。変数が2つありますので、次のような偏微分の式になります。

● 勾配降下法によるパラメーターの更新式

$$w_j := w_j - \eta \frac{\partial E(\boldsymbol{w}, \boldsymbol{b})}{\partial \boldsymbol{w}}$$

$$b_j := b_j - \eta \frac{\partial E(\boldsymbol{w}, b)}{\partial b}$$

前にも示しましたが、この式が交差エントロピー誤差を最小化するための「勾配降下法による更新式」です。勾配降下法における1回の更新式ですので、学習率 η を適用して、w_j と b_j を1ステップごとに少しずつ更新し、誤差が最小になったと判断できたところで処理を終えるようにします。

□ 重みの更新式を一般化する

ここから先は、細かな数式が続きますが、眺める程度にして183ページの最終過程のみ確認していただいてかまいません。さて、損失関数を E とし、第 l 層の k 番目のユニット（ニューロン）からの出力で損失関数 E を偏微分したものを $\delta_k^{(l)}$（δ は「デルタ」）と置くことにします。

4.1 画像認識コンペ「Digit Recognizer」の課題を多層パーセプトロン（MLP）で解く

$$\delta_k^{(l)} = \frac{\partial E}{\partial u_k^{(l)}}$$

　この式は、バイアスを除くすべての層のユニットで定義されます。この$\delta_k^{(l)}$を使って、出力層をLとしたときの重み$w_{(j)i}^{(L)}$（jはリンク先のユニット番号、iはリンク元のユニット番号を示す）の勾配降下法による更新式、

$$w_{(j)i}^{(L)} := w_{(j)i}^{(L)} - \eta \frac{\partial E}{\partial w_{(j)i}^{(L)}}$$

の$\partial E / \partial w_{(j)i}^{(L)}$について偏微分すると、

$$\frac{\partial E}{\partial w_{(j)i}^{(L)}} = \frac{\partial E}{\partial u_j^{(L)}} \frac{\partial u_j^{(L)}}{w_{(j)i}^{(L)}} = \delta_j^{(L)} o_i^{(L-1)} \quad \cdots\cdots ①$$

となります。これを用いると、勾配降下法での出力層の重みの更新式は、

● **勾配降下法での出力層の重みの更新式**

$$w_{(j)i}^{(L)} := w_{(j)i}^{(L)} - \eta \delta_j^{(L)} o_i^{(L-1)}$$

のようにシンプルに表せます。このときの$\delta_j^{(L)}$を展開すると次のようになります。

● **$\delta_j^{(L)}$の展開（⊙はアダマール積を示す）**

$$\delta_j^{(L)} = \frac{\partial E}{\partial u_j^{(L)}} = \frac{\partial E}{\partial o_j^{(L)}} \frac{\partial o_j^{(L)}}{\partial u_j^{(L)}} = \left(o_j^{(L)} - t_j \right) \odot f' \left(u_j^{(L)} \right)$$

　誤差関数Eをクロスエントロピー誤差関数としても、同じ結果になります。次に、出力層以外の任意の第l層について見ていきましょう。第l層の勾配降下法での重み更新式は次のようになります。

4.1 画像認識コンペ「Digit Recognizer」の課題を多層パーセプトロン（MLP）で解く

●第*l*層の勾配降下法での重み更新式

$$w_{(i)h}^{(l)} := w_{(i)h}^{(l)} - \eta \frac{\partial E}{w_{(i)h}^{(l)}}$$

この式の$\partial E / w_{(i)h}^{(l)}$は、先の①の式のように

$$\frac{\partial E}{w_{(i)h}^{(l)}} = \frac{\partial E}{\partial u_i^{(l)}} \frac{\partial u_i^{(l)}}{\partial w_{(i)h}^{(l)}} = \delta_i^{(l)} o_h^{(l-1)}$$

と表せるので、出力層以外の重み更新式は次のようになります。

●出力層以外の重み更新式

$$w_{(i)h}^{(l)} := w_{(i)h}^{(l)} - \eta \delta_i^{(l)} o_h^{(l-1)}$$

$\delta_i^{(l)}$は、出力層の重み$w_{(j)i}^{(L)}$の更新式、

$$w_{(j)i}^{(L)} := w_{(j)i}^{(L)} - \eta \left(\left(o_j^{(L)} - t_j \right) f' \left(u_j^{(L)} \right) o_i^{(L-1)} \right)$$

の$\left(o_j^{(L)} - t_j \right) f' \left(u_j^{(L)} \right)$の部分に相当しますが、$\delta_i^{(l)}$を展開すると、出力層のときとは異なる式が現れます。

$$\delta_i^{(l)} = \frac{\partial E}{\partial u_i^{(l)}} = \frac{\partial E}{\partial o_i^{(l)}} \frac{\partial o_i^{(l)}}{\partial u_i^{(l)}}$$

ここまでは出力層のときと同じです。この式の最右辺の第1項$\partial E / \partial o_i^{(l)}$は、多変数関数の合成関数の微分の公式を使って次のように展開できます。

$$\frac{\partial E}{\partial o_i^{(l)}} = \sum_{j=1}^n \delta_j^{(l+1)} w_{(j)i}^{(l+1)}$$

式の中に第$(l+1)$層のδが出現したのに注目です。これを先の$\delta_i^{(l)}$の展開式に当ては

めます。$\partial o_i^{(l)}/\partial u_i^{(l)}$は、

$$\frac{\partial o_i^{(l)}}{\partial u_i^{(l)}} = \frac{\partial f\left(\partial u_i^{(l)}\right)}{\partial u_i^{(l)}} = f'\left(u_i^{(l)}\right)$$

ですので、次のようになります。これが、lが出力層以外の場合の$\delta_i^{(l)}$です。

●$\delta_i^{(l)}$の展開式への当てはめ（⊙はアダマール積を示す）

$$\delta_i^{(l)} = \frac{\partial E}{\partial o_i^{(l)}} \frac{\partial o_i^{(l)}}{\partial u_i^{(l)}}$$

$$= \left(\sum_{j=1}^{n} \delta_j^{(l+1)} w_{(j)i}^{(l+1)}\right) \odot f'\left(u_i^{(l)}\right)$$

　出力層の誤差は、出力値と正解値との誤差ですが、それ以外の層には「出力の誤差」というものは存在しません。なので、先のΣで表した部分を第$(l+1)$層から「逆伝播」し、「直前の層の出力の誤差」にするということです。「**バックプロパゲーションで逆伝播される誤差**」とは、このことです。こうして求めた出力の誤差と、出力値との積を求め、これを重みに分配し、重みの更新を行います。

　次は、多層パーセプトロンの第l層のi番目のニューロン$u_i^{(l)}$の入力側にリンクされている重みの更新式を一般化した式です。

●重みの更新式を一般化した式

$$w_{(i)h}^{(l)} := w_{(i)h}^{(l)} - \eta \delta_i^{(l)} o_h^{(l-1)}$$

　ただし、$\delta_i^{(l)}$の中身は、出力層とそれ以外の層で異なるので、ここで場合分けをしておきます。

4.1 画像認識コンペ「Digit Recognizer」の課題を多層パーセプトロン (MLP) で解く

●$\delta_i^{(l)}$の定義を場合分けする

lが出力層のとき

$$\delta_i^{(l)} = \left(o_i^{(l)} - t_i \right) \odot f'\left(u_i^{(l)} \right)$$

lが出力層以外の層のとき

$$\delta_i^{(l)} = \left(\sum_{j=1}^{n} \delta_j^{(l+1)} w_{(j)i}^{(l+1)} \right) \odot \left(f'\left(u_i^{(l)} \right) \right)$$

f'は、一般化した活性化関数fの導関数ですので、活性化関数をシグモイド関数にした場合は、$f'(x) = (1 - f(x))f(x)$になり、上記の式の$f'\left(u_i^{(l)} \right)$のところが次のようになります。

●$\delta_i^{(l)}$の定義を場合分けする

lが出力層のとき

$$\delta_i^{(l)} = \left(o_i^{(l)} - t_i \right) \odot \left(1 - f\left(u_i^{(l)} \right) \right) \odot f\left(u_i^{(l)} \right)$$

lが出力層以外の層のとき

$$\delta_i^{(l)} = \left(\sum_{j=1}^{n} \delta_j^{(l+1)} w_{(j)i}^{(l+1)} \right) \odot \left(1 - f\left(u_i^{(l)} \right) \right) \odot f\left(u_i^{(l)} \right)$$

■バックプロパゲーションをプログラミングする

Pythonでバックプロパゲーションを2層構造の多層パーセプトロンで実装する例です。なお、バックプロパゲーションのみに特化したコードですので、単体では動作しませんが、実装例として見てもらえればと思います。ただ、ライブラリを使わずに

4.1 画像認識コンペ「Digit Recognizer」の課題を多層パーセプトロン (MLP) で解く

Pythonの基本機能による実装例ですので、必要なければ読み飛ばして188ページの TensorFlowによる実装にお進みください。

□ **出力層の重みの更新**

重みの更新式から出力層の$\delta_i^{(2)}$を求めるには、最終出力と正解ラベルの誤差 $\left(o_i^{(2)} - t_i\right)$を求めることが必要です。最終出力final_outputsと正解ラベルtargets_ listは、

（クラス数10行, 1列）

の行列で、0〜9の正解ラベルをOne-Hotエンコーディングしたデータが入っています。次のコードで最終出力の行列final_outputsと正解ラベルtargets_listの差を求めます。

▼**最終出力と正解ラベルの誤差を求める**

```
output_errors = final_outputs - targets
 (10, 1)          (10, 1)          (10, 1)
```

これで、$\delta_i^{(2)}$を求める式の$\left(o_i^{(2)} - t_i\right)$が計算できましたので、以下のコードを入力して出力層の「入力側の誤差を求めるための$\delta_i^{(2)}$」を計算し、その結果をdelta_output に代入します。

▼**出力層の入力誤差$\delta_i^{(2)}$を求める**

```
 (10, 1)          (10, 1)              (10, 1)
delta_output = output_errors * (1 - final_outputs) * final_outputs
```

$$\delta_i^{(2)} = \left(o_i^{(2)} - t_i\right) \odot \left(1 - f\left(u_i^{(2)}\right)\right) \odot f\left(u_i^{(2)}\right)$$

これで出力層の$\delta_i^{(2)}$が計算できました。この$\delta_i^{(2)}$とは「出力層の入力側の誤差」ですので、次の更新式

$$w_{(i)h}^{(l)} := w_{(i)h}^{(l)} - \eta \delta_i^{(l)} o_h^{(l-1)}$$

4.1 画像認識コンペ「Digit Recognizer」の課題を多層パーセプトロン（MLP）で解く

を使って出力層の重みに分配します。$\delta_i^{(2)}$と隠れ層の出力$o_i^{(1)}$との積（アダマール積）を求め、学習率を掛けた値を出力層の重みから差し引きます。

　ただし、更新する前に、隠れ層の出力誤差として逆伝播する$e^{(1)}$を求めておく必要がありました。隠れ層の出力誤差$e^{(1)}$は、あくまで「出力層の更新前の重み」で求めなくてはならないからです。重みの更新式の$\delta_i^{(l)}$は、出力層以外では

$$\delta_i^{(l)} = \left(\sum_{j=1}^{n} \delta_j^{(l+1)} w_{(j)i}^{(l+1)} \right) \odot \left(1 - f\left(u_i^{(l)} \right) \right) \odot f\left(u_i^{(l)} \right)$$

次の層から逆伝播される誤差

でしたので、隠れ層に逆伝播する誤差$e^{(1)}$とは、

$$e^{(1)} = \delta_j^{(2)} w_{(j)i}^{(2)}$$

のことです。そうすると、$\delta_j^{(2)} w_{(j)i}^{(2)}$は、出力層の重み行列$\boldsymbol{W}^{(2)}$（変数w2）を転置することで計算できます。$\delta_i^{(2)}$をベクトル$e^{(2)}$で表すと、

$$e^{(1)} = {}^t\boldsymbol{W}^{(2)} \cdot e^{(2)}$$

のように計算します。下記が実装コードです。$\boldsymbol{W}^{(2)}$の形状は

（出力層のニューロン数＝10行, 隠れ層のニューロン数＋バイアス＝129列）

を想定していますので、${}^t\boldsymbol{W}^{(2)}$の形状は、

（129行, 10列）

になります。

▼重みを更新する前に隠れ層の出力誤差を求めておく

```python
hidden_errors = np.dot(self.w2.T,        # 出力層の重み行列を転置する
                       delta_output) # 出力のδ（デルタ）
```

4.1 画像認識コンペ「Digit Recognizer」の課題を多層パーセプトロン（MLP）で解く

▼np.dot(self.w2.T, delta_output)による重みの転置行列w2.Tとdelta_outputの積

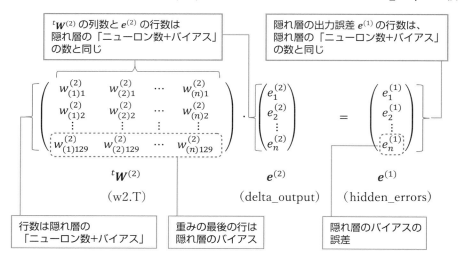

重み行列w2には、バイアスも含まれていることに注意してください。次に、出力層の重みとバイアスを更新します。

$$w_{(i)h}^{(l)} := w_{(i)h}^{(l)} - \eta \delta_i^{(l)} o_h^{(l-1)}$$

の実装です。$\delta_i^{(l)} o_h^{(l-1)}$の計算は、隠れ層の出力行列$o^{(1)}$を転置することで行います。

▼出力層の重み、バイアスの更新

```
self.w2 -= self.lr * np.dot(
        delta_output,     # 出力誤差＊(1－出力信号)＊出力信号
        hidden_outputs.T  # 隠れ層の出力行列を転置
)
```

－＝演算子によって、重み行列w2(10行，129列)のすべての要素に対して右辺で求めた値が減算され、出力層の重み、バイアスが更新されます。

4.1 画像認識コンペ「Digit Recognizer」の課題を多層パーセプトロン (MLP) で解く

□ 隠れ層の重みの更新

隠れ層の重みとバイアスを更新します。ただし、その前に隠れ層の入力誤差 $\delta_i^{(l)}$ と、隠れ層の入力行列からバイアスのものを取り除く必要があります。バイアスはどこからもリンクされていないので、バイアスには更新する必要がありません。

重みの更新式、

$$w_{(i)h}^{(l)} := w_{(i)h}^{(l)} - \eta \delta_i^{(l)} o_h^{(l-1)}$$

において、隠れ層の場合は $\delta_i^{(l)}$ が $\delta_i^{(1)}$ となり、その計算式は次のようになります。

$$\delta_i^{(1)} = \sum_{j=1}^{n} \left(\delta_j^{(2)} w_{(j)i}^{(2)} \right) \odot \left(1 - f\left(u_i^{(1)}\right) \right) \odot f\left(u_i^{(1)}\right)$$

$\delta_i^{(1)}$ は $e^{(1)} = {}^t W^{(2)} \cdot e^{(2)}$ の計算をしてすでに求めており、ローカル変数 hidden_errors に格納されています。

$$e^{(1)} = \begin{pmatrix} e_1^{(1)} \\ e_2^{(1)} \\ \vdots \\ e_n^{(1)} \end{pmatrix} \quad \text{隠れ層のバイアスのエラー}$$

バイアスのエラーを取り除きます。delete() 関数の第 1 引数に hidden_errors、第 2 引数に隠れ層のニューロン数を保持しているインスタンス変数 self.hneurons を指定します。第 2 引数は削除位置を示す 0 から始まるインデックスなので、結果として最後のバイアスのエラーが取り除かれます。行の削除は第 3 引数として axis=0 を指定します。

▼隠れ層のエラーからバイアスのものを取り除く (hidden_errors_nobias は (128行, 1列))

```
hidden_errors_nobias = np.delete(
    hidden_errors,  # 隠れ層のエラーの行列 (129行, 1列)
    self.hneurons,  # 隠れ層のニューロン数 (128) をインデックスにする
    axis=0          # 行の削除を指定
)
```

189

4.1 画像認識コンペ「Digit Recognizer」の課題を多層パーセプトロン（MLP）で解く

続いて、隠れ層の出力行列からバイアスを取り除きます。

▼隠れ層の出力行列からバイアスを取り除く（hidden_outputs_nobiasは（128行，1列））

```
hidden_outputs_nobias = np.delete(
    hidden_outputs,        # 隠れ層の出力の行列 (129行，1列)
    self.hneurons,         # 隠れ層のニューロン数 (128) をインデックスにする
    axis=0                 # 行の削除を指定
    )
```

これで、隠れ層の重みとバイアスの更新が可能となりました。

$$w_{(i)h}^{(l)} := w_{(i)h}^{(l)} - \eta \delta_i^{(1)} o_h^{(0)}$$

を実施して、隠れ層の入力エラーを分配し、隠れ層の重みとバイアスを更新します。

▼隠れ層の重みとバイアスの更新

```
self.w1 -= self.lr * np.dot(
    # 逆伝播された隠れ層の出力誤差＊(1－隠れ層の出力)＊隠れ層の出力
    hidden_errors_nobias*(
        1.0 - hidden_outputs_nobias
    )*hidden_outputs_nobias,
    # 入力層の出力信号の行列を転置
    inputs.T
    )
```

$$\delta_i^{(1)} = \sum_{j=1}^{n} \left(\delta_j^{(2)} w_{(j)i}^{(2)} \right) \odot \left(1 - f\left(u_i^{(1)} \right) \right) \odot f\left(u_i^{(1)} \right)$$

w1は（128行，785列）の行列です。これで、出力層から隠れ層までの重みとバイアスの更新が完了です。

■バックプロパゲーションの実装とモデルのコンパイル

ノートブックに戻って、多層パーセプトロンを完成させましょう。バックプロパゲーションの実装は、モデルのコンパイル時に行います。現在、第1層から第2層までがSequentialオブジェクトに格納されています。これをSequential.compile()メソッドでコンパイル（損失関数や最適化アルゴリズムなどを登録すること）すれば、モデルの完成です。

4.1 画像認識コンペ「Digit Recognizer」の課題を多層パーセプトロン（MLP）で解く

▼ Sequential.compile() メソッドの書式

```
model.compile(loss='損失関数名',
              optimizer='最適化アルゴリズム',
              metrics=['学習評価の方法'])
```

　損失関数は、もちろんクロスエントロピー誤差関数です。Kerasには二値分類用とマルチクラス分類用のcategorical_crossentropyが用意されているので、categorical_crossentropyを指定します。

　最適化アルゴリズムは「確率的勾配降下法」を使用します。最適化アルゴリズムとは、先に見てきた「重みの更新式」のことです。確率的勾配降下法は、訓練データから任意の数のデータをランダムに取り出した**ミニバッチ**と呼ばれるデータを使って学習を行います（詳細は194ページのコラムを参照）。compile()メソッドのoptimizerオプションで

　　　optimizer='sgd'

とすれば、確率的勾配降下法を指定できますが、Kerasには勾配降下法に学習率の自動調整などの機能を加えた様々な種類の最適化アルゴリズム（**オプティマイザー**）が用意されているので、今回は評判のよいAdamというオプティマイザーを使用することにしました。

　次は、現在、セルに入力されている第2層までのコードを含む、ノートブックの8番目のセルのすべてのコードです。

▼ モデルをコンパイルする（セル8）

```
# ニューラルネットワークの構築


# tensorflow.keras.models から Sequential をインポート
from tensorflow.keras.models import Sequential
# tensorflow.keras.layers から Dense、Activation をインポート
from tensorflow.keras.layers import Dense, Activation


# Sequential オブジェクトを生成。
model = Sequential()


# 第1層（隠れ層）
model.add(Dense(
    128,            # ユニット数は128。
    input_dim=tr_x.shape[1], # 入力データの形状を指定。
```

4.1 画像認識コンペ「Digit Recognizer」の課題を多層パーセプトロン (MLP) で解く

```
        activation='sigmoid'          # 活性化関数はシグモイド。
))


# 第2層 (出力層)
model.add(Dense(
        10,                           # ニューロン数はクラスの数と同数の10。
        activation='softmax'          # マルチクラス分類に適したソフトマックスを指定。
))


model.compile(
        # 損失関数はクロスエントロピー誤差関数。
        loss='categorical_crossentropy',
        # オプティマイザーはAdam。
        optimizer='adam',
        # 学習評価として正解率を指定。
        metrics=['accuracy'])


# モデルの構造を出力。
model.summary()
```

　　Sequential クラスには作成したネットワークの概要を出力する summary() とい
うメソッドがあるので、これを使って出力してみました。[Run current cell] ボタン
をクリックすると、次のように出力されます。

▼出力されたニューラルネットワークの構造

```
Model: "sequential_2"

Layer (type)      Output Shape    Param #

dense_1 (Dense)   (None, 128)     100480

dense_2 (Dense)   (None, 10)      1290

Total params: 101,770
Trainable params: 101,770
Non-trainable params: 0
```

dense_1 (Dense)は第1層で、出力する行列は(None, 128)の形状になっています。列の128は第1層のユニット(ニューロン)の数で、訓練データを入力した場合は画像データの枚数が31,500なので、(31500, 128)になります。バイアスと重みの数を示すParamは100,480、これは

画像1枚あたりのピクセル値の数784×ユニット数128 = 100,352
100,352 + バイアス128個 = 100,480

であるからです。

dense_2(Dense)が出力層で、出力層から出力される行列は (None, 10)の形状です。列の10は出力層のニューロンの数で、訓練データを入力した場合は画像データの枚数が31,500なので、(31500, 10)になります。バイアスと重みの数を示すParamは1,290、これは

第1層のユニット数128×第2層のユニット数10 = 1,280
1,280 + バイアス10個 = 1,290

であるからです。

■MNISTデータセットを学習して94%超えの精度を出してみる

2層構造の多層パーセプトロンを利用して、MNISTデータセットを学習させてみましょう。学習回数は5回、ミニバッチのサイズは16にします。

▼学習を実行する(セル9)

```
# 学習を行う。
result = model.fit(tr_x, tr_y,                       # 訓練データと正解ラベル。
                   epochs=5,                          # 学習回数を5回にする。
                   batch_size=100,                    # ミニバッチのサイズは100。
                   validation_data=(va_x, va_y),      # 検証用のデータを指定。
                   verbose=1)                         # 学習の進捗を出力。
```

上記のコードを実行すると学習が開始され、セルの下に学習の進捗状況が出力されていきます。

COLUMN 確率的勾配降下法とミニバッチ法

　勾配降下法では、重みを1回更新するたびにすべてのデータに対する誤差関数の勾配を計算しますが、データの量が大きいと計算にとても時間がかかります。そこで確率的勾配降下法では、1個のデータを1回の学習ごとにランダムに抽出し、このデータのみを使って誤差関数の勾配を計算します。ただ、学習回数などとの兼ね合いから、1個のデータだけではうまくいかない場合があるので、1回の学習ごとに10〜100前後のデータを無作為に抽出し、これを用いて勾配を計算することがあります。このとき、ランダムに抽出されたデータを「ミニバッチ」と呼ぶことから、この手法のことを**ミニバッチ法**と呼んでいます。

　あと、勾配降下法には「局所解」に捕まってしまう、という問題があります。ここで、次のような曲線を描く関数について考えてみましょう。

▼グラフ

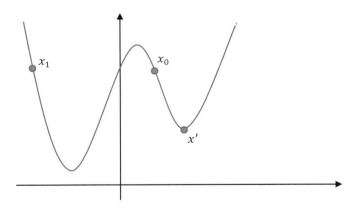

　このグラフの場合、x_0からスタートすると恐らくx'を解とするでしょうが、これは最小値ではありません。このように「そこだけ見ると最小に見えるが、全体の中では最小ではない」点を局所解と呼びます。確率的勾配降下法では、使用するデータをランダムに選んでその時点での勾配を使ってパラメーターを更新していくため、局所解に捕まりにくいというメリットがあります。従来の勾配降下法では、いったん局所解に捕まるとそこから抜け出すことはできません。一方、確率的勾配降下法やミニバッチ法では、従来の勾配降下法のようにデータ全体から計算される勾配方向に従って全体の誤差が最小になる方向へ真っ直ぐ進んでいくのではなく、ランダムに抽出したデータによる計算によって「若干のふらつき」を持って徐々に誤差の小さい方向へ進んでいくことになります。確率的勾配降下法は、「局所解に捕まっても抜け出せる可能性」があるのです。

　このようなメリットのある確率的勾配降下法、ミニバッチ法ですが、訓練データに最適な学習率を設定するのが難しい、という問題があります。このような場合、Adamなどの学習率の設定が不要なアルゴリズムが使われます。

4.1 画像認識コンペ「Digit Recognizer」の課題を多層パーセプトロン（MLP）で解く

▼学習の進捗状況の出力

```
Train on 31500 samples, validate on 10500 samples
Epoch 1/5
31500/31500 [==============================] - 2s 50us/step
  - loss: 0.7198 - accuracy: 0.8354 - val_loss: 0.3849 - val_accuracy: 0.9004
Epoch 2/5
31500/31500 [==============================] - 1s 43us/step
  - loss: 0.3229 - accuracy: 0.9115 - val_loss: 0.2944 - val_accuracy: 0.9167
Epoch 3/5
31500/31500 [==============================] - 1s 43us/step
  - loss: 0.2592 - accuracy: 0.9274 - val_loss: 0.2490 - val_accuracy: 0.9273
Epoch 4/5
31500/31500 [==============================] - 1s 44us/step
  - loss: 0.2218 - accuracy: 0.9375 - val_loss: 0.2212 - val_accuracy: 0.9358
Epoch 5/5
31500/31500 [==============================] - 1s 43us/step
  - loss: 0.1938 - accuracy: 0.9457 - val_loss: 0.2011 - val_accuracy: 0.9413
```

　5回の学習を行った結果、94.13パーセントの精度が出ました。層の数やユニット数、さらにバッチサイズなどのパラメーターを適当に決めてみましたが、まずまずの精度が出ているようです。

■ テストデータで予測して提出用のCSVデータを作成する

　学習が完了しましたので、課題として与えられているテストデータ（test.csv）で予測し、予測結果を提出用のCSVファイルに書き込みます。テストデータは、データの前処理の際にNumPy配列test_xに代入済みですので、まずはこれを用いて予測を行います。学習済みのモデルによる予測は、Sequential.predict()メソッドで行えます。

▼学習済みモデルによるテストデータの予測（セル10）

```
# テストデータで予測して結果をNumPy配列に代入する。
result = model.predict(test_x)
```

　予測した結果を確認します。ただ、予測結果はOne-Hotエンコーディングになっているので、これを提出用のCSVファイルに書き込めるように、0〜9の数値に置き換えます。

4.1 画像認識コンペ「Digit Recognizer」の課題を多層パーセプトロン（MLP）で解く

▼予測結果の確認とOne-Hotエンコーディングから数値への置き換え（セル11）

```
# 予測結果の先頭から5番目までを出力。
print(result[:5])
# 最大値のインデックス(予測した数字)を出力。
print([x.argmax() for x in result[:5]])
# 予測した数字をNumPy配列に代入する。
y_test = [x.argmax() for x in result]
```

▼出力

```
[[1.91501400e-04 4.19668993e-07 9.99119341e-01 6.10495743e-04
  1.26011264e-06 2.33627998e-05 5.22096525e-06 2.81936946e-06
  4.38848183e-05 1.74846082e-06]
 [9.99486327e-01 1.83264120e-07 6.27662666e-05 4.15844770e-05
  6.66753479e-08 3.39263323e-04 2.34084073e-05 2.70968267e-05
  1.86749530e-05 6.67221286e-07]
 [7.63544165e-07 3.97725780e-05 1.14490365e-04 8.67017079e-04
  4.44128588e-02 1.74438825e-03 1.76308222e-05 1.24936751e-05
  5.90588748e-02 8.93731713e-01]
 [1.21105108e-02 7.85219599e-05 2.55692542e-01 1.44409596e-05
  1.70984849e-01 3.06268979e-04 6.16634078e-03 3.16607133e-02
  3.83389415e-03 5.19151986e-01]
 [1.56606649e-04 5.59090113e-04 5.00413924e-02 9.46575820e-01
  1.02411036e-06 6.15603290e-04 5.57061030e-05 1.38591073e-04
  1.85201643e-03 4.24350856e-06]]
[2, 0, 9, 9, 3]
```

　「Digit Recognizer」の提出用ファイルは「sample_submission.csv」です。これをデータフレームに読み込みます。読み込みが完了したら、先頭から5行目までを出力してみます。

▼提出用のCSVファイルをデータフレームに読み込んで先頭から5行目までを出力（セル12）

```
submit_df = pd.read_csv('/kaggle/input/digit-recognizer/sample_submission.csv')
# 先頭から5行目までを出力。
submit_df.head()
```

▼出力

	ImageId	Label
0	1	0
1	2	0
2	3	0
3	4	0
4	5	0

　画像のIdに対して、正解ラベルを示すLabelの列はすべて0になっています。この列に、先ほどの予測結果を示す0〜9の数値を書き込みます。

▼データフレームのLabel行に予測値を格納する（セル13）

```
submit_df['Label'] = y_test
#  先頭から5行目までを出力。
submit_df.head()
```

▼出力

	ImageId	Label
0	1	2
1	2	0
2	3	9
3	4	9
4	5	3

　先頭から5行目までしか出力しませんでしたが、Labelの列に正解ラベルを示す数値がうまく書き込まれたようです。最後にデータフレームの内容をsubmission.csvに書き込みます。

▼データフレームの内容を提出用のCSVファイルに書き込む（セル14）

```
submit_df.to_csv('submission.csv', index=False)
```

　以上で提出用のCSVファイルの作成は完了です。続いて、ノートブックをコミット（保存）します。ノートブックの画面の右上に [Save Version] ボタンがあるので、これをクリックします。なお、[Save Version] ではなく [Commit] ボタンが表示されている場合は、次ページ「□ [Commit] ボタンが表示された場合」の手順を参照してください。

4.1 画像認識コンペ「Digit Recognizer」の課題を多層パーセプトロン（MLP）で解く

▼ノートブックの保存

ダイアログが表示されるので、[Save & Run All] をオンにして [Save] ボタンをクリックします。

▼セルのコードの実行結果を含めてノートブックを保存する

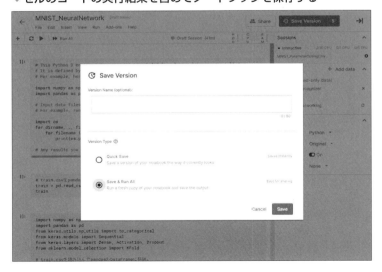

□ [Commit] ボタンが表示された場合

[Commit] ボタンが表示されている場合は、これをクリックすると、ノートブックのすべてのコードが実行されたあと、実行結果を含めてノートブックが保存されます。

▼[Commit]ボタンが表示されている場合

　セルのコードの実行とノートブックの保存が完了すると、ダイアログに[Open Version]ボタンが表示されるので、これをクリックすると保存されたノートブックを開くことができます*。

▼ノートブック保存完了後のダイアログ

■ コンペティションにサブミット(参加)する

　では、保存されたノートブックを開いてみましょう。「Digit Recognizer」のトップページから[Notebooks]タブをクリックし、さらに[Your Work]タブをクリックすると保存済みのノートブックの一覧が表示されるので、これをクリックして開きます。

＊ただし、2020年7月現在で[Commit]ボタンによるノートブックの保存は廃止されているようですので、[Commit]ボタンが表示されていない場合は、先に紹介した方法でノートブックの保存を行ってください。

▼保存済みのノートブックを開く

目的のノートブック名をクリックする

ノートブックが開くので、右側のメニューの [Output] をクリックします。なお、複数のバージョンのノートブックを保存している場合は、右側のメニューにバージョンのタイトルが表示されるので、これをクリックすると目的のバージョンのノートブックを開くことができます。

▼保存済みのノートブックを開いたところ

[Output] をクリックする

画面が下にスクロールし、保存済みのCSVファイルが表示されます。

[Submit] ボタンがありますので、これをクリックすると、アカウントの情報と共にCSVファイルがコンペティションに送信されます。

▼解析結果のCSVファイルをサブミットする

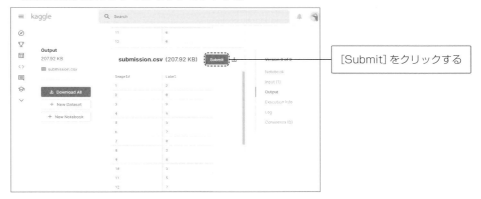

提出した結果を「リーダーボード」のページで確認しましょう。「Digit Recognizer」のトップページの [Leaderboard] をクリックすると、サブミットしたCSVファイル名やスコアが表示されます。[Jump to your position on the leaderboard] のリンクをクリックすると、現在の順位が表示されます。

▼提出した結果を確認する

4.1 画像認識コンペ「Digit Recognizer」の課題を多層パーセプトロン（MLP）で解く

　順位を確認したところ、精度が0.96942ですので、2,244エントリー中の中間からやや下位にランクインしました。ランキング上位を見ると、シンプルな多層パーセプトロン（MLP）ではなく、ディープラーニングを駆使したモデルが多く使用されています。このままでは太刀打ちできないので、まずはすべてのパラメーターを見直すことで精度を上げていきたいと思います。

COLUMN　ドロップアウトによる過剰適合の回避

　学習を何度も繰り返すことでモデルの精度は向上しますが、同じデータを何度も繰り返し学習すると**過剰適合**が発生することがあります。例えば、10個の手書き数字を学習した結果、誤差が0に収束するような場合です。このような場合の学習結果は、訓練データにのみフィットするので、新たなテスト用のデータを入力して予測しようとしてもうまくいきません。過剰適合が起きる原因として、主に次の2つが挙げられます。

・パラメーターの数が多すぎる。
・学習データが少ない。

　スリバス氏、ヒントン氏らが発表した論文で紹介されている「**ドロップアウト**」という手法は、過剰適合を防ぐ、シンプルかつ効果の高い方法として、ディープラーニングで活用されています。特定の層のニューロンのうちの半分（50%）、または4分の1（25%）など任意の割合でランダムに選んだニューロンを無効にして、次の層へ出力します。そうすると、学習を繰り返すたびに異なるニューロンがランダムに無効化されるので、あたかも複数のネットワークで別々に学習させたような効果が期待できるのです。そうやって学習を積み重ねたネットワークは、様々なネットワークで得られた結果を盛り込んでいると考えられます。

4.2 ベイズ最適化によるパラメーターチューニング

多層パーセプトロンでは、層の数、各層のユニット数をはじめ、活性化関数の種類など、開発者自身で決めなければならない要素がたくさんあり、このことが精度に大きく影響します。そこで、本節では数あるハイパーパラメーターを最適な値にチューニングすることでモデルの精度を上げるためのテクニックについて見ていくことにします。

Point

◎多層パーセプトロンのハイパーパラメーターをチューニングする際のポイントを確認します。

◎Hyperoptライブラリを用いて、ハイパーパラメーターの最適値を探索し、モデルの精度を限界まで向上させます。

分析コンペ

Digit Recognizer

4.2.1 パラメーターチューニングとは

多層パーセプトロンでは、ネットワークの層の数、ユニット数をはじめ、バッチサイズなどの様々なハイパーパラメーターが存在します。多層パーセプトロンにおけるチューニングは、主に次のハイパーパラメーターについて行われます。

□ネットワークの中間層の構成

入力層はデータの次元数、出力層は正解ラベル数によって決まるのでチューニングの必要はありません。このため、中間層の以下のパラメーターについてチューニングします。

- **層の数**
中間層を2層、あるいは3層、またはそれ以上にするのがよいのか、探索します。

- **層のユニット数**
中間層の最も適したユニット数を探索します。

- **活性化関数**

シグモイド関数、あるいはReLUのほか、シグモイド関数の出力を原点を通るように線形変換したTanh（Hyperbolic tangent function：双曲線正接関数）がよく使われるので、どの関数が最も適しているかを各層において探索します。

- **ドロップアウト率**

学習の過程で、学習データ（訓練データ）に過度に適合してしまう過剰適合を防ぐため、中間層の各出力を任意の率で無効にするドロップアウトと呼ばれる手法があります。各層で、最も精度が出るドロップアウト率を探索します。

□ オプティマイザーの選択

ニューラルネットワークの学習には、確率的勾配降下法を用いた最適化アルゴリズム（オプティマイザー）としてSGDが使われますが、学習効果を自動調整するアルゴリズムを備えたAdamやRMSpropもよく使われます。ただし、訓練データの特徴やネットワークの構造によって精度が変わってくるので、どのオプティマイザーが最も適しているのかを調べます。

□ バッチサイズ

学習に使用するミニバッチの数を探索します。

このほかに、学習率のチューニングがありますが、Kerasの各オプティマイザーは、汎用的に使える学習率がデフォルトで設定されています。もちろん、あくまで汎用的に使える率なので、チューニングする価値にあります。

■ ハイパーパラメーターをどう探索するのか

ハイパーパラメーターを探索する手法として、次の2つの手法があります。

□ 手動での探索

手動によって最適なハイパーパラメーターを探索します。モデルの中身を変えながら、1回ごとに検証するため手間はかかりますが、パラメーターを変えたときのスコアの変化や、パラメーターへの依存度など、モデルに対する理解を深められるというメリットがあります。ただし、手動での探索なので、パラメーターの探索範囲を大きくするには限界があります。ある程度、探索する範囲を絞り込んでから試すのが効率

的です。

　このあとで紹介するプログラムによる自動探索を行ってある程度絞り込んだあとで、個別に探索する、という使い方が考えられます。

□ **ライブラリを使った自動探索**

　Pythonのライブラリを使って、最適なパラメーターを自動で探索します。

・**グリッドサーチ**

　グリッドサーチは、各パラメーターについて候補を決め、それらの候補のすべての組み合わせについて調べます。探索する候補を把握しやすい半面、組み合わせが膨大にならないように、候補の数をある程度絞り込む必要があります。プログラムには、scikit-learnライブラリのmodel_selection.GridSearchCVクラスで実装できます。

・**ランダムサーチ**

　各パラメーターについて候補を決めるのはグリッドサーチと同じですが、その候補の中からランダムに選んだ組み合わせを作り、指定された回数だけ試行を繰り返します。パラメーターの候補として一定の分布を指定できるので、パラメーターごとにある範囲の一様分布から選び出す、といった使い方をします。ランダムサーチなので、探索範囲が広い場合でも探索が可能です。ただし、すべての組み合わせを探索するわけではないので、実行するタイミングによっては理想的な組み合わせを見逃してしまう可能性があります。このため、ランダムサーチである程度候補を絞り込み、それからグリッドサーチで探索するという使い方がよいかもしれません。

　ランダムサーチは、scikit-learnライブラリのmodel_selection.RandomizedSearchCVクラスで実装できます。

・**ベイズ最適化**

　ベイズ確率の考え方に基づく事後確率分布を用い、直前の○回の探索におけるパラメーターとそのスコアの集合$D_n = \{(x_i, y_i, \cdots, n)\}$を使ってスコアの条件付き事後確率分布$P = (y|x, D_n)$を求め、これをモデルにします。ランダムサーチではじかれるような精度の出ないパラメーターについても探索が行われる可能性がありますが、探索履歴を用いた探索なので、効率的に精度の高いパラメーターを探索できます。

　Hyperopt、Optuna、scikit-optimizeなどのパラメーター探索用ライブラリを利用して、プログラムへの実装が可能です。本節では、Hyperoptを用いたベイズ最適化によるパラメーター探索を行います。

■パラメーターを限界までチューニングするためのポイント

ハイパーパラメーターをチューニングするにしても、パラメーター自体の数も多く、探索する範囲をどう設定してよいのか大いに悩むところです。ここでは、効率よくチューニングするためにはどうすればよいのかを考えてみます。

・影響度の高いパラメーターからの探索

パラメーターの数が多い場合は、まずは精度に大きく影響すると思われるパラメーターから探索するとよいでしょう。例えば、中間層の構造を決めるパラメーターを探索し、層の構造をある程度決めてから、活性化関数やドロップアウト率などの探索を行います。

・パラメーターの探索範囲の変更

パラメーターの場合も、ドロップアウト率のように、ある一定の範囲を指定して探索を行うことがあります。このとき、探索範囲の上限でベストスコアが出た場合は、さらに値を大きくすることで精度が向上するかもしれません。この場合、上限の値を起点とした探索範囲を再度設定して探索します。逆に探索範囲の下限でベストスコアが出た場合は、下限の値が上限にくるように探索範囲を再設定して探索を行います。

・パラメーターのベースラインを決める

実は、探索する際の基本になるパラメーターをどう決めるのかが、最も重要でかつ悩ましい問題です。多層パーセプトロンにおける層の構成やチューニングについては、明確な理論付けがなされているわけではなく、経験的に得られた値をベースにして探索するしかありません。とはいえ、パラメーターのベースラインは、コンペティションで公開されているノートブックを参考にすれば、ある程度の傾向的なものはわかります。多層パーセプトロンをターゲットにして検索していくつかのノートブックを見て回るのです。そうして「2層構造の場合の精度は概ね90%でユニット数に応じて若干上下する」といったことがわかればしめたものです。あとは2層構造をベースにユニット数や他のパラメーターを探索すれば、そのモデルがどの程度優れている、あるいは劣っているかの把握ができるので、探索範囲の考察に大いに役立ちます。

4.2.3　パラメーターの限界チューニングでレベルアップ！

パラメーターチューニングの手法にはいろいろありますが、ベイズ最適化によるパラメーターチューニングを採用することにします。使用するライブラリはHyperoptです。**TPE**（Tree-structured Parzen Estimator）というアルゴリズムを実装した、コンペティションで多くの採用事例がある人気のライブラリです。

■Hyperoptを用いたパラメーター探索の手順

Hyperoptはノートブックの実行環境にはインストールされていないので、ノートブックのセルに、pipコマンドを実行する

　!pip install hyperas

のコードを入力してインストールを行います。「!」の記号は、ノートブックでpipコマンドを実行するためのものです。

□ハイパーパラメーターの探索範囲の設定

Hyperoptによるパラメーター探索では、まず「パラメーター空間」を次の関数で設定します。これは、Sequentialオブジェクトでモデル作成を行うコードブロック内で行います。

・hp.choice()

複数の選択肢の中から1つを選びます。引数は、リストまたはタプルでなければなりません。

書式	hp.choice(options)
パラメーター	options：選択肢を格納したリストまたはタプル。
使用例	batch_size = {{choice([100, 200])}}

・hp.uniform()

lowとhighの間で均等に値を返します。

書式	hp.uniform(low, high)
パラメーター	low ：探索する範囲の下限。 high：探索する範囲の上限。
使用例	model.add(Dropout(　　　{{uniform(0, 1)}} 　　)))

- hp.quniform()

lowとhighの間で一定の間隔ごとの点から抽出します。

round(uniform(low, high) / q) * q

のような値を返します。

書式	hp.quniform(low, high, q)
パラメーター	low ：探索する範囲の下限。 high：探索する範囲の上限。 q：間隔。
使用例	model.add(Dropout(　　　{{quniform(0.25, 0.4, 0.05)}}) 　　))

□ パラメーター探索の実行

パラメーターの探索は、optim.minimize()関数で行います。

- optim.minimize()関数

探索範囲を持つハイパーパラメーターが設定されたモデルを使用して、評価指標の
スコアを最小にするパラメーター値を探索し、結果を返します。

4.2 ベイズ最適化によるパラメーターチューニング

書式	optim.minimize(model=create_model, 　　　　　　　data=prepare_data, 　　　　　　　algo=tpe.suggest, 　　　　　　　max_evals=100, 　　　　　　　eval_space=True, 　　　　　　　notebook_name='＿notebook_source＿', 　　　　　　　trials=Trials())
パラメーター	mode：モデルを生成する関数。 data ：データを生成する関数。 algo ：分析に使用するアルゴリズム。TPEを使用する場合はtpe.suggestを指定。 max_evals ：試行する回数。 eval_space：「選択肢」に単なるインデックスではなく実際に意味のある値が含まれるようにする。デフォルトはTrue。 notebook_name：ノートブック名。Kaggleのノートブック上で実行する場合は'＿notebook_source＿'を指定する。 trials ：探索中に計算されたすべての戻り値を検査する場合は、Trials()として、Trialsオブジェクトを指定する。

　optim.minimize()関数は、モデルを生成する関数と訓練データを生成する関数を引数にする必要があるので、それぞれの関数を別途に用意します。

■多層パーセプトロンの層構造を探索する

　204ページでお話ししたように、より精度に影響を及ぼすものからチューニングするのが効率的です。そこで、多層パーセプトロンの中間層の数とそれぞれの層に最適なユニット数を探索し、ネットワークの構造を先に決めてからバッチサイズやドロップアウト率を探索する、という2段階の探索を行うことにします。

　ノートブックの最初のセルに、pipコマンドでHyperoptをインストールするコードを入力します。なお、インターネットへの接続が行われますので、ノートブックの画面右側にあるサイドバーの[Setting]にある[Internet]のスイッチをオンにしておいてください。これによって、ノードブックのプログラムがインターネットに接続できるようになります。

▼Hyperoptのインストール（セル1）

```
!pip install hyperas  # !を付けてpipコマンドを実行する。
```

Hyperoptによるハイパーパラメーターの探索を行うコードを入力します。ここでは、データを用意する関数prepare_data()、モデルを生成する関数create_model()を定義し、これをoptim.minimize()関数から呼び出して、パラメーターの探索を行うようにします。各パラメーターについては、

- ・第1層のユニット数：500／784
- ・第2層の配置：する／しない
  配置する場合はユニット数：100／200
- ・第3層の配置：する／しない
  配置する場合はユニット数：25／50

のように探索を行います。層を配置するかどうかの選択は、次のようにif…elseで行います。

▼層構造の探索例

```
# 第1層の次に第2層を配置するか、あるいは第2層と第3層を配置するのかを探索。
if {{choice(['two', 'three', 'four'])}} == 'two':
    # two がチョイスされたら層の追加は行わない。
    pass


elif {{choice(['two', 'three', 'four'])}} == 'three':
    # three が選択されたら第2層を配置し、ユニット数を探索する。
    model.add(Dense(
        {{choice([100, 200])}},
    activation='relu'
    ))


elif {{choice(['two', 'three', 'four'])}} == 'four':
    # four が選択されたら第2層と第3層を配置し、それぞれのユニット数を探索する。
    model.add(Dense(
        {{choice([100, 200])}},
    activation='relu'
    ))
    model.add(Dense(
        {{choice([25, 50])}},
    activation='relu'
    ))
```

4.2 ベイズ最適化によるパラメーターチューニング

'two'が選択されたら層の追加は行わず、第1層と出力層だけの構造にし、'three'が
選択された場合は第1層、第2層、出力層の3層構造にしてユニット数などの探索を
行います。また、'four'が選択された場合は第1層、第2層、第3層、出力層の4層構
造にして探索を行います。ネットワークを深くするかどうかをここで見極めようとい
うわけです。

▼ **層構造に関するパラメーターを探索する（セル2）**

```python
# Hyperasはここでインポートする。
from hyperopt import hp
from hyperopt import Trials, tpe
from hyperas import optim
from hyperas.distributions import choice, uniform

def prepare_data():
    """データを用意する。

    """
    # prepare_data()とcreate_model()で使用する
    # 外部ライブラリはここでインポートする。
    import numpy as np
    import pandas as pd
    from sklearn.model_selection import KFold
    from tensorflow.keras.utils import to_categorical
    from tensorflow.keras.models import Sequential
    from tensorflow.keras.layers import Dense, Activation, Dropout

    # train.csvを読み込んでpandasのDataFrameに格納。
    train = pd.read_csv('/kaggle/input/digit-recognizer/train.csv')
    train_x = train.drop(['label'], axis=1)    # trainから画像データを抽出
    train_y = train['label']                   # trainから正解ラベルを抽出

    # trainのデータを学習データと検証データに分ける。
    kf = KFold(n_splits=4, shuffle=True, random_state=123)
    tr_idx, va_idx = list(kf.split(train_x))[0]
    tr_x, va_x = train_x.iloc[tr_idx], train_x.iloc[va_idx]
    tr_y, va_y = train_y.iloc[tr_idx], train_y.iloc[va_idx]

    # 画像のピクセル値を255.0で割って0～1.0の範囲にしてnumpy.arrayに変換。
    tr_x, va_x = np.array(tr_x / 255.0), np.array(va_x / 255.0)
```

211

```python
    # 正解ラベルをOne-Hot表現に変換。
    tr_y = to_categorical(tr_y, 10)
    va_y = to_categorical(va_y, 10)

    return tr_x, tr_y, va_x, va_y

def create_model(tr_x, tr_y):
    """モデルを生成する。

    """
    # Sequentialオブジェクトを生成。
    model = Sequential()

    # 第1層を配置し、ユニット数を500または784とする。
    model.add(Dense(
        {{choice([500, 784])}},
        input_dim=tr_x.shape[1],
        activation='relu'
    ))
    model.add(Dropout(0.4))

    # 追加する層の数を0,1,2の中から探索。
    if {{choice(['none', 'one', 'two'])}} == 'none':
        #noneがチョイスされたら層の追加は行わない。
        pass

    elif {{choice(['none', 'one', 'two'])}} == 'one':
        # oneが選択されたら層を1つ配置し、ユニット数を探索する。
        model.add(Dense(
            {{choice([100, 200])}},
            activation='relu'
        ))

    elif {{choice(['none', 'one', 'two'])}} == 'two':
        # twoが選択されたら層を2つ配置し、それぞれのユニット数を探索する。
        model.add(Dense(
            {{choice([100, 200])}},
            activation='relu'
        ))
```

```python
    model.add(Dense(
        {{choice([25, 50])}},
    activation='relu'
    ))


# 出力層を配置する。
# クラス数が決まっているのでユニット数の探索は行わない。
model.add(Dense(10, activation="softmax"))


# モデルのコンパイル。
# オプティマイザーはAdamとRMSpropを試す。
model.compile(loss="categorical_crossentropy",
                optimizer={{choice(['adam', 'rmsprop'])}},
                metrics=["accuracy"])


epoch = 10            # 学習の回数。
batch_size = 100      # ミニバッチのサイズ。


# 学習の実行。
result = model.fit(tr_x, tr_y,
                    epochs=epoch,
                    batch_size=batch_size,
                    validation_data=(va_x, va_y),
                    verbose=0)


# 探索時の精度を出力する。
validation_acc = np.amax(result.history['val_accuracy'])
print('Accuracy in search:', validation_acc)


# validation_accの値を最小化するように探索する。
return {'loss': -validation_acc, 'status': STATUS_OK, 'model': model}


# 探索の実行。
best_run, best_model = optim.minimize(model=create_model,
                                data=prepare_data,
                                algo=tpe.suggest,
                                max_evals=20,
                                eval_space=True,
                                notebook_name='__notebook_source__',
                                trials=Trials())
```

4.2 ベイズ最適化によるパラメーターチューニング

　　試行回数は、20回としました。学習回数はやや長めの10回です。プログラムを実行すると途中経過が適宜、出力され、30分程度で探索が完了します。

▼出力

```
>>> Imports:
#coding=utf-8


>>> Hyperas search space:


def get_space():
    return {
        'activation': hp.choice('activation', ['tanh', 'relu']),
        'Dropout': hp.quniform('Dropout', 0.2, 0.4, 0.05),
        'activation_1': hp.choice('activation_1', ['tanh', 'relu']),
        'Dropout_1': hp.quniform('Dropout_1', 0.2, 0.4, 0.05),
        'activation_2': hp.choice('activation_2', ['tanh', 'relu']),
        'Dropout_2': hp.quniform('Dropout_2', 0.2, 0.4, 0.05),
        'batch_size': hp.choice('batch_size', [100, 200]),
    }


>>> Data
  1:
  2: """データを用意する。
  3:
  4: """
  5: # prepare_data()とcreate_model()で使用する
  6: # 外部ライブラリはここでインポートする。
  7: import numpy as np
  8: import pandas as pd
  9: from sklearn.model_selection import KFold
 10: from keras.utils.np_utils import to_categorical
 11: from keras.models import Sequential
 12: from keras.layers import Dense, Activation, Dropout
 13:
 14: # train.csvを読み込んでpandasのDataFrameに格納。
 15: train = pd.read_csv('/kaggle/input/digit-recognizer/train.csv')
 16: train_x = train.drop(['label'], axis=1) # trainから画像データを抽出
 17: train_y = train['label']                # trainから正解ラベルを抽出
………途中省略………
```

214

4.2 ベイズ最適化によるパラメーターチューニング

```
64:        # validation_accの値を最小化するように探索する。
65:        return {'loss': -validation_acc, 'status': STATUS_OK, 'model': model}
66:
>>> Resulting replaced keras model:
·········途中省略·········
Accuracy in search:
0.9774285554885864
Accuracy in search:
0.9778095483779907
100%|███████████████████| 20/20 [13:19<00:00, 39.99s/trial, best loss:
-0.9789524078369141]
```

　最初に出力されたdef get_space():以下の記述が重要です。ここにはハイパーパラメーターの探索範囲が記載されています。では、探索の結果、最も精度が優れていたモデルの構造とパラメーター値を出力し、このモデルを検証用データで検証してみます。

▼検証用データで検証する（セル3）

```
# 最も精度が優れていたモデルを出力。
print(best_model.summary())
# 最も精度が優れていたパラメーター値を出力。
print(best_run)


# 探索したモデルを検証用データで検証する。
_, _, va_x, va_y = prepare_data()
val_loss, val_acc = best_model.evaluate(va_x, va_y)
print("val_loss: ", val_loss) # 損失を出力。
print("val_acc: ", val_acc)    # 精度を出力。
```

▼出力

```
Model: "sequential_5"
```

Layer (type)	Output Shape	Param #
dense_12 (Dense)	(None, 784)	615440
dropout_5 (Dropout)	(None, 784)	0
dense_13 (Dense)	(None, 200)	157000
dense_14 (Dense)	(None, 25)	5025
dense_15 (Dense)	(None, 10)	260

```
Total params: 777,725
Trainable params: 777,725
Non-trainable params: 0

None
{'Dense': 784,
 'Dense_1': 'one',
 'Dense_2': 'two',
 'Dense_3': 200,
 'Dense_4': 'two',
 'Dense_5': 200,
 'Dense_6': 25,
 'optimizer': 'rmsprop'}
10500/10500 [==============================] - 1s 60us/step
val_loss:  0.08934105149947018
val_acc:   0.9789524078369141
```

　多層パーセプトロンの構造は、次のように4層構造がベストのようです。オプティマイザーはRMSpropです。

▼パラメーター探索によって得られた多層パーセプトロンの構造

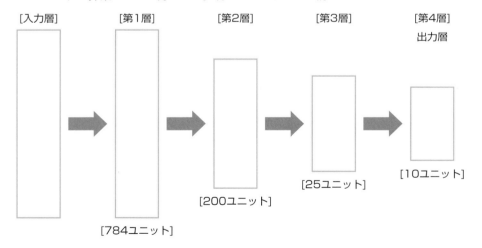

　これをもとにして、さらに各層のドロップアウト率とミニバッチのサイズを細かくチューニングしていくことにします。

4.2 ベイズ最適化によるパラメーターチューニング

■パラメーターを細かくチューニングして98%越えの精度を出す

多層パーセプトロンの層構造が絞り込めましたので、層構造以外のハイパーパラメーターをチューニングしていきます。今回は、新しいノートブックを作成して、以下の探索を行います。

- 各層のドロップアウト率を0.2〜0.4の範囲で0.05刻みに探索
- 出力層以外の活性化関数としてTanh関数とReLU関数を試す
- ミニバッチのサイズを100と200にして試す

▼Hyperasのインストール（セル1）

```
# ！を付けることでpipコマンドを実行し、Hyperasをインストール。
!pip install hyperas
```

▼パラメーターチューニングの実行（セル2）

```
# Hyperasはここでインポートする。
from hyperopt import hp
from hyperopt import Trials, tpe
from hyperas import optim
from hyperas.distributions import choice, uniform
import numpy as np


def prepare_data():
    """データを用意する。


    """
    # prepare_data()とcreate_model()で使用する
    # 外部ライブラリはここでインポートする。
    import numpy as np
    import pandas as pd
    from sklearn.model_selection import KFold
    from tensorflow.keras.utils import to_categorical
    from tensorflow.keras.models import Sequential
    from tensorflow.keras.layers import Dense, Activation, Dropout

    # train.csvを読み込んでpandasのDataFrameに格納。
    train = pd.read_csv('/kaggle/input/digit-recognizer/train.csv')
    train_x = train.drop(['label'], axis=1)  # trainから画像データを抽出
    train_y = train['label']                 # trainから正解ラベルを抽出
```

4.2 ベイズ最適化によるパラメーターチューニング

```python
    test_x = pd.read_csv('/kaggle/input/digit-recognizer/test.csv')

    # trainのデータを学習データと検証データに分ける。
    kf = KFold(n_splits=4, shuffle=True, random_state=123)
    tr_idx, va_idx = list(kf.split(train_x))[0]
    tr_x, va_x = train_x.iloc[tr_idx], train_x.iloc[va_idx]
    tr_y, va_y = train_y.iloc[tr_idx], train_y.iloc[va_idx]

    # 画像のピクセル値を255.0で割って0～1.0の範囲にしてnumpy.arrayに変換。
    tr_x, va_x = np.array(tr_x / 255.0), np.array(va_x / 255.0)

    # 正解ラベルをOne-Hot表現に変換。
    tr_y = to_categorical(tr_y, 10)
    va_y = to_categorical(va_y, 10)


    return tr_x, tr_y, va_x, va_y

def create_model(tr_x, tr_y):
    """モデルを生成する。

    """
    # Sequentialオブジェクトを生成。
    model = Sequential()

    # 第1層のユニット数は784。
    model.add(Dense(
        784,
        input_dim=tr_x.shape[1],
        activation={{choice(['tanh', 'relu'])}}
        ))
    # 第1層のドロップアウトを0.2～0.4の範囲で探索。
    model.add(Dropout(
        {{quniform(0.2, 0.4, 0.05)}}
        ))

    # 第2層のユニット数は200。
    model.add(Dense(
        200,
        activation={{choice(['tanh', 'relu'])}}
        ))
    # 第2層のドロップアウトを0.2～0.4の範囲で探索。
```

218

4.2 ベイズ最適化によるパラメーターチューニング

```python
model.add(Dropout(
    {{quniform(0.2, 0.4, 0.05)}}
    ))


# 第3層のユニット数は25。
model.add(Dense(
    25,
    activation={{choice(['tanh', 'relu'])}}
    ))
# 第3層のドロップアウトを0.2～0.4の範囲で探索。
model.add(Dropout(
    {{quniform(0.2, 0.4, 0.05)}}
    ))


# 出力層を配置する。活性化関数はソフトマックスで固定。
model.add(Dense(10, activation="softmax"))


# モデルのコンパイル。
# オプティマイザーはRMSpropで固定。
model.compile(loss="categorical_crossentropy",
              optimizer='rmsprop',
              metrics=["accuracy"])


# 学習回数は20回。
epoch = 20
# ミニバッチのサイズを100と200で試す。
batch_size = {{choice([100, 200])}}
result = model.fit(tr_x, tr_y,
                   epochs=epoch,
                   batch_size=batch_size,
                   validation_data=(va_x, va_y),
                   verbose=0)


# 簡易的に訓練時の結果を出力する。
validation_acc = np.amax(result.history['val_accuracy'])
print('Best validation acc of epoch:', validation_acc)


# validation_accの値を最小化するように探索する。
return {'loss': -validation_acc, 'status': STATUS_OK, 'model': model}
```

探索の実行。試行回数は100とする。

4.2 ベイズ最適化によるパラメーターチューニング

```python
best_run, best_model = optim.minimize(model=create_model,
                                      data=prepare_data,
                                      algo=tpe.suggest,
                                      max_evals=100,
                                      eval_space=True,
                                      notebook_name='__notebook_source__',
                                      trials=Trials())
```

▼出力

```
>>> Imports:
#coding=utf-8


>>> Hyperas search space:

def get_space():
    return {
        'activation': hp.choice('activation', ['tanh', 'relu']),
        'Dropout': hp.quniform('Dropout', 0.2, 0.4, 0.05),
        'activation_1': hp.choice('activation_1', ['tanh', 'relu']),
        'Dropout_1': hp.quniform('Dropout_1', 0.2, 0.4, 0.05),
        'activation_2': hp.choice('activation_2', ['tanh', 'relu']),
        'Dropout_2': hp.quniform('Dropout_2', 0.2, 0.4, 0.05),
        'batch_size': hp.choice('batch_size', [100, 200]),
    }
>>> Data
………途中省略……
Best validation acc of epoch:
0.9783809781074524
Best validation acc of epoch:
0.9806666374206543
100%|████████████████| 100/100
 [2:26:49<00:00, 88.10s/trial, best loss: -0.9814285635948181]
```

▼結果を検証する（セル3）

```python
# 最も精度が優れていたモデルを出力。
print(best_model.summary())
# 最も精度が優れていたパラメーター値を出力。
print(best_run)


# 探索したモデルを検証用データで検証する。
```

4.2 ベイズ最適化によるパラメーターチューニング

```
_, _, va_x, va_y = prepare_data()
val_loss, val_acc = best_model.evaluate(va_x, va_y)
print("val_loss: ", val_loss) # 損失を出力。
print("val_acc: ", val_acc)    # 精度を出力。
```

▼出力

```
Model: "sequential_32"

Layer (type)              Output Shape          Param #

dense_125 (Dense)         (None, 784)           615440

dropout_94 (Dropout)      (None, 784)           0

dense_126 (Dense)         (None, 200)           157000

dropout_95 (Dropout)      (None, 200)           0

dense_127 (Dense)         (None, 25)            5025

dropout_96 (Dropout)      (None, 25)            0

dense_128 (Dense)         (None, 10)            260

Total params: 777,725
Trainable params: 777,725
Non-trainable params: 0

None
{'Dropout': 0.25,
 'Dropout_1': 0.30000000000000004,
 'Dropout_2': 0.25,
 'activation': 'relu',
 'activation_1': 'relu',
 'activation_2': 'tanh',
 'batch_size': 200}
10500/10500 [==============================] - 1s 69us/step
val_loss:  0.13893665909074757
val_acc:  0.9804762005805969
```

　探索の結果、ハイパーパラメーターのベストな値が以下のように判明しました。

4.2 ベイズ最適化によるパラメーターチューニング

☐第1層

ユニット数	784
活性化関数	ReLU
ドロップアウト	0.25

☐第2層

ユニット数	200
活性化関数	ReLU
ドロップアウト	0.3

☐第3層

ユニット数	25
活性化関数	Tanh
ドロップアウト	0.25

☐第4層

ユニット数	10
活性化関数	ソフトマックス
ミニバッチの数	200
オプティマイザー	RMSprop

　層構造のチューニングの際の精度0.9789に対して0.9804となり、目標の98%越えは達成できました。多層パーセプトロンに限定してパラメーターチューニングを行いましたので、今回の探索は多層パーセプトロンが用いられるコンペティションでは大いに活用できるのではないでしょうか。とはいえ、「Digit Recognizer」の解析を多層パーセプトロンで行う場合は、この辺りが限界のようです。一方、「Digit Recognizer」のLeaderboardに目を移すと、多層パーセプトロンを使用したチームも多く見受けられますが、ランキングの上位では、そのほとんどにディープラーニングの手法が使われています。ディープラーニングでは、多層パーセプトロンを深層化するだけでなく、画像の特徴をより強力に捉えるための高度な手法を用いた解析が行われます。

　そこで次節では、ディープラーニングのテクニックを駆使して認識率を限りなく100%に近づけ、ランキング上位を狙える精度を目指したいと思います！

第5章 画像分類器に畳み込みニューラルネットワーク（CNN）を実装する

5.1 究極のディープラーニングで画像分類タスクを解く！

> **Point**
> ◎畳み込みニューラルネットワーク（CNN）の概念を紹介します。
> ◎画像の歪みやズレを取り除いて精度を上げるための手法について確認します。
> ◎画像分類について、プーリングを実装したCNNのモデルで予測し、MLP以上の精度を獲得します。
>
> **分析コンペ**
>
> Digit Recognizer

　ニューラルネットワークの層を深く、ディープにした「ディープニューラルネットワーク」を用いた学習「ディープラーニング」について見ていきます。一般的に、ディープラーニングにおける層の数は3〜4層以上とされていますが、たんにニューロンを集めた層ではなく、一種の解析機能を持つような層が配置されます。

5.1.1　ニューラルネットワークに「特徴検出器」を導入する

　多層パーセプトロンをモデルとしたこれまでの学習では、MNISTの手書き数字の画像認識を行う際に、28×28の2次元の画像データを1次元のデータ（成分784のベクトル）に変換してから入力するようにしました。

▼ 2次元の画像データをベクトルに変換してから入力

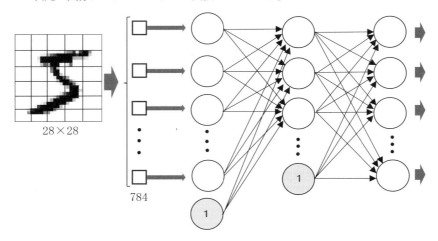

ただし、この方法だと、28×28の2次元配列を784の1次元配列に変換した段階で2次元の情報が失われてしまいます。そうすると、画像のピクセル値が1つずれたとしても、後続のデータを1ピクセルずつずらせば、同じように学習できてしまいます。このような問題を解決するには、元の2次元空間の情報を取り込むことが必要です。

▼ 1個のニューロンに2次元空間の情報を学習させる「畳み込み演算」

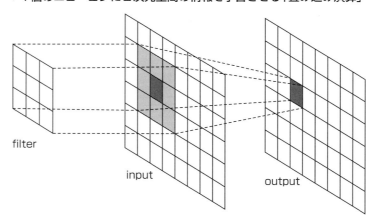

■2次元フィルター

2次元空間の情報を取り出す方法として、**フィルター**という処理方法があります。ここでいうフィルターとは、画像に対して特定の演算を加えることで画像を加工するものを指します。フィルター自体は2次元の配列（行列）で表され、例えば上下方向のエッジ（色の境界のうち、上下に走る線）を検出する（3行，3列）のフィルターは次のようになります。

▼上下方向のエッジを検出する3×3のフィルター

0	1	1
0	1	1
0	1	1

フィルターを用意したら、画像の左上隅に重ね合わせて、画像の値とフィルターとの積の和を求め、元の画像の中心に書き込みます。この作業を、フィルターをスライド（**ストライド**）させながら画像全体に対して行っていきます。これを**畳み込み演算**（Convolution）（次ページの図を参照）と呼びます。

フィルターを適用した結果、上下方向のエッジが存在する領域が検出され、エッジが強く出ている領域の数値が高くなっています。ここでは上下方向のエッジを検出しましたが、フィルターの構造を次のようにすることで左右方向のエッジを検出することができます。

▼横のエッジを検出する3×3のフィルター

1	1	1
1	1	1
0	0	0

5.1 究極のディープラーニングで画像分類タスクを解く！

▼畳み込み演算による処理

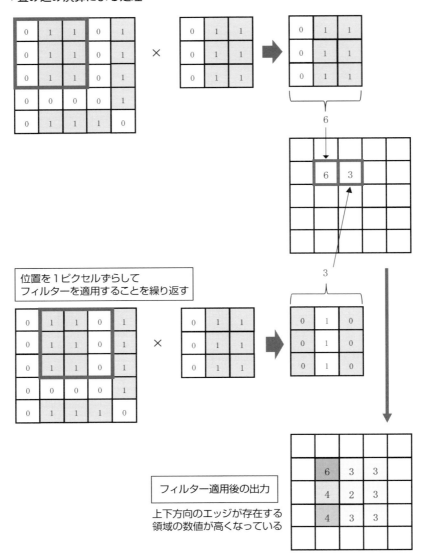

　画像のある領域に着目したとき、畳み込み演算についての式を一般化すると次のようになります。画像の位置(i, j)のピクセル値を$x(i, j)$、フィルターを$h(i, j)$、畳み込み演算で得られる値を$c(i, j)$としています。

5.1 究極のディープラーニングで画像分類タスクを解く！

▼畳み込み演算を一般化した式

$$c(i,j) = \sum_{i,j}^{n} x(i,j) \cdot h(i,j)$$

例で用いた３×３のフィルターの場合、畳み込み演算で得られる値$c(i,j)$は次の式で求められます。

▼３×３のフィルターの畳み込み演算の式

$$c(i,j) = \sum_{u=-1}^{1} \sum_{v=-1}^{1} x(i+u, j+v) \cdot h(u+1, v+1)$$

フィルターのサイズは、「中心を決めることができるように奇数の値」であることが必要です。ですので、３×３だけでなく、５×５や７×７のサイズにすることもできます。

■２次元フィルターで手書き数字のエッジを抽出してみる

実際に２次元フィルターにどのような効果があるのか、MNISTデータセットの手書き数字の画像に、縦（上下）方向のエッジと横（左右）方向のエッジを検出するフィルターを適用して確かめてみることにしましょう。訓練データのインデックス42に「4」の手書き画像がありますので、これを抽出してフィルターを適用し、結果をプロットしてみることにします。

▼データの用意（セル１）

```python
import numpy as np
import pandas as pd

# train.csvを読み込んでpandasのDataFrameに格納。
train = pd.read_csv('/kaggle/input/digit-recognizer/train.csv')
# trainから画像データを抽出してDataFrameオブジェクトに格納。
train_x = train.drop(['label'], axis=1)

# 画像のピクセル値を255.0で割って0～1.0の範囲にしてnumpy.arrayに変換。
train_x = np.array(train_x / 255.0)
```

5.1 究極のディープラーニングで画像分類タスクを解く！

```python
# 画像データの2階テンソルを
# (高さ = 28px，幅 = 28px，チャンネル = 1)の
# 3階テンソルに変換。
# グレースケールのためチャンネルは1。
tr_x = train_x.reshape(-1,28,28,1)
```

▼フィルターの作成（セル2）

```python
# 縦方向のエッジを検出する3×3のフィルター
vertical_edge_fil = np.array([[-2, 1, 1],
                              [-2, 1, 1],
                              [-2, 1, 1]],
                             dtype=float)
# 横方向のエッジを検出する3×3のフィルター
horizontal_edge_fil = np.array([[1, 1, 1],
                                [1, 1, 1],
                                [-2, -2, -2]],
                               dtype=float)
```

▼フィルターの適用（セル3）

```python
# フィルターを適用する画像のインデックス
img_id = 42
# 画像のピクセル値を取得
img_x = tr_x[img_id, :, :, 0]
img_height = 28 # 画像の縦サイズ
img_width = 28  # 画像の横サイズ
# 画像データを28×28の行列に変換
img_x = img_x.reshape(img_height, img_width)
# 縦エッジのフィルター適用後の値を代入する行列を用意
vertical_edge = np.zeros_like(img_x)
# 横エッジのフィルター適用後の値を代入する行列を用意
horizontal_edge = np.zeros_like(img_x)

# 3×3のフィルターを適用
for h in range(img_height - 3):
    for w in range(img_width - 3):
        # フィルターを適用する領域を取得
        img_region = img_x[h:h + 3, w:w + 3]
        # 縦エッジのフィルターを適用
        vertical_edge[h + 1, w + 1] = np.dot(
            # 画像のピクセル値を1次元の配列に変換
            img_region.reshape(-1),
            # 縦エッジのフィルターを1次元の配列に変換
```

```
        vertical_edge_fil.reshape(-1)
    )
    # 横エッジのフィルターを適用
    horizontal_edge[h + 1, w + 1] = np.dot(
        # 画像のピクセル値を1次元の配列に変換
        img_region.reshape(-1),
        # 横エッジのフィルターを1次元の配列に変換
        horizontal_edge_fil.reshape(-1)
    )
```

▼フィルター適用前と適用後の画像を出力する

```python
import matplotlib.pyplot as plt
%matplotlib inline

# プロットエリアのサイズを設定
plt.figure(figsize=(8, 8))
# プロット図を縮小して図の間のスペースを空ける
plt.subplots_adjust(wspace=0.2)
plt.gray()

# 2×2のグリッドの上段左に元の画像をプロット
plt.subplot(2, 2, 1)
# 色相を反転させてプロットする
plt.pcolor(1 - img_x)
plt.xlim(-1, 29) # x軸を-1~29の範囲
plt.ylim(29, -1) # y軸を29~-1の範囲

# 2×2のグリッドの下段左に縦エッジ適用後をプロット
plt.subplot(2, 2, 3)
# 色相を反転させてプロットする
plt.pcolor(-vertical_edge)
plt.xlim(-1, 29)
plt.ylim(29, -1)

# 2×2のグリッドの下段右に横エッジ適用後をプロット
plt.subplot(2, 2, 4)
# 色相を反転させてプロットする
plt.pcolor(-horizontal_edge)
plt.xlim(-1, 29)
plt.ylim(29, -1)
plt.show()
```

▼出力された手書き数字の画像

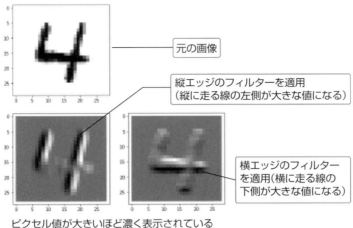

ピクセル値が大きいほど濃く表示されている

使用したフィルターは、次のようにすべての要素の値を合計すると0になります。

▼縦エッジのフィルター

$$\begin{pmatrix} -2 & 1 & 1 \\ -2 & 1 & 1 \\ -2 & 1 & 1 \end{pmatrix}$$

▼横エッジのフィルター

$$\begin{pmatrix} 1 & 1 & 1 \\ 1 & 1 & 1 \\ -2 & -2 & -2 \end{pmatrix}$$

このようにすることで、縦または横のエッジがない部分は0になり、エッジが検出された部分は0以上の値になります。なお、ここでは意図的に縦エッジと横エッジを認識するフィルターにしましたが、そもそもフィルターに使われる値は重みとしてランダムな値が設定されます。ですので、実際は学習が進むにつれて、ニューラルネットワーク自ら独自のフィルターを生成することになります。

■ サイズ減した画像をゼロパディングで元のサイズに戻す

入力データの幅をw、高さをhとして、幅がfw、高さがfhのフィルターを適用すると、

出力の幅 $= w - fw + 1$
出力の高さ $= h - fh + 1$

のように、元の画像よりも小さくなります。このため、複数のフィルターを連続して適用すると、出力される画像がどんどん小さくなります。このような、フィルター適用による画像のサイズ減を防止するのが**ゼロパディング**という手法です。

ゼロパディングでは、あらかじめ元の画像の周りをゼロで埋めてからフィルターを適用します。こうすることで、出力される画像は元の画像のサイズと同じになりますが、何もしないときと比べて、画像の端の情報がよく反映されるようになるというメリットもあります。

▼フィルターを適用すると元の画像よりも小さいサイズになる

▼画像の周りを0でパディング（埋め込み）する

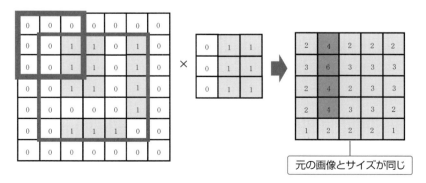

元の画像とサイズが同じ

フィルターのサイズが3×3のときは幅1のパディング、5×5の場合は幅2のパディングを行うとうまくいきます。

5.1.2　畳み込みニューラルネットワーク（CNN）で画像認識

　フィルターを用いたニューラルネットワークが「畳み込みニューラルネットワーク（Convolution Neural Network：CNN）」です。CNNには精度を上げるための層がほかにも追加されますが、まずは畳み込み層を1層のみ配置したシンプルなCNNを構築してみることにします。

■入力層

　これまでは、MNISTデータセットを読み込んだあと、訓練データの31,500枚の画像を、

　　(31500, 784)

の2次元配列に格納し、これを入力データとして使用していました。ディープラーニングの用語でいうところの**2階テンソル**です。ただし、今回のCNNでは画像データを2次元配列（2階テンソル）として扱うので、(31500, 28, 28)の3階テンソルにして、1枚の画像を(28, 28)の形で畳み込み層に出力するようにします。ただし、Kerasの畳み込み層を生成するConv2D()メソッドは、

　　データのサイズ, 行データ, 列データ, チャンネル

という形状をした4階テンソルを入力として受け取るようになっています。チャンネルは画像のピクセル値を格納するための次元で、カラー画像に対応できるように用意されたものです。訓練データの

　　(31500, 28, 28)

の場合、枠で囲んだ3階テンソルの部分にピクセル値が格納されることになり、カラー画像の場合は1ピクセルあたりR（赤）、G（緑）、B（青）の3値（RGB値）の情報、グレースケール場合は階調を示す1つの値を保持することになります。MNISTの画像はグレースケールなので、

　　(31500, 28, 28, 1)

の形の4階テンソルにする必要があります。データがカラー画像であった場合は

(31500, 28, 28, 3)

のように最下位の要素（成分）の数を3にして、RGB値を格納します。

3階テンソルから4階テンソルへの変換は、NumPyのreshape()で行えます。

tr_x.reshape(31500, 28, 28, 1)

とすれば、(31500, 28, 28)の形状はそのままで、4階テンソル化されます。

▼(31500, 28, 28, 1)の4階テンソル

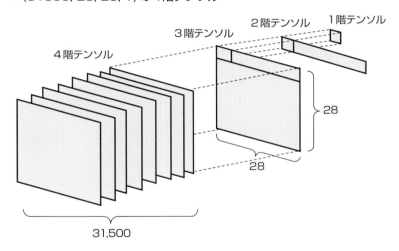

▼データの前処理（セル1）
```
import numpy as np
import pandas as pd
from tensorflow.keras.utilss import to_categorical
from sklearn.model_selection import KFold


# train.csvを読み込んでpandasのDataFrameに格納。
train = pd.read_csv('/kaggle/input/digit-recognizer/train.csv')
# trainから画像データを抽出してDataFrameオブジェクトに格納。
train_x = train.drop(['label'], axis=1)
# trainから正解ラベルを抽出してSeriesオブジェクトに格納。
train_y = train['label']
# test.csvを読み込んでpandasのDataFrameに格納。
test_x = pd.read_csv('/kaggle/input/digit-recognizer/test.csv')
```

5.1 究極のディープラーニングで画像分類タスクを解く！

```
# trainのデータを学習データと検証データに分ける。
kf = KFold(n_splits=4, shuffle=True, random_state=71)
tr_idx, va_idx = list(kf.split(train_x))[0]
tr_x, va_x = train_x.iloc[tr_idx], train_x.iloc[va_idx]
tr_y, va_y = train_y.iloc[tr_idx], train_y.iloc[va_idx]

# 画像のピクセル値を255.0で割って0～1.0の範囲にしてnumpy.arrayに変換。
tr_x, va_x = np.array(tr_x / 255.0), np.array(va_x / 255.0)

# 画像データの2階テンソルを
# (高さ = 28px, 幅 = 28px , チャンネル = 1)の
# 3階テンソルに変換。
# グレースケールのためチャンネルは1。
tr_x = tr_x.reshape(-1,28,28,1)
va_x = va_x.reshape(-1,28,28,1)

# 正解ラベルをOne-Hot表現に変換。
tr_y = to_categorical(tr_y, 10) # numpy.ndarrayオブジェクト
va_y = to_categorical(va_y, 10) # numpy.ndarrayオブジェクト

# x_train、y_train、x_testの形状を出力。
print(tr_x.shape)
print(tr_y.shape)
print(va_x.shape)
print(va_y.shape)
```

■畳み込み層

　畳み込み層には、3×3の2次元フィルターをConv2D()メソッドで設定します。Conv2D()メソッドの呼び出しでは、フィルターの数、フィルターのサイズを指定し、padding='same'とすることでゼロパディングを行うようにします。あと、入力データは、

　　　(縦, 横, ピクセル値)

の3階テンソルが画像の数 (31,500) だけ入力されるので、input_shapeオプションで、

　　　input_shape=(28, 28, 1)

と指定します。

5.1 究極のディープラーニングで画像分類タスクを解く!

▼畳み込み層の構造

入力	(28, 28, 1)の3階テンソルを31,500入力 (訓練データの場合)
ユニット数	32 (フィルター数)
重みの数	フィルターのサイズ (5×5)×フィルター数 (32)＝800個
バイアスの数	32 (ユニット数と同じ)
パラメーター数	重み (800)＋バイアス (32)＝832
出力	1フィルターあたり (28, 28, 1)の3階テンソルを32フィルターから出力するので、(28, 28, 32)の出力となる。訓練データの場合は31,500枚の画像があるので、プログラム内では (31500, 28, 28, 32)の4階テンソルで表現される。

▼Conv2D()メソッドで畳み込み層を作る (セル2)

```python
from tensorflow.keras.models import Sequential
from tensorflow.keras.layers import Conv2D,Dense, Flatten

model = Sequential()                      # Sequentialオブジェクトの生成

# 第1層
model.add(
    Conv2D(filters=32,                    # フィルターの数
           kernel_size=(5, 5),            # 5×5のフィルターを使用
           padding='same',                # ゼロパディングを行う
           input_shape=(28, 28, 1),       # 入力データの形状
           activation='relu'              # 活性化関数はReLU
    ))
```

filtersで2次元フィルターの数、kernel_sizeでフィルターのサイズをPythonのタプルの書き方で、

```python
kernel_size=(5, 5)
```

のように指定します。この場合、プログラム内部でフィルター1枚あたり、ランダムな値で初期化された5×5＝25個の重みが用意されます。フィルターの数は32なので、計800個の重み、それから各フィルターに0で初期化されたバイアスが1つずつ、計32個用意されます。

■Flatten層

最終的な目的は手書き数字の画像を読み取って、0～9に対応した10個のクラスに分類することなので、ソフトマックス関数を適用して10個のマルチクラス分類を行うことになります。このために、畳み込み層からの出力

(28, 28, 1)×畳み込み層のユニット数(32)

の(28, 28, 1)を(784)にフラット化する必要があります。そこで、Flatten層を配置して、

(784)×畳み込み層のユニット数(32) = (25088)

の形で出力層へ出力するようにします。

▼Flatten層の構造

ユニット数	784×32 (畳み込み層のユニット数) = 25,088
出力	ユニット数と同じ(25088)の1階テンソルを31,500 (訓練データの場合)出力するので、プログラム内では、2階テンソル(31500, 25088)で表現される。

▼Flatten層を配置して2次元のデータを1次元にフラット化する (セル2の続き)

```
model.add(Flatten())
```

結果、25,088個のユニットが出力層の10個のユニットと重みを通じて結合されることになります。

■出力層

10クラスのマルチクラス分類なので、出力層のニューロン数は10で、ソフトマックス関数による活性化を行います。

▼出力層

入力	(25088)の1階テンソルを31,500 (訓練データの場合)入力。プログラム内では、2階テンソル(31500, 25088)で表現される。
ユニット数	10
重みの数	25,088×10 = 250,880個
バイアスの数	10個

パラメーター数	重み (250,880) + バイアス (10) = 250,890
出力	要素数 (10) の1階テンソルを出力。これを訓練データの場合31,500出力するので、プログラム内では2階テンソル (31500, 10) として表現される。

▼出力層を含めた畳み込みニューラルネットワークのコード (セル2)

```python
# 畳み込みニューラルネットワーク


from tensorflow.keras.models import Sequential
from tensorflow.keras.layers import Conv2D,Dense, Flatten


model = Sequential()                    # Sequentialオブジェクトの生成


# 第1層
model.add(
    Conv2D(filters=32,                  # フィルターの数
           kernel_size=(5, 5),          # 5×5のフィルターを使用
           padding='same',              # ゼロパディングを行う
           input_shape=(28, 28, 1),     # 入力データの形状
           activation='relu'            # 活性化関数はReLU
           ))


# Flatten層
model.add(Flatten())


# 出力層
model.add(Dense(10,                     # 出力層のニューロン数は10
                activation='softmax'    # 活性化関数はソフトマックス
                ))


# オブジェクトのコンパイル
model.compile(
    loss='categorical_crossentropy',    # 損失の基準は交差エントロピー誤差
    optimizer='rmsprop',                # オプティマイザーはRMSprop
    metrics=['accuracy'])               # 学習評価として正解率を指定


# モデルの構造を出力。
model.summary()
```

▼出力

```
Model: "sequential_2"
_____
Layer (type)              Output Shape         Param #
=================================================================
conv1d_1 (Conv2D)         (None, 28, 28, 32)   832
_____
flatten_1 (Flatten)       (None, 25088)        0
_____
dense_1 (Dense)           (None, 10)           250890
=================================================================
Total params: 251,722
Trainable params: 251,722
Non-trainable params: 0
_____
```

conv1d_1が畳み込み層、flatten_1がFlatten層、dense_1が出力層です。

▼構築した畳み込みニューラルネットワークの構造

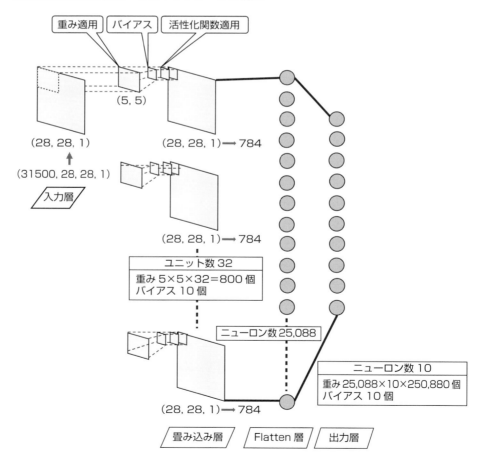

5.1 究極のディープラーニングで画像分類タスクを解く！

■畳み込みニューラルネットワーク（CNN）で画像認識を行う

　畳み込みニューラルネットワークによる訓練データの学習を行います。学習を繰り返す回数を20回とし、ミニバッチのサイズを20にして試してみます。

▼畳み込みニューラルネットワークで学習を行う（セル3）

```python
# 学習を行って結果を出力
history = model.fit(
    tr_x,                    # 訓練データ
    tr_y,                    # 正解ラベル
    epochs=20,               # 学習を繰り返す回数
    batch_size=100,          # ミニバッチの数
    verbose=1,               # 学習の進捗状況を出力する
    validation_data=(
        va_x, va_y           # 検証用データの指定
    ))
```

▼最終出力

```
Epoch 20/20
31500/31500 [==============================] - 11s 342us/step
 - loss: 0.0023 - accuracy: 0.9995 - val_loss: 0.1108 - val_accuracy: 0.9823
```

　検証データの正解率は98.23パーセントです。続いて、損失（誤り率）と正解率が学習ごとにどのように変化したか、訓練データ、検証データそれぞれについてグラフにしてみます。

▼損失と正解率（精度）の推移をグラフにする（セル4）

```python
# 損失と正解率（精度）の推移をグラフにする

%matplotlib inline
import matplotlib.pyplot as plt

# プロット図のサイズを設定
plt.figure(figsize=(15, 6))
# プロット図を縮小して図の間のスペースを空ける
plt.subplots_adjust(wspace=0.2)

# 1×2のグリッドの左(1,2,1)の領域にプロット
```

5.1 究極のディープラーニングで画像分類タスクを解く!

```python
plt.subplot(1, 2, 1)
# 訓練データの損失(誤り率)をプロット
plt.plot(history.history['loss'],
         label='training',
         color='black')
# 検証データの損失(誤り率)をプロット
plt.plot(history.history['val_loss'],
         label='test',
         color='red')
plt.ylim(0, 1)        # y軸の範囲
plt.legend()          # 凡例を表示
plt.grid()            # グリッド表示
plt.xlabel('epoch') # x軸ラベル
plt.ylabel('loss')  # y軸ラベル

# 1×2のグリッドの右(1,2,2)の領域にプロット
plt.subplot(1, 2, 2)
# 訓練データの正解率をプロット
plt.plot(history.history['accuracy'],
         label='training',
         color='black')
# 検証データの正解率をプロット
plt.plot(history.history['val_accuracy'],
         label='test',
         color='red')
plt.ylim(0.5, 1)      # y軸の範囲
plt.legend()          # 凡例を表示
plt.grid()            # グリッド表示
plt.xlabel('epoch') # x軸ラベル
plt.ylabel('acc')   # y軸ラベル
plt.show()
```

5.1 究極のディープラーニングで画像分類タスクを解く！

▼出力されたグラフ

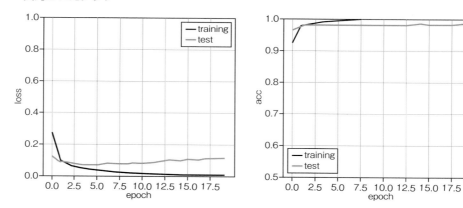

　検証データに注目すると、損失、正解率とも、4回目以降はほぼ横ばいになっています。これに対し、訓練データの損失（黒の線）は4回目以降も下がり続け、正解率（黒の線）は上昇を続けています。これは「過剰適合（over fitting）」＊が発生していることを示しているので、ドロップアウトの処理が必要です。さらに、画像の認識精度を高める処理を加えれば、精度をもっと高められそうですので、引き続き次項で見ていくことにしましょう。

＊過剰適合　**過学習**とも呼ばれる。

5.1.3　画像の歪みやズレを取り除いて精度99%越えを目指す

畳み込みニューラルネットワークでは、その性能を引き上げるための様々な手法が考案されていますが、これらの手法の中で、最も効果があるとされているのが、画像の歪みやピクセル値のズレによる影響を回避する**プーリング**と呼ばれる手法です。

■ プーリングの手法

プーリングには、**最大プーリング**や**平均プーリング**などの手法がありますが、中でも最大プーリングがシンプルで、最も効率的な処理とされています。最大プーリングは、2×2や3×3などの領域を決め、その領域の最大値を出力とします。これを領域のサイズだけずらし（ストライド）、同じように最大値を出力していきます。

▼2×2の最大プーリングを行う

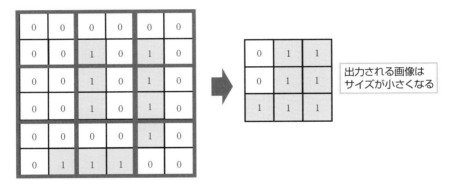

上の図は6×6=36の画像に2×2のプーリングを適用しています。この結果、出力は元の画像の4分の1のサイズになっています。サイズが4分の1になったということは、その分だけ情報が失われたことになります。では、この画像を1ピクセル右にスライドして2×2の最大プーリングを適用してみます。

▼元の画像を1ピクセル右にスライドして2×2の最大プーリングを行う

0	0	0	0	0	0
0	0	0	1	0	1
0	0	0	1	0	1
0	0	0	1	0	1
0	0	0	0	0	1
0	0	1	1	1	0

0	1	1
0	1	1
0	1	1

出力される画像は
元の画像からの
出力と似ている

元の画像を1ピクセル
右にずらしてみる

1ピクセル右にずらした画像からの出力は、スライドする前の画像の出力と形が似ています。これが最大プーリングのポイントです。人間の目で見て同じような形をしていても、少しのズレがあるとネットワークにはまったく別の形として認識されます。しかし、プーリングを適用すると、多少のズレであれば吸収してくれることが期待できます。

このようにプーリングは、入力画像の小さな歪みやズレ、変形による影響を受けにくくするというメリットがあります。プーリング層の出力は、例えば2×2の領域ならばその中の最大値だけなので、出力される画像のサイズは4分の1のサイズになります。しかし、このことによって多少のズレは吸収されてしまいます。

■ プーリングを備えた最適なCNNモデルをベイズ最適化で探索する

今回は、畳み込み層を複数配置し、ドロップアウト、プーリングを行い、Flatten層以降にも複数の全結合層を配置して、さらなる精度アップを狙います。第1層と第2層を畳み込み層とし、第3層をプーリング層とします。第4層以降に再び畳み込み層を配置し、プーリングやドロップアウトを経て全結合層、最後に出力層を配置します。

5.1 究極のディープラーニングで画像分類タスクを解く！

▼畳み込みニューラルネットワークのイメージ

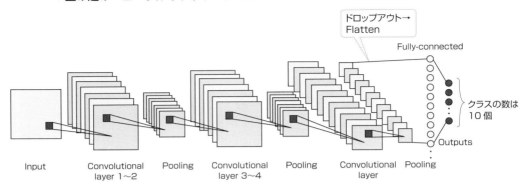

　ネットワークの構造とハイパーパラメーターの値は、ベイズ最適化を利用した次のプログラムで探索しました。

▼CNNのハイパーパラメーターを探索するプログラム（セル1）

```
# Hyperasをインストール
!pip install hyperas
```

▼データの前処理とモデルの生成（セル2）

```
# Hyperasはここでインポートする
from hyperopt import hp
from hyperopt import Trials, tpe
from hyperas import optim
from hyperas.distributions import choice, uniform

def prepare_data():
    """データを用意する。

    """
    # 関数で使用する外部ライブラリ
    import numpy as np
    import pandas as pd
    from sklearn.model_selection import KFold
    ## keras modules
    from tensorflow.keras.utils import to_categorical
    from tensorflow.keras.models import Sequential
    from tensorflow.keras.layers import Dense, Dropout, Flatten    # core layers
```

5.1 究極のディープラーニングで画像分類タスクを解く！

```python
from tensorflow.keras.layers import Conv2D, MaxPooling2D # convolution layers

# train.csvを読み込んでpandasのDataFrameに格納
train = pd.read_csv('/kaggle/input/digit-recognizer/train.csv')
train_x = train.drop(['label'], axis=1)   # trainから画像データを抽出
train_y = train['label']                   # trainから正解ラベルを抽出
test_x = pd.read_csv('/kaggle/input/digit-recognizer/test.csv')

# trainのデータを学習データと検証データに分ける。
kf = KFold(n_splits=4, shuffle=True, random_state=123)
tr_idx, va_idx = list(kf.split(train_x))[0]
tr_x, va_x = train_x.iloc[tr_idx], train_x.iloc[va_idx]
tr_y, va_y = train_y.iloc[tr_idx], train_y.iloc[va_idx]

# 画像のピクセル値を255.0で割って0～1.0の範囲にしてnumpy.arrayに変換
tr_x, va_x = np.array(tr_x / 255.0), np.array(va_x / 255.0)

# 画像データの2階テンソルを
# (高さ = 28px, 幅 = 28px , チャンネル = 1)の
# 3階テンソルに変換
# グレースケールのためチャンネルは1。
tr_x = tr_x.reshape(-1,28,28,1)
va_x = va_x.reshape(-1,28,28,1)

# 正解ラベルをOne-Hot表現に変換
tr_y = to_categorical(tr_y, 10)
va_y = to_categorical(va_y, 10)


return tr_x, tr_y, va_x, va_y

def create_model(tr_x, tr_y):
    """モデルを生成する。

    """
    # Sequentialオブジェクトを生成
    model = Sequential()

    # 第1層のフィルター数、フィルターのサイズを探索
    model.add(Conv2D( filters={{choice([32, 64])}},
                      kernel_size={{choice([(3,3), (5,5), (7,7)])}},
```

245

5.1 究極のディープラーニングで画像分類タスクを解く！

```python
                      padding='same',
                      activation={{choice(['tanh', 'relu'])}},
                      input_shape=(28,28,1)))

# 第2層のフィルター数、フィルターのサイズを探索
model.add(Conv2D(filters = {{choice([32, 64])}},
                 kernel_size = {{choice([(3,3), (5,5), (7,7)])}},
                 padding='same',
                 activation={{choice(['tanh', 'relu'])}}
                 ))

# 第3層に2×2のプーリング層を配置
model.add(MaxPooling2D(pool_size=(2,2)))

# ドロップアウト率を探索。
model.add(Dropout(
    {{quniform(0.2, 0.6, 0.05)}}
    ))

# 第4層のフィルター数、フィルターのサイズを探索
model.add(Conv2D(filters={{choice([32, 64])}},
                 kernel_size={{choice([(3,3), (5,5), (7,7)])}},
                 padding='same',
                 activation='relu'))

# 第5層のフィルター数、フィルターのサイズを探索
model.add(Conv2D(filters = {{choice([32, 64])}},
                 kernel_size = {{choice([(3,3), (5,5), (7,7)])}},
                 padding='same',
                 activation={{choice(['tanh', 'relu'])}}
                 ))

# 第6層に2×2のプーリング層を配置
model.add(MaxPooling2D(pool_size=(2,2)))

# ドロップアウト率を探索。
model.add(Dropout(
    {{quniform(0.2, 0.6, 0.05)}}
    ))
```

5.1 究極のディープラーニングで画像分類タスクを解く！

```python
# Flatten層を配置
model.add(Flatten())


# 追加する層の数を1,2の中から探索
if {{choice(['one', 'two'])}} == 'one':
    """ oneが選択されたら第6層を配置してユニット数、
        活性化関数、ドロップアウト率を探索する
    """
    # 第7層
    model.add(Dense(
        {{choice([500, 600, 700])}},
        activation={{choice(['tanh', 'relu'])}}
    ))
    model.add(Dropout(
        {{quniform(0.1, 0.6, 0.05)}}
    ))

elif {{choice(['one', 'two'])}} == 'two':
    """ twoが選択されたら第6層、第7層を配置してユニット数、
        活性化関数、ドロップアウト率を探索する
    """
    # 第7層
    model.add(Dense(
        {{choice([500, 600, 700])}},
        activation={{choice(['tanh', 'relu'])}}
    ))
    model.add(Dropout(
        {{quniform(0.1, 0.6, 0.05)}}
    ))


    # 第8層
    model.add(Dense(
        {{choice([100, 150, 200])}},
        activation={{choice(['tanh', 'relu'])}}
    ))
    model.add(Dropout(
        {{quniform(0.2, 0.6, 0.05)}}
    ))


# 出力層を配置。
```

5.1 究極のディープラーニングで画像分類タスクを解く！

```python
    model.add(Dense(10, activation = "softmax"))


    # モデルのコンパイル。
    # オプティマイザーをAdamとRMSpropで試す
    model.compile( loss="categorical_crossentropy",
                   optimizer={{choice(['adam', 'rmsprop'])}},
                   metrics=["accuracy"])


    # 学習回数は30回
    epoch = 30
    # ミニバッチのサイズを100と200で試す。
    batch_size = {{choice([100, 200, 300])}}
    result = model.fit(tr_x, tr_y,
                       epochs=epoch,
                       batch_size=batch_size,
                       validation_data=(va_x, va_y),
                       verbose=0)


    # 簡易的に訓練時の結果を出力する
    validation_acc = np.amax(result.history['val_accuracy'])
    print('Best validation acc of epoch:', validation_acc)


    # validation_accの値を最小化するように探索する
    return {'loss': -validation_acc, 'status': STATUS_OK, 'model': model}


# 探索の実行。試行回数は100とする
best_run, best_model = optim.minimize( model=create_model,
                                       data=prepare_data,
                                       algo=tpe.suggest,
                                       max_evals=100,
                                       eval_space=True,
                                       notebook_name='__notebook_source__',
                                       trials=Trials())
```

5.1 究極のディープラーニングで画像分類タスクを解く！

▼探索結果の出力

```
# 最も精度が優れていたモデルを出力。
print(best_model.summary())
# 最も精度が優れていたパラメーター値を出力。
print(best_run)


# 探索したモデルを検証用データで検証する。
_, _, va_x, va_y = prepare_data()
val_loss, val_acc = best_model.evaluate(va_x, va_y)
print("val_loss: ", val_loss) # 損失を出力。
print("val_acc: ", val_acc)   # 精度を出力。
```

▼出力された結果

```
Model: "sequential_54"

Layer (type)                   Output Shape          Param #

conv2d_213 (Conv2D)            (None, 28, 28, 32)    832

conv2d_214 (Conv2D)            (None, 28, 28, 64)    100416

max_pooling2d_107 (MaxPoolin)  (None, 14, 14, 64)    0

dropout_172 (Dropout)          (None, 14, 14, 64)    0

conv2d_215 (Conv2D)            (None, 14, 14, 64)    102464

conv2d_216 (Conv2D)            (None, 14, 14, 32)    18464

max_pooling2d_108 (MaxPoolin)  (None, 7, 7, 32)      0

dropout_173 (Dropout)          (None, 7, 7, 32)      0

flatten_54 (Flatten)           (None, 1568)          0

dense_119 (Dense)              (None, 700)           1098300

dropout_174 (Dropout)          (None, 700)           0

dense_120 (Dense)              (None, 150)           105150

dropout_175 (Dropout)          (None, 150)           0

dense_121 (Dense)              (None, 10)            1510

Total params: 1,427,136

Trainable params: 1,427,136

Non-trainable params: 0

None
{'Dense': 500,
```

```
 'Dense_1': 700,
 'Dense_2': 150,
 'Dropout': 0.5,
 'Dropout_1': 0.55,
 'Dropout_2': 'two',
 'Dropout_3': 0.30000000000000004,
 'Dropout_4': 'two',
 'Dropout_5': 0.30000000000000004,
 'Dropout_6': 0.35000000000000003,
 'activation': 'relu',
 'activation_1': 'relu',
 'activation_2': 'relu',
 'activation_3': 'relu',
 'activation_4': 'relu',
 'activation_5': 'relu',
 'batch_size': 100,
 'filters': 32,
 'filters_1': 64,
 'filters_2': 64,
 'filters_3': 32,
 'kernel_size': (5, 5),
 'kernel_size_1': (7, 7),
 'kernel_size_2': (5, 5),
 'kernel_size_3': (3, 3),
 'optimizer': 'adam'}
10500/10500 [==============================] - 1s 109us/step
val_loss:  0.03138714134655685
val_acc:  0.993238091468811
```

　学習回数を30回と多めにとり、探索を行いました。探索のための試行回数は100回にして、十分な探索を試みましたが、GPUを使用しても3時間程度かかりました。50回程度でも適切なパラメーターが見つかる可能性もあるので、まずは50回程度で試してみるのもよいかもしれません。

■プーリングを実装したCNNで精度99.31%を叩き出す！

探索の結果、MNISTデータの解析に適したパラメーターは、次のようになりました。

• 入力層（データサイズにより固定）

出力	(28, 28, 1)の3階テンソルをデータの数だけ出力。

• 畳み込み層1

フィルターの数	32
フィルターのサイズ	5×5
パラメーター数	(5×5×32)＋バイアス32＝832
活性化関数	ReLU
出力	1フィルターあたり(28, 28, 1)の3階テンソルを32フィルターから出力するので(28, 28, 32)の出力。訓練データは31,500枚なので、プログラム内では(31500, 28, 28, 32)の4階テンソルで表現される。

• 畳み込み層2

フィルターの数	64
フィルターのサイズ	7×7
パラメーター数	前層のフィルター数32×(7×7×64)＋バイアス64＝100,416
活性化関数	ReLU
出力	1フィルターあたり(28, 28, 1)の3階テンソルを64フィルターから出力するので(28, 28, 64)の出力。訓練データの場合は、(31500, 28, 28, 64)の4階テンソルで表現。

• プーリング層1

ウィンドウの数	64（前層のフィルター数と同じ）
ウィンドウサイズ	2×2
出力	1ウィンドウあたり(14, 14, 1)の3階テンソルを64ウィンドウから出力するので(14, 14, 64)の出力。訓練データの場合は、(31500, 14, 14, 64)の4階テンソルで表現。

• ドロップアウト

ドロップアウト率	0.5
出力	前層の出力と同じ(14, 14, 64)の3階テンソルを出力。訓練データの場合は、(31500, 14, 14, 64)の4階テンソル。

5.1 究極のディープラーニングで画像分類タスクを解く！

・畳み込み層3

フィルターの数	64
フィルターのサイズ	5×5
パラメーター数	前層のユニット数64×(5×5×64)+バイアス64＝102,464
活性化関数	ReLU
出力	1フィルターあたり(14, 14, 1)の3階テンソルを64フィルターから出力するので(14, 14, 64)の出力。訓練データの場合は、(31500, 14, 14, 64)の4階テンソルで表現。

・畳み込み層4

フィルターの数	32
フィルターのサイズ	3×3
パラメーター数	前層のフィルター数64×(3×3×32)+バイアス32＝18,464
活性化関数	ReLU
出力	1フィルターあたり(14, 14, 1)の3階テンソルを32フィルターから出力するので(14, 14, 32)の出力。訓練データの場合は、(31500, 14, 14, 32)の4階テンソルで表現。

・プーリング層2

ウィンドウの数	32（前層のフィルター数と同じ）
ウィンドウサイズ	2×2
出力	1ウィンドウあたり(7, 7, 1)の3階テンソルを32ウィンドウから出力するので(7, 7, 32)の出力。訓練データの場合は、(31500, 7, 7, 32)の4階テンソルで表現。

・ドロップアウト

ドロップアウト率	0.55
出力	前層の出力と同じ(7, 7, 32)の3階テンソルを出力。訓練データの場合は、(31500, 7, 7, 32)の4階テンソルで表現。

・Flatten層

ユニット数	7×7×32＝1,568
出力	1,568にフラット化された1階テンソルを出力。訓練データの場合は、(31500, 1568)の2階テンソルで表現。

・全結合層1

ユニット数	700
パラメーター数	重みとしてFlatten層のユニット数1,568×700＝1,097,600 重み1,097,600+バイアス700＝1,098,300
活性化関数	ReLU
出力	(700)の1階テンソルを出力。訓練データの場合は、(31500, 700)の2階テンソル。

5.1 究極のディープラーニングで画像分類タスクを解く！

• 全結合層2

ユニット数	150
パラメーター数	重みとして前層のユニット数700×150＝105,000 重み105,000＋バイアス150＝105,150
活性化関数	ReLU
出力	(150)の1階テンソルを出力。訓練データの場合は、(31,500, 150)の2階テンソル。

• 出力層

ユニット数	10
パラメーター数	重みとして前層のユニット数150×10＝1,500 重み1,500＋バイアス10＝1,510
活性化関数	ソフトマックス
出力	(10)の1階テンソルを出力。訓練データの場合は、(31,500, 10)の2階テンソル。

　　では、新しいノートブックを作成して、CNNのモデルを作成し、学習を行ってみます。学習回数は20回、ミニバッチの数は100とします。

▼特徴量の作成（セル1）

```
import numpy as np
import pandas as pd
from sklearn.model_selection import KFold
from tensorflow.keras.utils import to_categorical


# train.csvを読み込んでpandasのDataFrameに格納
train = pd.read_csv('/kaggle/input/digit-recognizer/train.csv')
train_x = train.drop(['label'], axis=1)    # trainから画像データを抽出
train_y = train['label']                   # trainから正解ラベルを抽出
test_x = pd.read_csv('/kaggle/input/digit-recognizer/test.csv')


# trainのデータを学習データと検証データに分ける。
kf = KFold(n_splits=4, shuffle=True, random_state=123)
tr_idx, va_idx = list(kf.split(train_x))[0]
tr_x, va_x = train_x.iloc[tr_idx], train_x.iloc[va_idx]
tr_y, va_y = train_y.iloc[tr_idx], train_y.iloc[va_idx]


# 画像のピクセル値を255.0で割って0～1.0の範囲にしてnumpy.arrayに変換
tr_x, va_x = np.array(tr_x / 255.0), np.array(va_x / 255.0)
```

253

5.1 究極のディープラーニングで画像分類タスクを解く！

```python
# 画像データの2階テンソルを
# (高さ = 28px, 幅 = 28px , チャンネル = 1)の
# 3階テンソルに変換
# グレースケールのためチャンネルは1。
tr_x = tr_x.reshape(-1,28,28,1)
va_x = va_x.reshape(-1,28,28,1)

# 正解ラベルをOne-Hot表現に変換
tr_y = to_categorical(tr_y, 10)
va_y = to_categorical(va_y, 10)
```

▼モデルの生成（セル2）

```python
# モデルを生成する
from tensorflow.keras.models import Sequential
from tensorflow.keras.layers import Dense, Dropout, Flatten      # core layers
from tensorflow.keras.layers import Conv2D, MaxPooling2D         # convolution layers

# Sequentialオブジェクトを生成
model = Sequential()

# 第1層:畳み込み層
model.add(Conv2D(filters=32,
                 kernel_size=(5,5),
                 padding='same',
                 activation='relu',
                 input_shape=(28,28,1)))

# 第2層:畳み込み層
model.add(Conv2D(filters = 64,
                 kernel_size = (7,7),
                 padding='same',
                 activation='relu'))

# 第3層:プーリング層
model.add(MaxPooling2D(pool_size=(2,2)))

# ドロップアウト
model.add(Dropout(0.5))
```

```python
# 第4層：畳み込み層
model.add(Conv2D(filters=64,
                 kernel_size=(5,5),
                 padding='same',
                 activation='relu'))

# 第5層：畳み込み層
model.add(Conv2D(filters = 32,
                 kernel_size = (3,3),
                 padding='same',
                 activation='relu'))

# 第6層：プーリング層
model.add(MaxPooling2D(pool_size=(2,2)))

# ドロップアウト
model.add(Dropout(0.55))

# Flatten層
model.add(Flatten())

# 第7層：全結合層
model.add(Dense(700, activation='relu'))
model.add(Dropout(0.3))

# 第8層：全結合層
model.add(Dense(150, activation='relu'))
model.add(Dropout(0.35))

# 第10層：出力層
model.add(Dense(10, activation = "softmax"))

# モデルのコンパイル
# オプティマイザーはAdam
momentum = 0.5
model.compile(loss="categorical_crossentropy",
              optimizer='adam',
              metrics=["accuracy"])
```

5.1 究極のディープラーニングで画像分類タスクを解く！

▼学習を行って結果を出力（セル3）

```
# ミニバッチのサイズ
batch_size = 100
# 学習回数
epochs = 20
# 学習を行う
history = model.fit(tr_x, tr_y,              # 訓練データ
                    batch_size=batch_size,    # ミニバッチのサイズ
                    epochs=epochs,            # 学習回数
                    verbose=1,                # 学習の進捗状況を出力する
                    validation_data=(va_x,va_y) # 検証データ
                    )
```

▼最終出力

```
Epoch 20/20
31500/31500 [==============================] - 295s 9ms/step - loss: 0.0292 -
accuracy: 0.9911 - val_loss: 0.0252 - val_accuracy: 0.9931
```

▼損失と精度の推移をグラフにする（セル4）

```
%matplotlib inline
import matplotlib.pyplot as plt

# プロット図のサイズを設定
plt.figure(figsize=(15, 6))
# プロット図を縮小して図の間のスペースを空ける
plt.subplots_adjust(wspace=0.2)
# 1×2のグリッドの左(1,2,1)の領域にプロット
plt.subplot(1, 2, 1)
# 訓練データの損失(誤り率)をプロット
plt.plot(history.history['loss'],
         label='training',
         color='black')
# 検証データの損失(誤り率)をプロット
plt.plot(history.history['val_loss'],
         label='test',
         color='red')
plt.ylim(0, 1)          # y軸の範囲
plt.legend()            # 凡例を表示
plt.grid()              # グリッド表示
plt.xlabel('epoch') # x軸ラベル
```

```
plt.ylabel('loss')      # y軸ラベル
# 1×2のグリッドの右(1,2,2)の領域にプロット
plt.subplot(1, 2, 2)
# 訓練データの正解率をプロット
plt.plot(history.history['accuracy'],
         label='training',
         color='black')
# 検証データの正解率をプロット
plt.plot(history.history['val_accuracy'],
         label='test',
         color='red')
plt.ylim(0.5, 1)        # y軸の範囲
plt.legend()            # 凡例を表示
plt.grid()              # グリッド表示
plt.xlabel('epoch')     # x軸ラベル
plt.ylabel('acc')       # y軸ラベル
plt.show()
```

▼出力されたグラフ

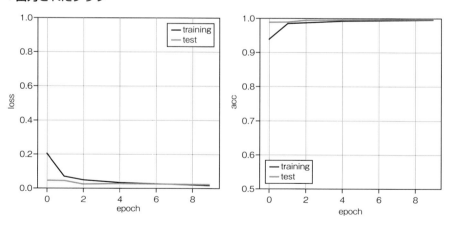

　損失のグラフを見てみると、4回を超える辺りで訓練データ、検証データの線が重なっていて、前回のように訓練データだけが下降するようなことにはなっていません。プーリングとドロップアウトの効果で過剰適合が起きていないようです。
　一方、正解率のグラフも4回を超える辺りで訓練データ、検証データの線が重なっていて、以降は同じように少しずつ上昇しているのが見てとれます。結果、0.9921％の精度を達成することができました。次節では、さらに精度を上げるべく、「データ拡張」という手法について見ていきたいと思います。

5.2 データ拡張でCNNを賢くする

> **Point**
> ◎画像をランダムに拡大、回転させる拡張処理を加えることで、1枚の画像から何通りか
> のパターンを作り出し、学習に用いるデータ量を増やす方法を確認します。
> ◎画像データに拡張処理を加えたうえでCNNのモデルで学習し、予測精度を向上させます。
>
> **分析コンペ**
>
> Digit Recognizer

　画像認識の精度を向上させるテクニックに**データ拡張**（Data Augmentation）が
あります。訓練データの画像に対して、移動や回転、拡大／縮小などの人工的な処理
をランダムに加えることで微妙に異なるパターンを作成し、ネットワークに学習させ
ようというものです。

5.2.1 画像全体の移動・反転・拡大でいろいろなパターンを作り出す

　データ拡張を行うと、学習を行うたびに微妙に異なる画像が生成されるので、同じ
画像で何パターンかを学習できることになり、認識精度の向上が期待できます。端的
にいえば、データ数を水増して、認識精度を向上させようというものです。

　tensorflow.kerasには、画像データの拡張を行うImageDataGeneratorという
クラスが用意されていますので、大量のデータに対して簡単に拡張処理を適用できま
す。

5.2 データ拡張でCNNを賢くする

□tensorflow.keras.preprocessing.ImageDataGenerator()

ImageDataGeneratorオブジェクトを生成します。

書式	tensorflow.keras.preprocessing.image.ImageDataGenerator(　　featurewise_center=False, 　　samplewise_center=False, 　　featurewise_std_normalization=False, 　　samplewise_std_normalization=False, 　　zca_whitening=False, 　　zca_epsilon=1e-06, 　　rotation_range=0.0, 　　width_shift_range=0.0, 　　height_shift_range=0.0, 　　brightness_range=None, 　　shear_range=0.0, 　　zoom_range=0.0, 　　channel_shift_range=0.0, 　　fill_mode='nearest', 　　cval=0.0, 　　horizontal_flip=False, 　　vertical_flip=False, 　　rescale=None, 　　preprocessing_function=None, 　　data_format=None, 　　validation_split=0.0)	
引数	featurewise_center=False	データセット全体からの入力の平均を0にします。
	samplewise_center=False	各サンプルの平均を0にします。
	featurewise_std_normalization=False	入力をデータセットの標準偏差で正規化します。
	samplewise_std_normalization=False	各入力を、その標準偏差で正規化します。
	zca_whitening=False	ZCA白色化を適用します。
	rotation_range=0.0	画像をランダムに回転する回転範囲を角度で指定します。
	width_shift_range=0.0	ランダムに水平シフトする範囲を横サイズに対する割合で指定します。
	height_shift_range=0.0	ランダムに垂直シフトする範囲を縦サイズに対する割合で指定します。
	shear_range=0.0	シアー変換をかける範囲を反時計回りの角度で指定します。斜め方向に引き伸ばすような効果が加えられます。
	zoom_range=0.0	ランダムにズームする範囲を指定します。
	channel_shift_range=0.0	ランダムにチャンネルをシフトする範囲を指定します。RGB値がランダムにシフトします。
	horizontal_flip=False	水平方向にランダムに反転させます（左右反転）。
	vertical_flip=False	垂直方向にランダムに反転させます（上下反転）。

5.2 データ拡張でCNNを賢くする

□ImageDataGenerator.flow() メソッド

ImageDataGeneratorオブジェクトに設定された内容で画像データを加工します。

書式	flow(x, y=None, batch_size=32, shuffle=True,	
	save_to_dir=None, save_prefix='', save_format='png'	
	)	
引数	x	画像データ。4階テンソルである必要があります。
	y	正解ラベル。
	batch_size	生成する拡張画像の数。
	shuffle	画像をシャッフルするかどうか。デフォルトはFalse（シャッフルしない）。
	save_to_dir	生成された拡張画像を保存するフォルダー。
	save_prefix	画像を保存する際にファイル名に付けるプリフィックス（接頭辞）。
	save_format='png'	拡張画像を保存するときのファイル形式。'png'または 'jpeg'。save_to_dirを設定した場合のみ有効。

■ **MNISTのデータを拡張処理してみる**

実際に画像がどのように加工されるのか、新規のノートブックを作成して確かめてみましょう。何パターンかを出力しますので、先に画像の出力を行う関数を作成しておきます。

▼描画を行う関数（セル1）

```
%matplotlib inline
import matplotlib.pyplot as plt


def draw(X):
    '''描画を行う関数

    X: (28, 28, 1) の形状をした画像データのリスト
    '''
    plt.figure(figsize=(8, 8))        # 描画エリアは8×8インチ
    pos = 1                           # 画像の描画位置を保持

    # 画像の枚数だけ描画処理を繰り返す
    for i in range(X.shape[0]):
```

260

5.2 データ拡張でCNNを賢くする

```python
        plt.subplot(4, 4, pos)  # 4×4の描画領域のpos番目の位置
        # インデックスiの画像を(28,28)の形状に変換して描画
        plt.imshow(X[i].reshape((28,28)),interpolation='nearest')
        plt.axis('off')          # 軸目盛は非表示
        pos += 1
    plt.show()
```

▼ MNISTデータセットの読み込みとデータの前処理（セル2）

```python
import numpy as np
import pandas as pd
from sklearn.model_selection import KFold
from tensorflow.keras.utils import to_categorical

# train.csvを読み込んでpandasのDataFrameに格納
train = pd.read_csv('/kaggle/input/digit-recognizer/train.csv')
tr_x = train.drop(['label'], axis=1) # trainから画像データを抽出
train_y = train['label']                 # trainから正解ラベルを抽出

# 画像のピクセル値を255.0で割って0〜1.0の範囲にしてnumpy.arrayに変換
tr_x = np.array(tr_x / 255.0)

# 画像データの2階テンソルを
# (高さ = 28px, 幅 = 28px , チャンネル = 1)の
# 3階テンソルに変換
# グレースケールのためチャンネルは1
tr_x = tr_x.reshape(-1,28,28,1)

# 正解ラベルをOne-Hot表現に変換
tr_y = to_categorical(train_y, 10)

# テストで使用する画像の枚数
batch_size = 16
```

まず、加工後の状態がわかるように、オリジナルの画像を表示しておきます。

▼ オリジナルの画像を表示

```python
draw(tr_x[0:batch_size])
```

261

5.2 データ拡張でCNNを賢くする

▼オリジナルの画像16枚

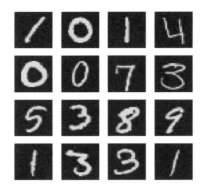

□ 画像を回転させる

　ImageDataGenerator()のrotation_rangeオプションで、指定した角度の範囲でランダムに画像を回転する処理を加えてみます。

▼画像をランダムに回転させる

```
# ImageDataGeneratorのインポート
from tensorflow.keras.preprocessing.image import ImageDataGenerator

# 回転処理　最大90度
datagen = ImageDataGenerator(rotation_range=90)
g = datagen.flow(              # バッチサイズの数だけ拡張データを作成
    tr_x, tr_y, batch_size, shuffle=False)
X_batch, y_batch = g.next()    # 拡張データをリストに格納
draw(X_batch)                  # 描画
```

▼出力

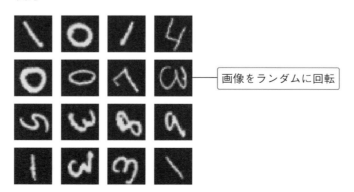

画像をランダムに回転

□ 画像を平行移動

　width_shift_rangeオプションは、画像全体を水平方向に移動します。設定値は、画像の横サイズに対する割合です。指定した割合の範囲でランダムに画像が左右に移動します。

▼最大で横サイズの0.5の割合で平行移動

```
# 平行移動　最大0.5
datagen = ImageDataGenerator(width_shift_range=0.5)
g = datagen.flow(                    # バッチサイズの数だけ拡張データを作成
    tr_x, tr_y, batch_size, shuffle=False)
X_batch, y_batch = g.next()          # 拡張データをリストに格納
draw(X_batch)                        # 描画
```

▼出力

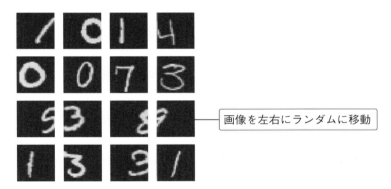

画像を左右にランダムに移動

□ 画像を垂直移動

　height_shift_rangeオプションは、画像全体を垂直方向に移動します。設定値は、画像の縦サイズに対する割合です。

▼垂直移動　最大で縦サイズの0.5

```
# 垂直移動　最大0.5
datagen = ImageDataGenerator(height_shift_range=0.5)
g = datagen.flow(                    # バッチサイズの数だけ拡張データを作成
    tr_x, tr_y, batch_size, shuffle=False)
X_batch, y_batch = g.next()          # 拡張データをリストに格納
draw(X_batch)                        # 描画
```

▼出力

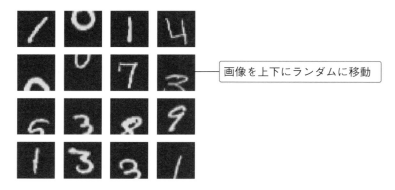

画像を上下にランダムに移動

□ **画像をランダムに拡大**

zoom_rangeオプションは、画像全体をランダムに拡大します。

▼ランダムに拡大　最大倍率0.5

```
# ランダムに拡大　最大0.5
datagen = ImageDataGenerator(zoom_range=0.5)
g = datagen.flow(             # バッチサイズの数だけ拡張データを作成
    tr_x, tr_y, batch_size, shuffle=False)
X_batch, y_batch = g.next()   # 拡張データをリストに格納
draw(X_batch)                 # 描画
```

▼出力

画像をランダムに拡大

□ 画像を左右反転

horizontal_flipオプションは、画像の左右をランダムに反転させます。

▼ランダムに左右を反転

```
datagen = ImageDataGenerator(horizontal_flip=True)
g = datagen.flow(              # バッチサイズの数だけ拡張データを作成
    tr_x, tr_y, batch_size, shuffle=False)
X_batch, y_batch = g.next()    # 拡張データをリストに格納
draw(X_batch)                  # 描画
```

▼出力

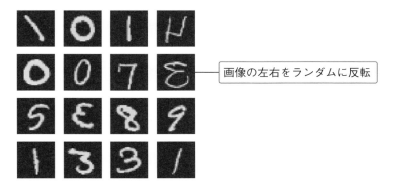

画像の左右をランダムに反転

□ 画像を上下反転

vertical_flipオプションは、画像の上下をランダムに反転させます。

▼上下をランダムに反転

```
datagen = ImageDataGenerator(vertical_flip=True)
g = datagen.flow(              # バッチサイズの数だけ拡張データを作成
    tr_x, tr_y, batch_size, shuffle=False)
X_batch, y_batch = g.next()    # 拡張データをリストに格納
draw(X_batch)                  # 描画
```

▼出力

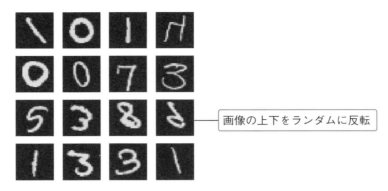

画像の上下をランダムに反転

5.2.2 画像を拡張処理して精度99.34パーセントを達成する

　手書き数字の画像に、左右への移動、上下への移動、回転、拡大の4つの処理を加えてみることにします。一方、Kerasには、このようにして生成した拡張データを使って学習するための専用のメソッドが用意されています。

□**tensorflow.kerasModel.fit_generator()メソッド**

　ImageDataGeneratorで生成された拡張データで学習を行います。ただし、TensorFlow2.0においてKerasライブラリが統合された際に、Model.fit()メソッドがImageDataGeneratorに対応するようになりましたので、現在、このメソッドは非推奨となっています。したがいまして、ここでは従来のModel.fit()メソッドで学習を行うことにします。

書式	fit_generator(　　generator, steps_per_epoch=None, epochs=1, verbose=1, 　　callbacks=None, validation_data=None, shuffle=True)	
引数	generator	拡張データを生成するジェネレーターを指定します。
	steps_per_epoch	1回の学習におけるステップ数。通常はデータサイズをバッチサイズで割った値（整数値）を指定します。
	epochs	学習する回数。
	verbose	進行状況の表示モード。 0 = 表示なし 1 = プログレスバー 2 = 各試行ごとに1行の出力

callbacks	学習時にコールバック（呼び出し）する関数を指定します。学習率のスケジュールを管理する関数の場合は、callbacks=[LearningRateScheduler(関数名)]のように記述します。	
validation_data	検証用データを指定します。	
shuffle	画像をシャッフルするかどうか。デフォルトはFalse（シャッフルしない）。	

■拡張処理後のMNISTデータを学習させてみる

新規のノートブックのセル1にデータを前処理するコード、セル2にモデルを生成するコードを入力します。コードは前回とまったく同じものを入力します。

▼データを読み込んで前処理を行う（セル1）

252ページ「特微量の作成（セル1）」と同じコード

▼モデルを生成する（セル2）

253ページ「モデルの生成（セル2）」と同じコード

では、データの拡張処理を行って学習を行う部分を作成します。

▼拡張データを使って学習を行う（セル3）

```python
from tensorflow.keras.preprocessing.image import ImageDataGenerator

# データ拡張
datagen = ImageDataGenerator(
    width_shift_range=0.1,    # 横サイズの0.1の割合でランダムに水平移動
    height_shift_range=0.1,   # 縦サイズの0.1の割合でランダムに垂直移動
    rotation_range=10,        # 10度の範囲でランダムに回転させる
    zoom_range=0.1            # 元サイズの0.1の割合でランダムに拡大
    )

# ミニバッチのサイズ
batch_size = 100
# 学習回数
epochs = 20
```

5.2 データ拡張でCNNを賢くする

```
# 学習を行う
history = model.fit(
    # 拡張データをミニバッチの数だけ生成
    # 出力は正規化される
    datagen.flow(tr_x,
                 tr_y,
                 batch_size=batch_size),
    # 1回の学習におけるステップ数
    # 画像の枚数をミニバッチのサイズで割った整数値
    steps_per_epoch=tr_x.shape[0] // batch_size,
    epochs=epochs, # 学習回数
    verbose=1,      # 学習の進捗状況を出力する
    # 検証用データ
    validation_data=(va_x,va_y))
```

　fit_generator()メソッドの第1引数で、ImageDataGeneratorオブジェクトから
flow()メソッドを実行して、拡張処理した画像を訓練に使用するようにしています。
このとき、steps_per_epochオプションで、

　　tr_x.shape[0] // batch_size

として、画像の枚数をミニバッチのサイズで割った数を1エポックあたりのステップ
数としていることに注意してください。

▼実行結果の最終出力
```
Epoch 20/20
315/315 [==============================] - 293s 930ms/step
 - loss: 0.0460 - accuracy: 0.9860 - val_loss: 0.0256 - val_accuracy: 0.9934
```

6章
学習率とバッチサイズについての考察

6.1 学習率をスケジューリングする

Point

◎学習率を動的に変化させることで、精度が向上することがわかっています。ここでは、学習率をスケジューリングする各種の手法を確認します。

　　　CNNのようなディープなニューラルネットワークをトレーニングする場合、トレーニングが進むにつれて学習率を下げると、精度が上がることがよくあります。Kerasに用意されている確率的勾配降下法（SGD）をはじめとするオプティマイザーには、デフォルトの学習率が事前に設定されていますが、これを任意の値に変更し、学習の経過と共に学習率を段階的に下げるようにプログラミングするというものです。

6.1.1　学習率をスケジューリングするいくつかの手法

　　学習率のスケジューリングは、事前に定義したスケジュールに従って学習率を下げることにより、トレーニング中に学習率を調整します。学習率のスケジューリングは、一般的にSGD（確率的勾配降下法）に対して行うのが基本とされていますが、学習率の自己調整機能（適応学習率法）を備えたAdamやRMSpropなどのオプティマイザーに対して行っても有効であることが、多くの研究者によって報告されています。

6.1 学習率をスケジューリングする

▼主なオプティマイザーのパラメーターの事前設定値

• SGD

tensorflow.keras.optimizers.SGD(lr=0.01, momentum=0.0, decay=0.0, nesterov=False)		
パラメーター	lr＝0.01	学習率。
	momentum =0.0	momentum（慣性項）を適用する場合、その運動量（適用する勢いの量）を指定する。
	decay=0.0	各更新の学習率を減衰させる割合。設定する場合は、0以上の浮動小数点数を指定する。
	nesterov =False	momentum（慣性項）を適用するかどうか。

• Adam

tensorflow.keras.optimizers.Adam(　lr=0.001, beta_1=0.9, beta_2=0.999, epsilon=None, decay=0.0, amsgrad=False)		
パラメーター	lr=0.001	学習率。
	beta_1=0.9	1次モーメント推定の指数関数的減衰率。
	beta_2=0.999	2次モーメント推定の指数関数的減衰率。
	epsilon=None	パラメーターの更新量を計算するときの分母が0にならないようにするための極小値。Noneの場合は1e-07になる。
	decay=0.0	各更新の学習率を減衰させる割合。設定する場合は、0以上の浮動小数点数を指定する。
	amsgrad=False	Adamの変種であるAMSGradを適用するかどうか。

• RMSprop

tensorflow.keras.optimizers.RMSprop(lr=0.001, rho=0.9, epsilon=None, decay=0.0)		
パラメーター	lr=0.001	学習率。
	rho=0.9	指数加重平均を計算するときに使用する、0から1の範囲の値。1に近い値は移動平均をゆっくりと減衰させ、0に近い値は移動平均を速く減衰させる。学習率の減衰係数と考えることができ、RMSpropではデフォルトでdecay（各更新の学習率を減衰させる割合）ではなく、rhoで学習率の減衰を行う。
	epsilon=None	パラメーターの更新量を計算するときの分母が0にならないようにするための極小値。Noneの場合は1e-07になる。
	decay=0.0	各更新の学習率を減衰させる割合として、0以上の浮動小数点数を指定する。デフォルトで0。

　さて、注目の学習率のスケジューリングですが、時間ベースの減衰、ステップ減衰、指数関数減衰の3つの手法がありますので、実装方法と共に見ていくことにしましょう。

6.1 学習率をスケジューリングする

■時間ベースの減衰

時間ベースの減衰の式、

$$lr = \frac{lr_{base}}{1+kt}$$

をソースコードで表現すると、

lr = lr_base /(1 + k*t)

となります。lrが学習率、lr_{base}がベースとなる（スタート時の）学習率、kが減退率を示すハイパーパラメーター、tが反復（学習）回数です。KerasのSGDオプティマイザーで実装する場合のコードは、次のようになります。

▼SGDで時間ベースの減衰を実装する部分のコードの例

```
learning_rate = 0.1                 # ベースにする学習率
decay_rate = learning_rate / epochs # 1エポックごとの減衰率
momentum = 0.8                      # モーメンタムを設定
# SGDの引数を設定
sgd = optimizers.SGD(lr = learning_rate,
                     momentum = momentum,
                     decay = decay_rate)
# モデルのコンパイル
model.compile(loss="categorical_crossentropy",
              optimizer=sgd,
              metrics=["accuracy"])
```

tensorflow.kerasのSGDオプティマイザーは、古典的な手法とは異なり、運動量（モーメンタム）を設定できるようになっています。これは、一定の勾配降下で任意の方向に収束する際の速度を調整し、振動を防ぐのに役立ちます。一般的に0.5～0.9の値が使われます。

271

6.1 学習率をスケジューリングする

■ステップ減衰

　ステップ減衰は、数エポックごとに、係数を適用して学習率を下げます。ステップ減衰の式は次のようになります。

$$lr = lr_{base} \cdot drop^{\frac{epoch}{epochs\_drop}}$$

　学習率 *lr* に対し、*lr_{base}* はベースとなる（スタート時の）学習率、*drop* は減衰率、*epochs_drop* は何エポックで減衰を行うかを示す値です。典型的な方法は、10エポックごとに学習率を半分に下げることです。これをKerasで実装するには、ステップ減衰関数を定義し、これをLearningRate Scheduler()の引数に指定して、スケジューラーオブジェクトに登録します。

▼ステップ減衰関数の実装例

```
def step_decay(epoch):
    initial_lrate = 0.1 # ベースにする学習率
    drop = 0.5          # 減衰率
    epochs_drop = 10.0  # ステップ減衰を実行するタイミング(10エポックごと)
    lrate = initial_lrate * math.pow(
                drop,
                math.floor(epoch/epochs_drop))
    return lrate
lrate = LearningRateScheduler(step_decay) # スケジューラーオブジェクト
```

　学習を行う際は、次のようにcallbacksオプションでLearningRateSchedulerオブジェクトを指定すれば、学習回数に応じてステップ減衰関数がコールバックされ、学習率が減衰されるようになります。

▼スケジューリングされたステップ減衰関数を使って学習する

```
history = model.fit(
    tr_x, tr_y,
    batch_size=batch_size,
    epochs=epochs,
    validation_data=(va_x,va_y),
    callbacks=lrate )    # LearningRateSchedulerをコールバックする
```

6.1 学習率をスケジューリングする

コールバックの仕組みを使用して、トレーニング中に損失履歴と学習率を取得することができます。次の例では、これらの情報を収集するLossHistoryオブジェクトを生成し、スケジューラーオブジェクトと一緒にリストに登録しておくことで、トレーニング中の損失履歴と学習率の履歴を記録します。

▼ステップ減衰関数と記録用オブジェクトをコールバックリストに登録

```
loss_history = LossHistory()                     # 記録用オブジェクトを生成
lrate = LearningRateScheduler(step_decay)         # スケジューラーオブジェクト
callbacks_list = [loss_history, lrate]            # コールバックリストを作成
```

次のように、callbacksオプションでコールバックリストを指定しておくことで、スケジューラーオブジェクトとLossHistoryオブジェクトがトレーニング中にコールバックされるようになります。

▼fit()メソッドからのコールバックリストの呼び出し

```
model.fit(tr_x, tr_y, batch_size=batch_size, epochs=epochs,
          validation_data=(va_x,va_y), callbacks=callbacks_list)
```

トレーニング終了後、損失履歴をloss_history.lossesで、学習率の履歴をloss_history.lrで取得できます。

■指数関数的減衰

指数関数的減衰では、

$$lr = lr_{base} \cdot e^{-kt}$$

の式を使って学習率の減衰を行います。lrが学習率、lr_{base}がベースとなる（スタート時の）学習率、kが減退率を示すハイパーパラメーター、tが反復（学習）回数です。eは自然対数の底（ネイピア数e）を示しています。

プログラムへの実装は、指数関数的減衰関数を定義し、これをLearningRateScheduler()の引数に指定して、スケジューラーオブジェクトに登録します。

6.1 学習率をスケジューリングする

▼指数関数的減衰関数の実装例

```
def exp_decay(epoch):
    initial_lrate = 0.1
    k = 0.1
    lrate = initial_lrate * exp(-k * t)  ←——— *tは任意の学習回数
    return lrate
lrate = LearningRateScheduler(exp_decay)
```

■ warm start

　トレーニングの初期に小さな学習率を使って更新を行い、ある一定のエポック数に達したら通常用いられる学習率に戻し、以降は減衰率を表す係数を使って再び学習率を減衰させていきます。トレーニング初期の更新で重みの分布が崩壊して学習がうまく進まなくなることを、小さい学習率から始めることで回避しようという考え方です。SGDはもちろん、AdamやRMSpropなどの適応学習率法を備えたオプティマイザーに対しても有効であることが確認されています。

■ 循環学習率（CLR）

　CLR（Cyclical Learning Rate）では、線形または指数関数的に減少する値ではなく、学習率を一定の範囲内で変化させるという手法をとります。学習率のレンジの上限と下限を決め、周期的に学習率を変動させます。学習率を周期的に変化させる手段として、以下の関数が用いられます。

・三角ウィンドウ（線形）
・ウェルチウィンドウ（放物線）
・ハーンウィンドウ（正弦波）

6.2 ステップ減衰で学習率を引き下げる

> **Point**
> ◎学習率を減衰させる手法として「ステップ減衰」を実装し、モデルの精度がどのように変化するのかを確認します。
>
> **分析コンペ**
>
> CIFAR-10 - Object Recognition in Images

　最もオーソドックスで、かつ効果が高いといわれているステップ減衰を使って、学習率を減衰させつつトレーニングを行ってみることにします。題材として、Alex Krizhevsky氏によって整備された一般物体認識用のデータセット「CIFAR-10」を使うことにします。CIFAR-10には、約8000万枚の画像が収録された「80 Million Tiny Images」からピックアップした約6万枚の画像と正解ラベルが収録されています。

□CIFAR-10の特徴

- 32×32ピクセルの画像が60,000枚。
- 画像はRGBの3チャンネルカラー画像。
- 画像は10クラスに分類される。
- 正解ラベルは、次の10個。
  - airplane（飛行機）
  - automobile（自動車）
  - bird（鳥）
  - cat（ネコ）
  - deer（鹿）
  - dog（イヌ）
  - frog（カエル）
  - horse（馬）
  - ship（船）
  - truck（トラック）
- 50,000枚（各クラス5,000枚）の訓練用データと10,000枚（各クラス1,000枚）のテストデータに分割されている。

・BMPやPNGといった画像ファイルではなく、ピクセルデータ配列としてPythonから簡単に読み込める形式で提供されている。

6.2.1　一定のエポック数に達したら学習率を半分にする

　CIFAR-10を画像分類する「CIFAR-10 - Object Recognition in Images」というコンペがあります。すでに終了して久しいのですが、学習用の常設のコンペティションとして開設されているので、これを利用してステップ減衰の実験を行ってみたいと思います。

▼「CIFAR-10 - Object Recognition in Images」

■CIFAR-10のデータを見る

　「CIFAR-10 - Object Recognition in Images」でノートブックを作成しましょう。作成したら、まずはどのようなデータなのか実際に出力して確かめてみましょう。なお、「CIFAR-10 - Object Recognition in Images」で用意されているデータは、手作業によるラベル付けなどの不正行為を防ぐために、テストセットに290,000枚の「迷惑画像」が追加され、ファイルハッシュで検索されないように、10,000のテスト画像に軽微な変更が加えられています。スコアリングには影響を与えないことにはなっていますが、アンサンブルの実験を行いたいだけなので、ここはKerasに用意されている公式のデータセットを使うことにします。このためにノートブックの[Settings]で[Internet]をオンにし、またGPUを使いたいので、[Accelerator]でGPUを有効にしておきます。

6.2 ステップ減衰で学習率を引き下げる

▼CIFAR-10を用意してデータの形状を出力する（セル1）

```
import numpy as np
from tensorflow.keras.datasets import cifar10


# CIFAR-10 データセットをロード
(X_train, y_train), (X_test, y_test) = cifar10.load_data()
# データの形状を出力
print('X_train:', X_train.shape, 'y_train:', y_train.shape)
print('X_test :', X_test.shape,  'y_test :', y_test.shape)
```

▼出力

```
Using TensorFlow backend.
Downloading data from https://www.cs.toronto.edu/~kriz/cifar-10-python.tar.gz
170500096/170498071 [==============================] - 3s 0us/step
X_train: (50000, 32, 32, 3) y_train: (50000, 1)
X_test : (10000, 32, 32, 3) y_test : (10000, 1)
```

公式のデータなので訓練用に50,000セット、テスト用に10,000セットのデータが確認できます。次に、各カテゴリの画像を10枚ずつ表示してみます。

▼訓練データの画像をカテゴリごとに表示してみる（セル2）

```
import matplotlib.pyplot as plt
%matplotlib inline


# 画像を描画
num_classes = 10 # 分類先のクラスの数
pos = 1          # 画像の描画位置を保持する変数


# クラスの数だけ繰り返す
for target_class in range(num_classes):
    # 各クラスに分類される画像のインデックスを保持するリスト
    target_idx = []

    # クラスiが正解の場合の正解ラベルのインデックスを取得する
    for i in range(len(y_train)):
        # i行、0列の正解ラベルがtarget_classと一致するか
        if y_train[i][0] == target_class:
            # クラスiが正解であれば正解ラベルのインデックスをtargetIdxに追加
            target_idx.append(i)
```

6.2 ステップ減衰で学習率を引き下げる

```
        np.random.shuffle(target_idx)  # クラスiの画像のインデックスをシャッフル
        plt.figure(figsize=(20, 20))    # 描画エリアを横20インチ、縦20インチにする

        # シャッフルした最初の10枚の画像を描画
        for idx in target_idx[:10]:
            plt.subplot(10, 10, pos)    # 10行、10列の描画領域のpos番目の位置を指定
            plt.imshow(X_train[idx])    # Matplotlibのimshow()で画像を描画
            pos += 1

plt.show()
```

▼出力

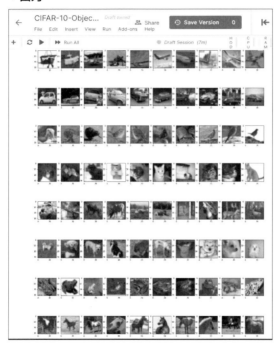

　32×32ピクセルのカラー画像です。各画像の正解ラベルを取得して10クラスに分類し、それぞれ10枚ずつ表示してみました。

6.2 ステップ減衰で学習率を引き下げる

■CIFAR-10の読み込みと前処理

エポック数10回ごとに学習率を半分にする、というステップ減衰でCIFAR-10を学習することにします。「CIFAR-10 - Object Recognition in Images」で、改めて新規のノートブックを作成し、データの読み込みと前処理から順にプログラミングしていきます。

▼データを読み込んで前処理を行う（セル1）

```python
import numpy as np
from tensorflow.keras.datasets import cifar10
from tensorflow.keras.utils import to_categorical


def prepare_data():
    """データを用意する

    Returns:
      X_train(ndarray): 訓練データ (50000.32.32.3)
      X_test(ndarray): テストデータ (10000.32.32.3)
      y_train(ndarray): 訓練データのOne-Hot化した正解ラベル (50000,10)
      y_train(ndarray): テストデータのOne-Hot化した正解ラベル10000,10)
      y_test_label(ndarray): テストデータの正解ラベル (10000)
    """
    (x_train, y_train), (x_test, y_test) = cifar10.load_data()
    # 訓練用とテスト用の画像データを正規化する
    x_train, x_test = x_train.astype('float32'), x_test.astype('float32')
    x_train, x_test = x_train/255.0, x_test/255.0
    # 訓練データとテストデータの正解ラベルを10クラスのOne-Hot表現に変換
    y_train, y_test = to_categorical(y_train), to_categorical(y_test)

    return x_train, x_test, y_train, y_test
```

6.2 ステップ減衰で学習率を引き下げる

■モデルを生成する関数の定義

CNNモデルを生成する関数を定義します。

▼モデルを生成する（セル2）

```python
# モデルを生成する
from tensorflow.keras.models import Sequential
from tensorflow.keras.layers import Dense, Dropout, Flatten
from tensorflow.keras.layers import Conv2D, MaxPooling2D
from tensorflow.keras          import optimizers

def make_convlayer():
    # Sequentialオブジェクト
    model = Sequential()
    # 畳み込み層1
    model.add(Conv2D(
        filters=64, kernel_size=3, padding='same',
        activation='relu', input_shape=(32,32,3)))
    # 2×2のプーリング層
    model.add(MaxPooling2D(pool_size=2))
    # 畳み込み層2
    model.add(Conv2D(
        filters=128, kernel_size=3, padding='same',
        activation='relu'))
    # 2×2のプーリング層
    model.add(MaxPooling2D(pool_size=2))
    #畳み込み層3
    model.add(Conv2D(
        filters=256, kernel_size=3, padding='same',
        activation='relu'))
    #2×2のプーリング層
    model.add(MaxPooling2D(pool_size=2))
    # Flatten層
    model.add(Flatten())
    # ドロップアウト
    model.add(Dropout(0.4))
    # 第7層
    model.add(Dense(512, activation='relu'))
    # 出力層
    model.add(Dense(10, activation='softmax'))
```

6.2 ステップ減衰で学習率を引き下げる

```
# オプティマイザーはAdam
model.compile(loss="categorical_crossentropy",
              optimizer=optimizers.Adam(lr=0.001),
              metrics=["accuracy"])
return model
```

■ステップ減衰の実装

　ステップ減衰を関数として実装し、これを使用して学習を行う関数を定義します。なお、ステップ減衰による学習率の推移を記録するためのコールバックとしてLRHistoryクラスも用意します。

▼LRHistoryクラス、ステップ減衰関数、学習を実行する関数を定義する（セル3）

```
import math
from tensorflow.keras.preprocessing.image import ImageDataGenerator
from tensorflow.keras.callbacks import LearningRateScheduler, Callback


class LRHistory(Callback):
    def on_train_begin(self, logs={}):
        self.acc = []
        self.lr = []

    def on_epoch_end(self, batch, logs={}):
        self.acc.append(logs.get('acc'))
        self.lr.append(step_decay(len(self.acc)))


def step_decay(epoch):
    """ステップ減衰で学習率を降下させる関数

    Returns: 学習率(float)
    """
    initial_lrate = 0.001  # 初期学習率
    drop = 0.5             # 減衰率
    epochs_drop = 10.0     # 減衰を実行するエポック数
    lrate = initial_lrate * math.pow(
        drop,
        math.floor((1+epoch)/epochs_drop)
```

6.2 ステップ減衰で学習率を引き下げる

```python
    )
    return lrate


def train(x_train, x_test,
          y_train, y_test):

    model = make_convlayer()
    lr_history = LRHistory()
    lrate = LearningRateScheduler(step_decay)
    callbacks_list = [lr_history, lrate]

    # データ拡張
    datagen = ImageDataGenerator(
        width_shift_range=0.1,     # 横サイズの0.1の割合でランダムに水平移動
        height_shift_range=0.1,    # 縦サイズの0.1の割合でランダムに垂直移動
        rotation_range=10,         # 10度の範囲でランダムに回転させる
        zoom_range=0.1,            # 元サイズの0.1の割合でランダムに拡大
        horizontal_flip=True)      # 左右反転

    # ミニバッチのサイズ
    batch_size = 128
    # 学習回数
    epochs = 100

    # 学習を行う
    history = model.fit(
        # 拡張データをミニバッチの数だけ生成
        datagen.flow(x_train,
                     y_train,
                     batch_size=batch_size),
        # 1回の学習におけるステップ数
        # 画像の枚数をミニバッチのサイズで割った整数値
        steps_per_epoch=x_train.shape[0] // batch_size,
        epochs=epochs, # 学習回数
        verbose=1,        # 学習の進捗状況を出力する
        # テストデータ
        validation_data=(x_test, y_test),
        callbacks=callbacks_list
    )
```

282

```
        return history, lr_history
```

データを用意して、学習を実行します。

▼データを用意する（セル4）

```
x_train, x_test, y_train, y_test = prepare_data()
```

▼学習を実行する（セル5）

```
%%time
history, lr_history = train(x_train, x_test, y_train, y_test)
```

トレーニングを開始すると、最終的に次のように出力されました。

▼出力された最後の部分

```
Epoch 100/100
390/390 [==============================] - 24s 63ms/step - loss: 0.3028 - accuracy:
0.8932 - val_loss: 0.4598 - val_accuracy: 0.8473
CPU times: user 46min 34s, sys: 1min 29s, total: 48min 4s
Wall time: 41min 38s
```

損失と正解率（精度）の推移と、学習率の推移をグラフにします。

▼損失と正解率（精度）の推移と、学習率の推移をグラフにする（セル6）

```
%matplotlib inline
import matplotlib.pyplot as plt

# プロット図のサイズを設定
plt.figure(figsize=(15, 10))
# プロット図を縮小して図の間のスペースを空ける
plt.subplots_adjust(wspace=0.2)

# 2×1のグリッドの上部にプロット
plt.subplot(2, 1, 1)
# 訓練データの精度をプロット
plt.plot(
    history.history['accuracy'], label='train', color='black')
# テストデータの精度をプロット
plt.plot(
```

6.2 ステップ減衰で学習率を引き下げる

```
        history.history['val_accuracy'], label='Val Acc', color='red')
plt.legend()              # 凡例を表示
plt.grid()                # グリッド表示
plt.xlabel('Epoch')       # x軸ラベル
plt.ylabel('Acc')         # y軸ラベル

# 2×1のグリッドの下部にプロット
plt.subplot(2, 1, 2)
# 学習率をプロット
plt.plot(lr_history.lr,
         label='Learning Rate',
         color='blue')
plt.legend()                    # 凡例を表示
plt.grid()                      # グリッド表示
plt.xlabel('Epoch')             # x軸ラベル
plt.ylabel('Learning Rate')     # y軸ラベル
plt.show()
```

▼出力されたグラフ

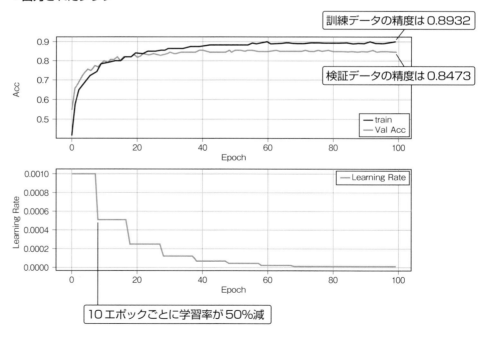

6.2.2 コールバック関数で学習率を自動減衰させる

tensorflow.kerasのコールバッククラスに、評価値の改善が止まったときに学習率を減らすReduceLROnPlateauがあります。ステップ減衰とは異なり、訓練中の精度、または損失を監視し、一定のエポックを繰り返しても改善されない場合に任意の降下率で学習率を減衰します。

□ReduceLROnPlateau()

書式	tensorflow.keras.callbacks.ReduceLROnPlateau(　monitor='val_loss', factor=0.1, patience=10, verbose=0, 　mode='auto', epsilon=0.0001, cooldown=0, min_lr=0)	
パラメーター	monitor	監視する対象。'val_loss'または'val_acc'。
	factor	学習率を減らす割合。new_lr = lr * factor
	patience	何エポック改善が見られなかったら学習率の削減を行うかを示す整数値。
	verbose	0: 何も表示しない。 1: 学習率削減時にメッセージを表示。
	mode	**auto**、**min**、**max**のいずれかを指定。 **min**: 監視する値の減少が停止したときに学習率を更新。 **max**: 監視する値の増加が停止したときに学習率を更新。 **auto**: monitorの値から自動で判断する。
	epsilon	改善があったと判断する閾値。
	cooldown	学習率を減らしたあと、通常の学習を再開するまで待機するエポック数。
	min_lr	学習率の下限。

■5回続けて改善されなければ学習率を半分にする

前項と同じようにCIFAR-10を題材とします。「CIFAR-10 - Object Recognition in Images」で新規のノートブックを作成し、[Internet] と [GPU] を有効にした状態で、データを用意するprepare_data()関数、モデルを生成するmake_convlayer()関数の定義コードを入力します。内容は前項のものと同じなので、掲載は割愛します。

▼データを用意する関数（セル1）

279 ページ「データを読み込んで前処理を行う（セル1）」と同じコードを入力

6.2 ステップ減衰で学習率を引き下げる

▼**モデルを生成する関数（セル2）**
280ページ「モデルを生成する（セル2）」と同じコードを入力

　　　以下は、訓練を実行するtrain()関数です。コールバックとしてReduceLROn
Plateauオブジェクトを生成し、5エポックの間に検証データの精度が改善（デフォ
ルトで0.0001以上）されなければ、学習率を半分に減らします。ただ、学習率を下げ
すぎてもいけないので、最小値を0.0001としました。使用するオプティマイザーは
Adamなので、0.001を初期値とし、その10分の1である0.0001の最小値まで下
降させることになります。

▼**ReduceLROnPlateauによるスケジューリングで学習する（セル3）**

```python
import math
from tensorflow.keras.preprocessing.image import ImageDataGenerator
from tensorflow.keras.callbacks import ReduceLROnPlateau


def train(x_train, x_test, y_train, y_test):
    """
    Parameters:
      x_train, x_test, y_train, y_test: 訓練およびテストデータ
    Returns:
      Historyオブジェクト
    """
    # val_lossの改善が2エポック見られなかったら、学習率を0.5倍にする。
    reduce_lr = ReduceLROnPlateau(
        monitor='val_accuracy',    # 監視対象は検証データの精度
        factor=0.5,                # 学習率を減衰させる割合
        patience=5,                # 監視対象のエポック数
        verbose=1,                 # 学習率を下げたときに通知する
        mode='max',                # 最高値を監視する
        min_lr=0.0001              # 学習率の下限
        )
    model = make_convlayer()
    callbacks_list = [reduce_lr]

    # データ拡張
    datagen = ImageDataGenerator(
        width_shift_range=0.1,     # 横サイズの0.1の割合でランダムに水平移動
        height_shift_range=0.1,    # 縦サイズの0.1の割合でランダムに垂直移動
```

6.2 ステップ減衰で学習率を引き下げる

```python
        rotation_range=10,      # 10度の範囲でランダムに回転させる
        zoom_range=0.1,         # 元サイズの0.1の割合でランダムに拡大
        horizontal_flip=True)   # 左右反転


    # ミニバッチのサイズ
    batch_size = 128
    # 学習回数
    epochs = 100


    # 学習を行う
    history = model.fit(
        # 拡張データをミニバッチの数だけ生成
        datagen.flow(x_train,
                     y_train,
                     batch_size=batch_size),
        # 1回の学習におけるステップ数
        # 画像の枚数をミニバッチのサイズで割った整数値
        steps_per_epoch=x_train.shape[0] // batch_size,
        epochs=epochs, # 学習回数
        verbose=1,      # 学習の進捗状況を出力する
        # テストデータ
        validation_data=(x_test, y_test),
        callbacks=callbacks_list
    )


    return history
```

▼データの用意（セル4）

```python
x_train, x_test, y_train, y_test = prepare_data()
```

▼学習の実行（セル5）

```python
%%time
history = train(x_train, x_test, y_train, y_test)
```

▼出力（最終エポックのみを掲載）

```
Epoch 100/100
390/390 [==============================] - 26s 67ms/step - loss: 0.1885 - accuracy:
0.9326 - val_loss: 0.4778 - val_accuracy: 0.8622
CPU times: user 52min 57s, sys: 1min 26s, total: 54min 24s
Wall time: 47min 23s
```

6.2 ステップ減衰で学習率を引き下げる

検証データの精度は0.8622で、前項のステップ減衰の0.8473より向上しています。精度と損失の推移と、学習率の推移をグラフにします。

▼損失と正解率（精度）の推移と、学習率の推移をグラフにする（セル6）

```python
%matplotlib inline
import matplotlib.pyplot as plt

# プロット図のサイズを設定
plt.figure(figsize=(15, 10))
# プロット図を縮小して図の間のスペースを空ける
plt.subplots_adjust(wspace=0.2)

# 2×1のグリッドの上部にプロット
plt.subplot(2, 1, 1)
# 訓練データの精度をプロット
plt.plot(
    history.history['accuracy'], label='train', color='black')
# テストデータの精度をプロット
plt.plot(
    history.history['val_accuracy'], label='Val Acc', color='red')
plt.legend()                    # 凡例を表示
plt.grid()                      # グリッド表示
plt.xlabel('Epoch')            # x軸ラベル
plt.ylabel('Acc')              # y軸ラベル

# 2×1のグリッドの下部にプロット
plt.subplot(2, 1, 2)
# 学習率をプロット
plt.plot(history.history['lr'], label='Learning Rate', color='blue')
plt.legend()                    # 凡例を表示
plt.grid()                      # グリッド表示
plt.xlabel('Epoch')            # x軸ラベル
plt.ylabel('Learning Rate')    # y軸ラベル
plt.show()
```

出力

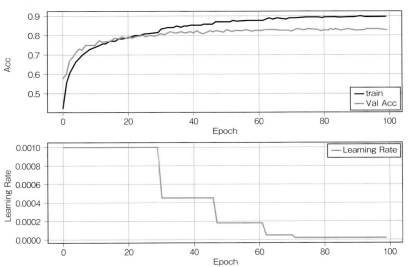

　エポック30回で1回目の学習率減衰が行われ、47回、62回、71回で順次、減衰が行われています。71回で最低学習率の0.0001に達したため、それ以降の減衰は行われていません。

　一方、訓練データの精度を見ると、学習率が減衰されたタイミングに同調して精度が上がっていることがわかります。学習率を最適なタイミングで減衰しているようです。少なくとも、単純に10エポックごとに減衰させるよりは、評価指数をモニタリングしながらの方が効率がよさそうです。ただ、単純なステップ減衰と同様に、減衰させるタイミングが重要ですので、何エポック改善が見られなかったら学習率の削減を行うか（patienceの設定値）の決定は、

・全エポック数から最適な監視回数を判断する
・何パターンかの監視回数を試行する

などを考慮して、慎重に判断した方がよいかと思います。

6.3 一定のレンジで学習率を循環させる

Point

◎循環学習率（CLR）を実装して、CNNのモデルで学習します。

◎循環学習率は、「三角学習率ポリシー」に加えて、「最大学習率をサイクルごとに半分にする三角学習率ポリシー」、「最大学習率を指数関数的に減衰させる三角学習率ポリシー」の合計3パターンを実装し、それぞれの精度の推移を確認して、画像分類にどのポリシーが最も適しているかを調べます。

分析コンペ

CIFAR-10 - Object Recognition in Images

いまさらではありますが、**学習率**は、ニューラルネットワークをより高速で効果的にトレーニングするための重要なハイパーパラメーターです。学習率は、現在の重みにどの程度の損失勾配を適用して、それらを低損失の方向に移動するかを決定します。

new_weight = old_weight − learning_rate * gradient

ここでは、ニューラルネットワークが可能な限り最高の学習率でトレーニングされることを保証できる、と主張されている手法について取り上げます。この手法とは、「**巡環学習率**（**CLR**）」のことで、Leslie N. Smithによって2015年に「Cyclical Learning Rates for Training Neural Networks」*という論文で発表されました。

6.3.1 サドルポイント（鞍点）を抜け出すためのCLR

これまで、学習率を低い閾値と高い閾値の間で定期的に変化させることを考えてきました。実験の結果、ステップ減衰は、学習率を減衰させない場合に比べて良好な結果を示しました。

ここで、**サドルポイント**（**鞍点**：あんてん）について考えてみます。サドルポイントとは、多変数実関数の変域の中で、ある方向で見れば極小値であるものの、別の方向で見れば極大値となる点のことです。次の図を見てください。

※ Cyclical Learning Rates for Training Neural Networks, Leslie N. Smith　https://arxiv.org/pdf/1506.01186.pdf

▼**エラー平面における鞍点**[*1]

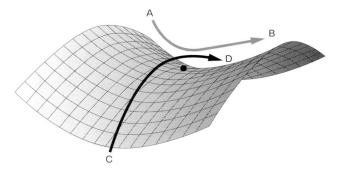

　図の中央付近にある黒い点●は、A➡Bの方向から見ると最小値ですが、C➡Dの方向から見ると最大値です。これがサドルポイントです。Yann N. Dauphinをはじめとする研究者たちの論文では、「損失を最小限に抑えることの難しさは、極小値ではなく、鞍点から生じる」と主張されています[*2]。

■循環学習率（CLR）

　学習率が低いと、鞍点に捕らえられた場合に、そこから抜け出すのに十分な勾配を生成できず、また抜け出せたとしても、それまでに非常に時間がかかります。一方、定期的に高い学習率を与えることは、サドルポイント表面のより迅速な横断に役立ちます。

　さらに、モデルのエラーに適した最適な学習率が、前述した下限と上限の間にあるのであれば、学習を繰り返すことで最良の学習率を繰り返し使用できます。

　以上のことを踏まえて考案されたのが、「循環学習率（Cyclical Learning Rate：CLR）です。CLRはworm startを使用した「SGDR：Stochastic Gradient Descent with Warm Restarts」と非常に似ていますが、再起動（途中で学習率を引き上げること）には焦点をあてていません。

　ここで、50,000セットのトレーニングデータについて考えてみましょう。

[*1] Fundamentals of Deep Learning by Nikhil Buduma, Chapter 4. Beyond Gradient Descent, O'Reilly https://www.oreilly.com/library/view/fundamentals-of-deep/9781491925607/ch04.html
[*2] Equilibrated adaptive learning rates for non-convex optimization, Yann N. Dauphin, Harm de Vries, Yoshua Bengio https://arxiv.org/abs/1502.04390

バッチサイズ　　　：100
イテレーション数：50,000/100＝500
エポック数：
・データセットをバッチサイズに従ってN個のサブセットに分ける。
・各サブセットを学習に回し、N回学習を繰り返す。
・以上の手順により、データセットに含まれるデータは少なくとも1回は学習に用いられることになる。

　バッチ（ミニバッチ）サイズを100に設定すると、1エポックまたはイテレーション数500で500バッチが取得され、データセットに含まれるデータは少なくとも1回は学習に用いられることになります。イテレーション数のカウントはエポックにわたって累積されるので、エポック2では、500の同じバッチに対して501から1000の反復が得られます。
　CLRにおけるサイクルは、学習率を基本学習率から最大学習率に、そしてその逆にする多くの反復として定義されます。ステップサイズはサイクルの半分です。この場合、サイクルはエポックの境界にある必要はありませんが、実際にはそうなることに注意してください。「Cyclical Learning Rates for Training Neural Networks」では、ステップサイズをエポックの反復回数の2〜10倍に設定することを推奨しています。先の例では、エポックごとに500回の反復があったため、ステップサイズを1000から5000に設定することになります。

▼Triangular（「Cyclical Learning Rates for Training Neural Networks」より）

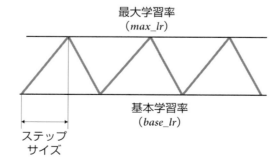

■最適な学習率の下限と上限の導出

「Cyclical Learning Rates for Training Neural Networks」では、学習率の最適な下限と上限を見つけるために、モデルを数エポックにわたって実行させ、学習率を直線的に増加させる実験を行っています。

実験の結果を見ると、学習率を上げると精度が上がることを示していますが、ある時点で横ばいになり、再び低下し始めます。精度が向上し始める学習率が上限として設定するのに適したポイントとされていて、上限は0.006、下限は0.001が適しているとされています。

ただ、このあと行う本書独自の実験では、エポック数を100として、オプティマイザーにAdamを使用しますが、先のレンジだと振り幅が大きすぎてなかなか収束しなかったため、Adam規定の学習率0.001を上限とし、その1/10の0.0001を下限にすることにしました。

▼精度と学習率のプロット図（「Cyclical Learning Rates for Training Neural Networks」より）

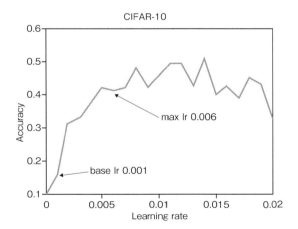

6.3.2 3パターンのCLRでCIFAR-10を学習する

「Cyclical Learning Rates for Training Neural Networks」の論文では、CLRの実装コードのことを「Triangular learning rate policy（**三角学習率ポリシー**）」と呼んでいて、その一般化された実装は、次のようになります。

▼三角学習率ポリシーの一般的な実装

```
"""
    clr_iterations(float)：イテレーション数（CLRの実行回数として）
    step_size(int)：ステップサイズ
    lr_min(float)：最小学習率（基本学習率）
    lr_max(float)：最大学習率
"""
cycle = np.floor(1 + clr_iterations / (2 * step_size))
x = np.abs(iterations / step_size - 2 * cycle + 1 )
lr = lr_min + (lr_max - lr_min) * np.maximum(0, (1-x)) * cycle
```

▼三角学習率ポリシーによる学習率の推移

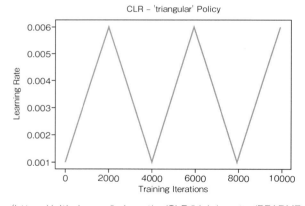

(https://github.com/bckenstler/CLR/blob/master/README.md)

■**最大学習率を減衰させる**

論文で紹介されているBradley Kenstlerによる実装コードでは、三角学習率ポリシーに加え、最小学習率と最大学習率の差を小さくするために、最大学習率をサイクルごとに半分にするものが紹介されています。この場合、学習率を求めるコードの末尾にスケーリングのための式が追加されます。

▼最大学習率をサイクルごとに半分にする三角学習率ポリシー

```
lr = base_lr + (max_lr-base_lr)*np.maximum(0, (1-x))*cycle/(2.**(cycle-1))
```

▼三角学習率ポリシー２による学習率の推移

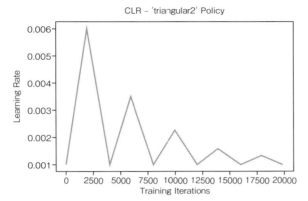

(https://github.com/bckenstler/CLR/blob/master/README.md)

さらに、指数関数を使用して最大学習率を段階的に減衰させるものも紹介されています。

▼最大学習率をサイクルごとに指数関数的に減衰させる

```
# gamma = 0.99994   : スケーリング関数の定数 (1より小さい値)
lr = base_lr + (max_lr-base_lr)*np.maximum(0, (1-x))*gamma**(clr_iterations)
```

▼最大学習率をサイクルごとに減衰させる場合の推移

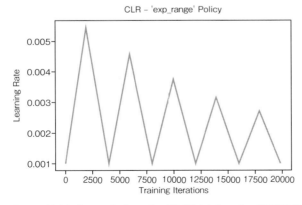

(https://github.com/bckenstler/CLR/blob/master/README.md)

6.3 一定のレンジで学習率を循環させる

■CLRの実装

次の3パターンのCLRを実装して、それぞれでCIFAR-10を学習します。

・三角学習率ポリシー
・最大学習率をサイクルごとに半分にする三角学習率ポリシー
・最大学習率をサイクルごとに指数関数的に減衰させる三角学習率ポリシー

CLRに関する処理は、CyclicLRクラスで行うことにします。このクラスは、「Cyclical Learning Rates for Training Neural Networks」の実験で使用されているCLRの実装「GitHub - bckenstler/CLR」(Bradley Kenstler) ＊をベースにしています。

「CIFAR-10 - Object Recognition in Images」で新規のノートブックを作成し、[Internet]と[GPU]を有効にした状態で、データを用意するprepare_data()関数、モデルを生成するmake_convlayer()関数の定義コードを入力します。内容は前項のものと同じなので、掲載は割愛します。

▼データを用意する関数 (セル1)
279ページ「データを読み込んで前処理を行う (セル1)」と同じコードを入力

▼モデルを生成関数 (セル2)
280ページ「モデルを生成する (セル2)」と同じコードを入力

次ページ以下のコードリストは、3パターンのCLRを実行するCyclicLRクラスを定義するものです。学習を行う際は、このクラスのオブジェクトを訓練開始時および1バッチの処理完了後に繰り返しコールバックすることで、CLRによる訓練を行います。

実際にCLRに基づく学習率を決定するのは、clr()メソッドです。このメソッドは、

スケーリングモードが0：「lambda x: 1.」を適用 (x = cycle)
スケーリングモードが1：「lambda x: 1/(2.**(x−1))」を適用 (x = cycle)
スケーリングモードが2：「lambda x: gamma**(x)」を適用 (x = clr_iterations)

＊ GitHub - bckenstler/CLR　https://github.com/bckenstler/CLR

のように、スケーリングモードによってそれぞれのスケーリングを行って、学習率を計算します。適用するラムダ式は、オブジェクト生成時に実行される_init_scale()メソッドで用意するようにしています。

オプティマイザーへの学習率の設定は、訓練開始時および1バッチの処理終了後に行うこととし、それぞれ

on_train_begin()メソッド：学習率の最小値をオプティマイザーにセット
on_batch_end()メソッド：clr()を実行して戻り値をオプティマイザーにセット

という処理を行います。

▼ CyclicLRクラスの定義（セル3）

```python
import numpy as np
from tensorflow.keras.callbacks import Callback
from tensorflow.keras import backend


class CyclicLR(Callback):
    """
    Attributes:
        lr_min(float)          : 最小学習率
        lr_max(float)          : 最大学習率
        step_size(int)         : ステップサイズ
        mode(str)              : スケーリングモード
        gamma(float)           : 指数関数的に減衰させるスケーリング関数の定数
        scale_fn(function)     : ラムダ式で定義されたスケーリング関数
        clr_iterations(float)  : イテレーション数（CLRの実行回数として）
        trn_iterations(float)  : イテレーション数（バッチの反復回数として）
        scale_mode(int)        : スケーリングモード
                                 # 0：単調な山型を描くスケーリング
                                 # 1：最大lrをサイクルごとに半分にする
                                 # 2：最大lrをサイクルごとに指数関数的に減衰
    """
    def __init__(self, lr_min, lr_max, step_size, mode, gamma=0.99994):
        """
        Parameters:
            lr_min(float)  : 最小学習率
            lr_max(float)  : 最大学習率
```

6.3 一定のレンジで学習率を循環させる

```python
                step_size(int) : ステップサイズ
                mode(str)      : スケーリングモード
                gamma(float)   : 指数関数的に減衰させるスケーリング関数の定数
        """
        self.lr_min = lr_min           # 最小学習率
        self.lr_max = lr_max           # 最大学習率
        self.step_size = step_size     # ステップサイズ
        self.mode = mode               # スケーリングモード
        self.gamma = gamma             # スケーリング関数の定数
        self.clr_iterations = 0.       # CLRの実行回数
        self.trn_iterations = 0.       # イテレーション数
        self.history = {}              # 学習率とバッチ番号を記録するdict
        self._init_scale(gamma)


    def _init_scale(self, gamma):
        """スケーリング関数とスケーリングモードの初期化
         Parameters:
            gamma(int): スケーリング関数の定数
        """
        # 単調な山形を描く場合のスケーリング関数
        if self.mode == 0:
            self.scale_fn = lambda x: 1.
            self.scale_mode = 'cycle'
        # 最大lrをサイクルごとに半分にするスケーリング関数
        elif self.mode == 1:
            self.scale_fn = lambda x: 1/(2.**(x-1))
            self.scale_mode = 'cycle'
        # 最大lrをサイクルごとに指数関数的に減衰させるスケーリング関数
        elif self.mode == 2:
            self.scale_fn = lambda x: gamma**(x)
            self.scale_mode = 'iterations'


    def clr(self):
        """
        ・CLRの学習率を計算する
        ・オプティマイザーに初期の学習率をセット
        """
        cycle = np.floor(1+self.clr_iterations/(2*self.step_size))
        x = np.abs(self.clr_iterations/self.step_size - 2*cycle + 1)
        # 単調な三角形、および最大学習率をサイクルごとに半分にする場合の学習率
```

6.3 一定のレンジで学習率を循環させる

```python
            if self.scale_mode == 'cycle':
                return self.lr_min + (
                        self.lr_max - self.lr_min
                        ) * np.maximum(0, (1-x)) * self.scale_fn(cycle)
            # 最大学習率を指数関数的に減衰させる場合の学習率
            else:
                return self.lr_min + (
                        self.lr_max - self.lr_min
                        ) * np.maximum(0, (1-x)) * self.scale_fn(self.clr_iterations)


    def on_train_begin(self, logs={}):
        """訓練の開始時に呼ばれる

        オプティマイザーに初期の学習率をセット
        """
        logs = logs or {} #

        self.losses = []    # 損失を記録するリスト
        self.lr = []        # 学習率を記録するリスト
        # オプティマイザーに初期学習率を設定
        if self.clr_iterations == 0:
            backend.set_value(self.model.optimizer.lr, self.lr_min)
        else:
            backend.set_value(self.model.optimizer.lr, self.clr())


    def on_batch_end(self, epoch, logs=None):
        """batchが終了すると呼ばれる

        ・オプティマイザーに学習率をセット
        ・処理中のバッチ番号と学習率をhistoryに記録
        """
        logs = logs or {}
        self.trn_iterations += 1
        self.clr_iterations += 1
        # 現在の学習率を記録する
        self.history.setdefault(
                'lr', []).append(
                        backend.get_value(
                                self.model.optimizer.lr))
        # 現在のサイクルの回数を記録
        self.history.setdefault(
```

6.3 一定のレンジで学習率を循環させる

```
            'iterations', []).append(
                    self.trn_iterations)
    # logs:{'batch':バッチ番号}のdictからキーと値を取り出す
    for k, v in logs.items():
        # history:{'batch':バッチ番号のリスト}に現在のバッチ番号を追加
        self.history.setdefault(k, []).append(v)
    # clr()を実行して学習率をオプティマイザーにセット
    backend.set_value(self.model.optimizer.lr,
                    self.clr())
```

　301ページからのコードリストは、訓練を実行するtrain()関数です。バッチ(ミニバッチ)サイズを128として、100エポック学習を繰り返します。使用するオプティマイザーはAdamなので、0.001を初期値とし、その10分の1である0.0001の最小値まで下降させます。

　イテレーションサイズは、訓練データ数の50,000で、ステップサイズは

　　iteration/128＊4

としました。当初、iteration/128＊2で試行し、学習率の推移をグラフにすると次のようになりました。

▼iteration/128＊2のときの学習率の推移

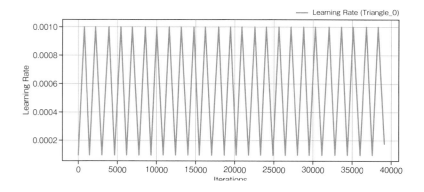

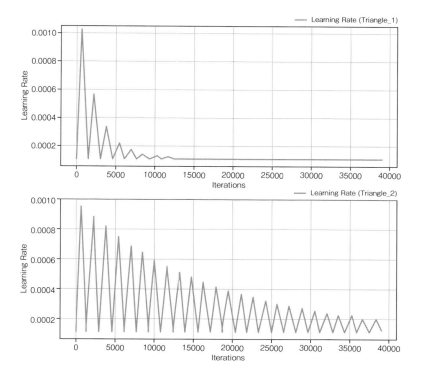

　短期間で学習率が最大値と最小値の間を行ったり来たりしています。特に2番目の場合、早期に学習率が最小値に達してしまい、大半の学習が最小の学習率で行われています。このため、倍のステップサイズを使用することにしました。

▼訓練を実行する関数（セル4）
```
from tensorflow.keras.preprocessing.image import ImageDataGenerator
from tensorflow.keras.callbacks import LearningRateScheduler, Callback

def train(x_train, x_test, y_train, y_test, mode=0):
    """
    Parameters:
      x_train, x_test, y_train, y_test: 訓練およびテストデータ
      mode(int): CLRのモード (0, 1, 2)
    """
    batch_size = 128          # ミニバッチのサイズ
    iteration = 50000         # イテレーションサイズ＝データ数
    stepsize = iteration/128*4 # ステップサイズ
```

6.3 一定のレンジで学習率を循環させる

```python
    lr_min = 0.0001              # 最小学習率
    lr_max = 0.001               # 最大学習率

    # CyclicLRオブジェクトを生成
    clr_triangular = CyclicLR(mode=mode,         # スケーリングモード
                              lr_min=lr_min,     # 最小学習率
                              lr_max=lr_max,     # 最大学習率
                              step_size=stepsize) # ステップサイズ
    # CyclicLRオブジェクトをリストに保存
    callbacks_list = [clr_triangular]
    # モデルを生成
    model = make_convlayer()

    # データ拡張
    datagen = ImageDataGenerator(
        width_shift_range=0.1,    # 0.1の割合でランダムに水平移動
        height_shift_range=0.1,   # 0.1の割合でランダムに垂直移動
        rotation_range=10,        # 10度の範囲でランダムに回転させる
        zoom_range=0.1,           # 0.1の割合でランダムに拡大
        horizontal_flip=True)     # 左右反転

    # エポック数
    epochs = 100
    # 学習を行う
    history = model.fit(
        # 拡張データを生成
        datagen.flow(x_train, y_train, batch_size=batch_size),
        # ステップ数は画像の枚数をミニバッチのサイズで割った整数値
        steps_per_epoch=x_train.shape[0] // batch_size,
        epochs=epochs, # 学習回数
        verbose=1,        # 学習の進捗状況を出力
        # テストデータ
        validation_data=(x_test, y_test),
        callbacks=callbacks_list
        )

    # HistoryとCyclicLRを返す
    return history, clr_triangular
```

　データを用意して、スケーリングモード0から順に学習を行います。

6.3 一定のレンジで学習率を循環させる

▼データを用意する（セル5）

```
# データの用意
x_train, x_test, y_train, y_test = prepare_data()
```

▼ノーマルな三角学習率ポリシーによるCLRを実行（セル6）

```
%%time
history_0, clr_triangular_0 = train(x_train, x_test, y_train, y_test,
                                    mode=0)
```

▼出力（最終エポックのみ掲載）

```
Epoch 100/100
390/390 [==============================] - 29s 75ms/step - loss: 0.2248 - accuracy:
0.9219 - val_loss: 0.5317 - val_accuracy: 0.8505
CPU times: user 53min 14s, sys: 1min 33s, total: 54min 47s
Wall time: 47min 19s
```

　　続いてスケーリングモード1で、最大学習率をサイクルごとに半分にする三角学習率ポリシーによるCLRを実行します。

▼最大学習率をサイクルごとに半分にする三角学習率ポリシーによるCLRを実行（セル7）

```
%%time
history_1, clr_triangular_1 = train(x_train, x_test, y_train, y_test,
                                    mode=1)
```

▼出力（最終エポックのみ掲載）

```
Epoch 100/100
390/390 [==============================] - 29s 74ms/step - loss: 0.2249 - accuracy:
0.9212 - val_loss: 0.4790 - val_accuracy: 0.8520
CPU times: user 54min 42s, sys: 1min 33s, total: 56min 15s
Wall time: 48min 43s
```

　　最後に、スケーリングモード2で、最大学習率を指数関数的に減衰させる三角学習率ポリシーCLRを実行します。

▼最大学習率を指数関数的に減衰させる三角学習率ポリシーCLRを実行（セル8）

```
%%time
history_2, clr_triangular_2 = train(x_train, x_test, y_train, y_test,
                                    mode=2)
```

303

6.3 一定のレンジで学習率を循環させる

▼出力（最終エポックのみ掲載）

```
Epoch 100/100
390/390 [==============================] - 31s 80ms/step - loss: 0.1633 - accuracy: 0.9420 - val_loss: 0.4957 - val_accuracy: 0.8606
CPU times: user 55min 22s, sys: 1min 32s, total: 56min 54s
Wall time: 49min 19s
```

訓練データの精度の推移をグラフにしてみます。

▼訓練データの精度の推移をグラフにする（セル9）

```python
import matplotlib.pyplot as plt
%matplotlib inline

plt.figure(figsize=(10, 5))  # プロット図のサイズ
# 訓練データの精度をプロット
plt.plot(
    history_0.history['accuracy'], label='Triangle_0', color='black')
plt.plot(
    history_1.history['accuracy'], label='Triangle_1', color='blue')
plt.plot(
    history_2.history['accuracy'], label='exp_range_2', color='red')
plt.legend()               # 凡例表示
plt.grid()                 # グリッド表示
plt.xlabel('Epoch')        # x軸ラベル
plt.ylabel('Train_Acc')    # y軸ラベル
plt.show()
```

▼出力

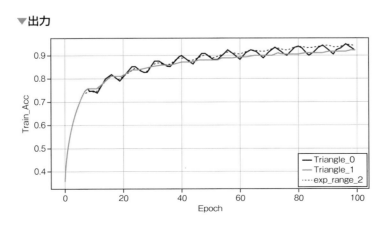

最大学習率を段階的に減少させるパターンが最も高い精度を出していて、CLRによる学習率の増減に伴う落ち込みと上昇が早い段階で収束しているのがわかります。これに対し、単純な三角学習率ポリシーを用いた場合は、学習率の増減による落ち込みと上昇が収束せずに学習が終わっています。続いて、検証データの精度の推移をグラフにしてみます。

▼検証データの精度の推移をグラフにする（セル10）
```
# 検証データの精度をグラフ化
import matplotlib.pyplot as plt
%matplotlib inline

plt.figure(figsize=(10, 5)) # プロット図のサイズ
# 訓練データの精度をプロット
plt.plot(
    history_0.history['val_accuracy'], label='Triangle_0', color='black')
plt.plot(
    history_1.history['val_accuracy'], label='Triangle_1', color='blue')
plt.plot(
    history_2.history['val_accuracy'], label='exp_range_2', color='red')
plt.legend()              # 凡例表示
plt.grid()                # グリッド表示
plt.xlabel('Epoch')       # x軸ラベル
plt.ylabel('Val_Acc')     # y軸ラベル
plt.show()
```

▼出力

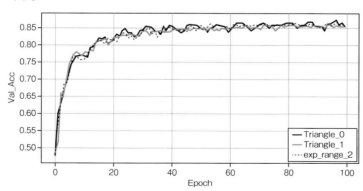

6.3 一定のレンジで学習率を循環させる

訓練データでは、曲線がはっきりと分かれていましたが、検証データによる精度は
3パターンとも同じような曲線になっています。スケーリングの違いによる影響はさ
ほどないようです。3パターンによる学習率の推移をグラフにしてみます。

▼ 3パターンによる学習率の推移をグラフにする（セル11）

```
plt.figure(figsize=(10, 15)) # プロット図のサイズ


plt.subplot(3, 1, 1) # 3×1のグリッドの1にプロット
# 学習率をプロット
plt.plot(
    clr_triangular_0.history['lr'],
    label='Learning Rate(Triangle_0)', color='blue')
plt.legend()                    # 凡例表示
plt.grid()                      # グリッド表示
plt.xlabel('Iterations')        # x軸ラベル
plt.ylabel('Learning Rate')     # y軸ラベル


plt.subplot(3, 1, 2) # 3×1のグリッドの2にプロット
# 学習率をプロット
plt.plot(
    clr_triangular_1.history['lr'],
    label='Learning Rate(Triangle_1)', color='blue')
plt.legend()                    # 凡例表示
plt.grid()                      # グリッド表示
plt.xlabel('Iterations')        # x軸ラベル
plt.ylabel('Learning Rate')     # y軸ラベル


plt.subplot(3, 1, 3) # 3×1のグリッドの3にプロット
# 学習率をプロット
plt.plot(
    clr_triangular_2.history['lr'],
    label='Learning Rate(exp_range_2)', color='blue')
plt.legend()                    # 凡例表示
plt.grid()                      # グリッド表示
plt.xlabel('Iterations')        # x軸ラベル
plt.ylabel('Learning Rate')     # y軸ラベル
plt.show()
```

306

▼出力

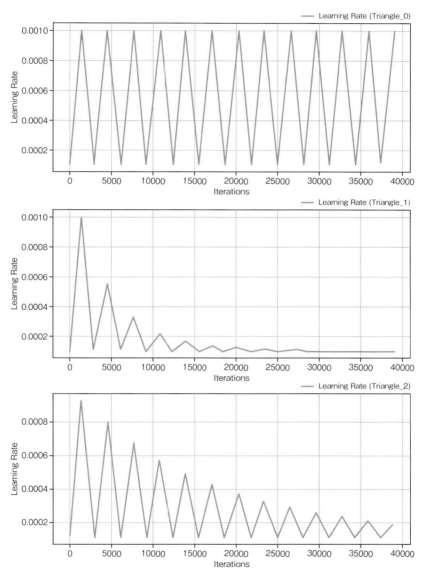

これまでの学習率減衰の結果と一緒に表にまとめてみました。以下は、共通する事項です。

- バッチサイズ　　　　128
- エポック数　　　　　100
- オプティマイザー　　Adam

▼**学習率減衰の方法と精度**

学習率減衰の方法	訓練データの精度	検証データの精度
10エポックごとに50%減	0.8932	0.8473
精度の改善がない場合に50%減	0.9326	0.8622
CLR（ノーマル）	0.9219	0.8505
CLR（サイクルごとに最大学習率を50%減）	0.9212	0.8520
CLR（サイクルごとに最大学習率を段階的に減衰）	0.9420	0.8606

　サイクルごとに最大学習率を段階的に減衰させるCLRが、訓練データ、検証データ共に優れた結果となっています。CLRを使うなら、段階的に最大学習率を減衰させるのがベストのようです。訓練に関しては、ノーマルのCLR（最大学習率は固定）ではなかなか収束せず、サイクルごとに最大学習率を半分にするCLRでは早期に収束してしまって学習が進みませんでした。この辺りに、ステップサイズやエポック数など、ハイパーパラメーターの設定の難しさを感じるところではあります。

　このことを考えると、コールバック関数で学習率を自動減衰させたときの精度（表の2行目）は、注目に値します。訓練データの精度は、段階的に減衰させるCLRに次いで高い精度になっていて、検証データの精度は先のCLRと遜色のないものとなっています。

　プログラミングやパラメーターの設定など、できるだけコストをかけたくない場合は、コールバック関数による自動減衰はベストなチョイスではないでしょうか。

6.4 学習率を落とすならバッチを増やせ！

Point

◎学習率を減衰させるのと、バッチサイズを増加させるのとは等価であることを、それぞれのアルゴリズムを実装したモデルを使って検証します。

◎バッチサイズを増加させることで学習率のステップ減衰と同様の効果が得られるのであれば、処理時間を短縮できるバッチサイズ増加は有力な選択肢になります。

分析コンペ

CIFAR-10 - Object Recognition in Images

冒頭から、これまでの試行を全否定するようなショッキングなタイトルで恐縮なのですが、学習率を下げる代わりにバッチサイズを増やすことで、学習スピードを高速化するというお話です。あくまで高速化のために、学習率減衰の代わりにバッチサイズを増加させる、ということです。

Samuel L. Smith氏らによって発表された論文「Don't Decay the Learning Rate, Increase the Batch Size（学習率を落とすな、バッチサイズを増やせ）」＊では、学習率を減衰させることとバッチサイズを増やすことは等価であるため、学習時間を高速化するにはバッチサイズの増加で対処せよ、ということが主張されています。

6.4.1 学習率のコントロールと同じことがバッチサイズの コントロールでできる

先の論文の主張するところは、「学習率のコントロールと同じことがバッチサイズのコントロールでできる」ということです。例えば、学習率を固定してバッチサイズを5倍にすれば、これはバッチサイズを固定して学習率を1/5にしたことと同じになります。なので、バッチサイズを増やすことが学習率を落とすことの代替手段として使えるとのことです。

＊ Don't Decay the Learning Rate, Increase the Batch Size　https://arxiv.org/abs/1711.00489

別の面から考えると、ある最適な学習率（論文では「ノイズスケール」として考えている）があった場合、バッチサイズを2倍にして、学習率も2倍にすれば、元の最適な学習率で学習したことと同じです。

このことは、バッチサイズを大きくしても同様に学習率も大きくすることで、ほぼ同じ精度でありながら高速化のメリットが得られることを示しています。特にGPUを使用した場合、大きなバッチサイズの方が計算のステップが少なくなり、処理が速くなるのが一般的なので、バッチサイズは大きければ大きいほど、速度的に有利です。

なお、論文では、学習率とバッチサイズの関係についての数学的な検証がなされていますので、興味があれば脚注のURLから参照してみるとよいでしょう。

■ 学習率減衰とバッチサイズの増加で同じ精度が得られるかを検証する

これまでと同様に、CIFAR-10で実験してみることにします。CNNモデルの構造も同じにして、下の条件で調べます。

・ オプティマイザーはAdam
・ エポック数は200
・ 学習率減衰方式では、バッチサイズを128、初期学習率を0.001として、50、100、150エポックの終了時に学習率を1/5ずつ減衰。
・ バッチサイズ増加方式では、学習率を0.001、初期バッチサイズを128として、50、100、150エポック終了時に、バッチサイズを5倍ずつ増やす（128 ➡ 640 ➡ 3,200 ➡ 16,000）。

任意のエポックでバッチサイズを増やす必要がありますが、これは、同じModelオブジェクトに対して、異なるバッチサイズが指定されたfit()を繰り返し実行することで実現します。一方、学習率減衰方式による学習は、専用のModelオブジェクトで行います。双方の学習が終了した時点で、それぞれの精度の推移をグラフにして、曲線が同じになるかを確認することにします。

では、「CIFAR-10 - Object Recognition in Images」で新規のノートブックを作成し、[Internet] と [GPU] を有効にした状態で、モデルを生成するmake_convlayer()関数の定義から入力していきます。CNNモデルの構造は、この章で使用していたものと同じです。

6.4 学習率を落とすならバッチを増やせ！

▼モデルを生成する関数（セル1）

```python
from tensorflow.keras.models import Sequential
from tensorflow.keras.layers import Dense, Dropout, Flatten
from tensorflow.keras.layers import Conv2D, MaxPooling2D
from tensorflow.keras          import optimizers


def make_convlayer():
    # Sequentialオブジェクト
    model = Sequential()
    # 畳み込み層1
    model.add(Conv2D(
        filters=64, kernel_size=3, padding='same',
        activation='relu', input_shape=(32,32,3)))
    # 2×2のプーリング層
    model.add(MaxPooling2D(pool_size=2))
    # 畳み込み層2
    model.add(Conv2D(
        filters=128, kernel_size=3, padding='same',
        activation='relu'))
    # 2×2のプーリング層
    model.add(MaxPooling2D(pool_size=2))
    #畳み込み層3
    model.add(Conv2D(
        filters=256, kernel_size=3, padding='same',
        activation='relu'))
    #2×2のプーリング層
    model.add(MaxPooling2D(pool_size=2))
    # Flatten層
    model.add(Flatten())
    # ドロップアウト
    model.add(Dropout(0.4))
    # 第7層
    model.add(Dense(512, activation='relu'))
    # 出力層
    model.add(Dense(10, activation='softmax'))

    # オプティマイザーはAdam
    model.compile(loss="categorical_crossentropy",
                  optimizer=optimizers.Adam(lr=0.001),
                  metrics=["accuracy"])
    return model
```

311

学習率減衰を実行するstep_decay()関数と、学習を実行するtrain_batchsize()
関数を定義します。関数名はtrain_batchsize()となっていますが、学習率減衰と
バッチサイズ増加の両方とも、この関数で学習を行います。

▼ step_decay()関数とtrain_batchsize()関数の定義（セル2）

```python
from tensorflow.keras.preprocessing.image import ImageDataGenerator
from tensorflow.keras.callbacks import History, LearningRateScheduler


def step_decay(epoch):
    """1/5ずつ学習率を減衰させる

    Parameters: epoch(int):エポック数
    Returns    : 学習率
    """
    lrate = 0.001
    if epoch >= 50: lrate /= 5.0
    if epoch >= 100: lrate /= 5.0
    if epoch >= 150: lrate /= 5.0
    return lrate


def train_batchsize(model, data, batch_size, epochs, decay):
    """
    Parameters:
      model(obj)     : Modelオブジェクト
      data(tuple)    : 訓練データ、テストデータ
      batch_size(int): バッチサイズ
      epochs(int)    : エポック数
      decay(float)   : 学習率
    """
    x_train, y_train, x_test, y_test = data
    # 訓練データ
    train_gen = ImageDataGenerator(
        rescale=1.0/255.0,        # 正規化
        width_shift_range=0.1,    # 0.1の割合でランダムに水平移動
        height_shift_range=0.1,   # 0.1の割合でランダムに垂直移動
        rotation_range=10,        # 10度の範囲でランダムに回転させる
        zoom_range=0.1,           # 元サイズの0.1の割合でランダムに拡大
        horizontal_flip=True      # 左右反転
```

6.4 学習率を落とすならバッチを増やせ！

```
    ).flow(x_train, y_train, batch_size=batch_size)
# テストデータ
test_gen = ImageDataGenerator(
    rescale=1.0/255.0          # 正規化
    ).flow(x_test, y_test, batch_size=128) # バッチサイズは128


hist = History()
# 学習
model.fit(
    train_gen,
    steps_per_epoch=x_train.shape[0] // batch_size,
    epochs=epochs,
    validation_data=test_gen,
    callbacks=[hist, decay])


return hist.history
```

train() 関数を定義します。この関数では、以下の処理を行います。

- 訓練データと検証データの用意
- Modelオブジェクトの生成
- 学習率減衰用のスケジューラーの定義
- 可変バッチサイズ用のスケジューラーの定義
- 訓練モードが0の場合
  - エポック数200、バッチサイズ128、初期学習率0.001でtrain_batchsize() を実行
- 訓練モードが1の場合
  - エポック数50、バッチサイズ128でtrain_batchsize()を実行
  - エポック数50、バッチサイズ640でtrain_batchsize()を実行
  - エポック数50、バッチサイズ3,200でtrain_batchsize()を実行
  - エポック数50、バッチサイズ16,000でtrain_batchsize()を実行

▼ train() 関数の定義（セル3）

```
from tensorflow.keras.datasets import cifar10
from tensorflow.keras.utils import to_categorical


def train(train_mode):
    """
```

6.4 学習率を落とすならバッチを増やせ！

```
    train_mode(int);
      # 0: normal batch_size=128,
            lr=0.001, 0.0002, 0.00004, 0.000008
      # 1: increase batch = 128, 640, 3200, 16000
            lr=0.001
    """
    (x_train, y_train), (x_test, y_test) = cifar10.load_data()
    y_train = to_categorical(y_train)
    y_test = to_categorical(y_test)
    data = (x_train, y_train, x_test, y_test)


    # モデル生成
    model = make_convlayer()


    # Historyオブジェクトを保持するリスト
    histories = []
    # 学習率減衰用のスケジューラー
    decay = LearningRateScheduler(step_decay)
    # 可変バッチサイズ用のスケジューラー
    same_lr = LearningRateScheduler(lambda epoch: 0.001)
    # 学習率減衰
    if train_mode == 0:
        histories.append(train_batchsize(
                model, data, batch_size=128, epochs=200, decay=decay))
    # バッチサイズ増加
    if train_mode == 1:
        histories.append(train_batchsize(
                model, data, batch_size=128, epochs=50, decay=same_lr))
        histories.append(train_batchsize(
                model, data, batch_size=640, epochs=50, decay=same_lr))
        histories.append(train_batchsize(
                model, data, batch_size=3200, epochs=50, decay=same_lr))
        histories.append(train_batchsize(
                model, data, batch_size=16000, epochs=50, decay=same_lr))


    # Historyの統合
    joined_history = histories[0]
    for i in range(1, len(histories)):
        for key, value in histories[i].items():
            joined_history[key] = joined_history[key] + value
```

6.4 学習率を落とすならバッチを増やせ！

```
    return joined_history
```

では、学習率減衰の方から学習を実行します。

▼学習率減衰で学習する（セル4）

```
%%time
history = train(0)
```

▼出力（最終エポックのみ掲載）

```
Epoch 200/200
390/390 [==============================] - 31s 80ms/step
 - loss: 0.1640 - accuracy: 0.9415 - val_loss: 1.2433 - val_accuracy: 0.8650
CPU times: user 1h 49min 14s, sys: 3min 30s, total: 1h 52min 45s
Wall time: 1h 37min 46s
```

所要時間は1時間37分で、訓練時の精度は0.9415、検証時の精度は0.8650です。続いてバッチサイズ増加による学習を行ってみます。

▼バッチサイズ増加による学習（セル5）

```
%%time
history_batch = train(1)
```

▼出力（エポック50、50、50、50の最終出力のみ掲載）

```
Epoch 50/50
390/390 [==============================] - 29s 74ms/step
 - loss: 0.3617 - accuracy: 0.8723 - val_loss: 0.5563 - val_accuracy: 0.8426


Epoch 50/50
78/78 [==============================] - 27s 343ms/step
- loss: 0.2126 - accuracy: 0.9243 - val_loss: 0.2912 - val_accuracy: 0.8577


Epoch 50/50
15/15 [==============================] - 25s 2s/step
 - loss: 0.1470 - accuracy: 0.9473 - val_loss: 0.2291 - val_accuracy: 0.8664


Epoch 50/50
3/3 [==============================] - 19s 6s/step
```

315

6.4 学習率を落とすならバッチを増やせ！

```
- loss: 0.1414 - accuracy: 0.9504 - val_loss: 0.1607 - val_accuracy: 0.8675
CPU times: user 1h 29min 58s, sys: 3min 30s, total: 1h 33min 28s
Wall time: 1h 24min 33s
```

所要時間は1時間24分で、学習率減数のときよりも約13分の短縮です。訓練時の精度は0.9504、検証時の精度は0.8675です。では、それぞれの訓練時の精度の推移をグラフにしてみます。

▼訓練時の精度の推移をグラフ化

```python
import matplotlib.pyplot as plt
%matplotlib inline

plt.figure(figsize=(15, 10))    # プロット図のサイズ
plt.subplot(2, 1, 1)            # 2×1のグリッドの上部にプロット

# 学習率減衰の精度をプロット
plt.plot(
    history['accuracy'], label='lr', color='black')
# バッチサイズ増加の精度をプロット
plt.plot(
    history_batch['accuracy'], label='batch', color='red')
plt.legend()            # 凡例表示
plt.grid()              # グリッド表示
plt.xlabel('Epoch')     # x軸ラベル
plt.ylabel('Acc')       # y軸ラベル
```

▼出力

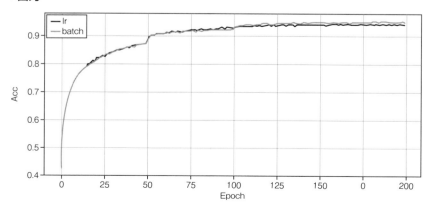

双方の曲線がほぼ、ぴったり重なっています。50回を超えたところと100回を超えたところで精度が上昇しているのもまったく一緒です。どちらも同じように学習が進んでいます。検証データの精度の推移も確認しておきましょう。

▼検証データの精度の推移をグラフ化

```
import matplotlib.pyplot as plt
%matplotlib inline


plt.figure(figsize=(15, 15))  # プロット図のサイズ
plt.subplot(2, 1, 1)          # 2×1のグリッドの上部にプロット

# 学習率減衰の精度をプロット
plt.plot(
    history['val_accuracy'], label='lr', color='black')
# バッチサイズ増加の精度をプロット
plt.plot(
    history_batch['val_accuracy'], label='batch', color='red')
plt.legend()          # 凡例表示
plt.grid()            # グリッド表示
plt.xlabel('Epoch')   # x軸ラベル
plt.ylabel('Acc')     # y軸ラベル
```

▼出力

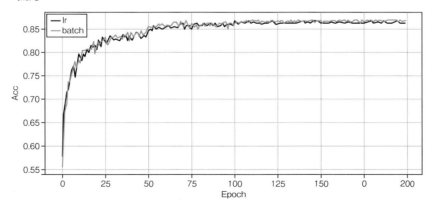

NOTE

7章 一般物体認識で「アンサンブル」を使う

7.1 アンサンブルって何？

> **Point**
> ◎分析コンペの多くで、上位入賞チームがアンサンブルを用いた予測を行っています。
> ◎アンサンブルはどのような手法で予測を行うのか、アンサンブルを行うメリットは何なのかを見ていきます。

　テーブルデータコンペをはじめ、画像データ、テキストデータを扱うコンペで、最高の精度を出すための最終手段として使われるのが**アンサンブル**です。アンサンブルとは、複数のモデルを組み合わせて予測を行う手法のことで、多くの分析コンペにおいて、最終予測の提出時には複数のモデルのアンサンブルによる予測でなければ上位にくい込めないとさえ言われています。もはや、分析コンペにおいては最終提出の際の常套手段として定番化しているといってもよいでしょう。

　単一のモデルについてチューニングを重ねることで性能を上げるのはもちろんですが、他のモデルから「いいとこどり」をして組み込めば、より大きな成果が期待できそうです。実際に、単体ではベスト30にも入らないようなモデル群をアンサンブルすることで、金メダル圏内に食い込む例がたくさんあります。

　本章では、アンサンブルの考え方、手法を紹介したあと、実際に（一般物体認識の分野における）画像認識を扱うコンペティションにおいて、アンサンブルで精度を向上させる事例を紹介します。

7.1.1　アンサンブルの考え方と手法

　アンサンブルについて解説した「Kaggle Ensembling Guide」という有名な記事*
があります。アンサンブルの概念がとてもわかりやすくまとめられているので、具体
例を引用しつつ紹介したいと思います。

□3つの分類器（モデル）

　ここに10個のサンプルのテストセットがあるとします。二値分類で1と0に分類
するのですが、次のようにすべてのサンプルについて「1」が出力されれば精度100%
です。

　　　1111111111

　70%の精度の3つの分類器（A、B、C）で解析するとした場合、これらの分類器は
70%の確率で「1」、30%の確率で「0」を出力すると考えられます。一方、これらの
分類器の出力の「多数決」を行うと、78%の精度が得られます。

- 3つの分類器とも正解を出力する確率
  $$0.7 \times 0.7 \times 0.7 = 0.343$$

- 2つの分類器が正解を出力する確率
  $$0.7 \times 0.7 \times 0.3$$
  $$+ 0.7 \times 0.3 \times 0.7$$
  $$+ 0.3 \times 0.7 \times 0.7$$
  $$= 0.441$$

- 2つの分類器が不正解を出力する確率
  $$0.3 \times 0.3 \times 0.7$$
  $$+ 0.3 \times 0.7 \times 0.3$$
  $$+ 0.7 \times 0.3 \times 0.3$$
  $$= 0.189$$

- 3つの分類器とも不正解を出力する確率
  $$0.3 \times 0.3 \times 0.3 = 0.027$$

＊…という有名な記事　「Kaggle Ensembling Guide」は https://mlwave.com/kaggle-ensembling-guide/ 参照。

ほとんどの場合（約44%）、過半数の投票でエラーが修正されます。この多数決方式アンサンブルは、

0.343 + 0.441 = 0.784

から、平均で約78%正解します。

□ **モデル間の相関**

同様に、アンサンブルするモデルを追加すると、通常はアンサンブルが改善されます。これを確認するために、もう一度3つの単純なモデルを見てみましょう。正解はすべて1のままです。

・ **相関がある3つのモデル**
    1111111100 = 80%の精度
    1111111100 = 80%の精度
    1011111100 = 70%の精度。

これらのモデルは、予測結果が高度に相関しています。多数決の投票を行っても、改善は見られません。次のように

    1111111100 = 80%の精度

となるからです。次に、若干パフォーマンスは低いものの、相関が低い3つのモデルの場合を見てみましょう。

・ **相関が低い3つのモデル**
    1111111100 = 80%の精度
    0111011101 = 70%の精度
    1000101111 = 60%の精度

これを多数決でアンサンブルすると、次のようになります。

    1111111101 = 90%の精度

アンサンブルするモデル間の相関が低いと、エラー修正機能が向上すると考えられます。

いかがでしょうか。複数のモデルで出力の多数決をとると、単体の性能を上回る精度が得られました。なお、ここで出てくる相関とは、「ピアソンの相関係数」という、2つの確率変数の間にある線形な関係の強弱を測る指標のことを指します。相関係数は、相関のある／なしにより、その強度を示す−1から1まで値をとり、1が完全な相関を表します。

アンサンブルに用いるモデル間の相関係数については、概ね0.95以下であればアンサンブルの成果が得られるという報告＊がなされています。

■アンサンブルの手法

アンサンブルの手法には、先に紹介した多数決方式のほかに、予測値の平均をとる手法があります。

□平均化

予測値の平均をとり、最も高い確率平均を出したクラスをアンサンブルの予測とする方法です。この方法は、幅広い分類問題、特に二乗誤差やクロスエントロピー誤差を測定基準とする分類問題に適しているとされます。多くの場合、予測を平均化することで、過剰適合が減少します。平均の考え方を一歩進めて、精度が高いモデルに大きめの重みをかけた加重平均を用いる方法もあります。精度が高いモデルの予測を積極的に反映しようというものです。加重平均は別として、平均のとり方には次の3つが使われます。

• 算術平均

最も多く使われていて、一般にいうところの「平均」です。データの総和をデータの個数で割って求めます。

• 幾何平均

算術平均と似ていますが、それぞれの値を足すのではなく、それぞれを掛け、積の累乗根（数値がn個ならn乗根）をとります。

• 調和平均

逆数の算術平均の逆数をとって、平均とする方法です。

＊…という報告　「The Good, the Bad and the Blended（Toxic Comment Classification Challenge）」　https://www.kaggle.com/c/jigsaw-toxic-comment-classification-challenge/discussion/51058参照。

□多数決

分類問題では、予測値のクラスの多数決をとるのが最もシンプルで、なおかつ成果が期待できます。ただ、平均と多数決のどちらが優れているのかはケースバイケースで、一概にどちらがよいとは言えません。本章のうしろで実際に平均と多数決の両方を試してみましたが、両者にほとんど差は見られませんでした。

▼アンサンブルの概要

出典：「The Power of Ensembles in Deep Learning」(Julio Borges) https://towardsdatascience.com/the-power-of-ensembles-in-deep-learning-a8900ff42be9

■アンサンブルするメリット

単一のモデルでは十分な精度が出ていなくても、アンサンブルによって大きな成果を出すことが期待できます。入賞したチームの中には、数百個のモデルを組み合わせたアンサンブルが使われている例があります。アンサンブルで高い効果を出すためには、多様性に富んだモデルを組み合わせるのがよいとされているので、低い精度であっても性質が異なるモデル同士であれば、単体のときの精度を上回る可能性が十分あります。このことから、性能がよくないからといって捨ててしまわずに、後々のアンサンブルのためにとっておくという手もあります。最終的に残ったモデルの精度をひと押ししたいときに、アンサンブルすることで大いに役立つことがあるからです。

入賞圏内のメンバーがチームを組んで、各々のモデルをアンサンブルすることで賞金圏内に入ったという話をよく聞きますが、もちろん個人で挑戦する場合も、工夫次第で多様性のある複数のモデルを用意することは容易なので、どんどん使っていきましょう。

■ どんなモデルをアンサンブルすればいい？

これまでお話ししたように、アンサンブルで高い効果を出すためには、多様性のあるモデルを組み合わせるのがよいとされています。ただ、今回、題材にしている画像分類ではCNNが必須で、多層パーセプトロンやRNN（再帰型ニューラルネットワーク）を使うことはないでしょうから、以下のようにハイパーパラメーターを変えてみることで、モデルの多様化を目指すことにします。

・ネットワークの層やユニット数を変える
・オプティマイザーを変える
・ドロップアウト率を変える
・正則化の強さを変える

正則化は、ドロップアウトと並んで過剰適合を回避するためによく用いられる手法です（正則化についてはこのあとで改めて紹介します）。一説によると、過剰適合気味のモデルを選ぶとよいという意見もありますので、ドロップアウトや正則化をガチガチに実装したモデルとそうでないモデルの組み合わせも考えられます。その他として、

・データのスケーリング方法を変える

ことが考えられます。生の画像データをそのまま用いるのか、あるいはこれまでのようにRGB値の上限の255で割って0〜1.0の範囲にするといった正規化の処理を行うのか、それとも標準化や対数変換を行うのか。いずれにしても、最終的に精度が高いモデルを組み合わせる方が精度の向上が期待できそうですが、単純に精度が高いものを選ぶだけだと同じようなモデルばかりになってしまい、逆に多様性がなくなることには気を付けた方がよいでしょう。前にお話しした、予測確率の相関係数が0.95以下というのがポイントになってきます。このことを考えれば、

・同じモデルを複数作成してアンサンブルする

という方法もあります。同じモデルで多様性が出せるのか疑問ですが、そもそも重みの初期値はモデルを生成した時点でランダムに決まるので、モデルを生成するたびに異なる重みを持つモデルが用意されることになります。当然ですが、精度がそれほど高くないのであればモデルごとに出力にバラツキがあり、このような場合は相関をとったら0.95以下ということが多いです。そのことを踏まえると、あえて「同じモデルでアンサンブルする」ことも、「相関が0.95以下」の条件をクリアしていれば、十分にアリなのです。

7.2 画像分類に多数決のアンサンブルを使ってみる

> **Point**
>
> ◎画像分類のタスクを複数のCNNモデルで学習し、予測結果の多数決をとるアンサンブルを行います。
>
> **分析コンペ**
>
> CIFAR-10 - Object Recognition in Images

　アンサンブルを行うにあたり、題材としてCIFAR-10のデータによる画像分類を使うことにします。前章と同様に「CIFAR-10 - Object Recognition in Images」でノートブックを作成し、アンサンブルによる予測を行うプログラムを作成します。

7.2.1　アンサンブルに使用するCNNベースのモデル

　今回のアンサンブルは、次の構造をしたCNNを5モデル用意して行うことにします。

▼アンサンブルに使用するモデルの構造

Layer	出力の形状	プログラム内部の出力
入力層	(32, 32, 3)	(データ数, 32, 32, 3)
畳み込み層1(3×3のフィルター×64)	(32, 32, 64)	(データ数, 32, 32, 64)
畳み込み層2(3×3のフィルター×64)	(32, 32, 64)	(データ数, 32, 32, 64)
畳み込み層3(3×3のフィルター×64)	(32, 32, 64)	(データ数, 32, 32, 64)
平均プーリング層(ウィンドウサイズ2×2)	(16, 16, 64)	(データ数, 16, 16, 64)
畳み込み層4(3×3のフィルター×128)	(16, 16, 128)	(データ数, 16, 16, 128)
畳み込み層5(3×3のフィルター×128)	(16, 16, 128)	(データ数, 16, 16, 128)
畳み込み層6(3×3のフィルター×128)	(16, 16, 128)	(データ数, 16, 16, 128)
平均プーリング層(ウィンドウサイズ2×2)	(8, 8, 128)	(データ数, 8, 8, 128)
畳み込み層7(3×3のフィルター×256)	(8, 8, 256)	(データ数, 8, 8, 256)
畳み込み層8(3×3のフィルター×256)	(8, 8, 256)	(データ数, 8, 8, 256)
畳み込み層9(3×3のフィルター×256)	(8, 8, 256)	(データ数, 8, 8, 256)
平均プーリング・Flatten層(ウィンドウサイズ2×2)	(256)	(データ数, 256)
出力層	(10)	(データ数, 10)

7.2 画像分類に多数決のアンサンブルを使ってみる

「同じモデルでアンサンブルすることに意味があるのか」と怒られそうですが、前に述べたように「相関が0.95以下」という条件をクリアすれば、多様性としては十分だと判断されるので、アンサンブルしてもうまく行くはずです。実際の分析コンペでも、同じモデルを使ったアンサンブルがよく行われています。

7.2.2 データを標準化する

本題のアンサンブルとは関係ありませんが、今回は、入力データや各層からの出力値を小さな値にして処理時間を含めて収束を早めるため、データの前処理として**標準化**を行うことにします。MNISTデータの分析では、グレースケールのピクセル値を255で割って0.0～1.0の範囲に収める「正規化」の処理を行いましたが、今回は標準化です。標準化もいわば正規化するための処理の1つですが、標準化は、どのようなデータでも

平均＝0，標準偏差＝1

のデータに変換するという統計学の手法になります。詳細については85ページを参照してください。データの標準化は、「データの偏差を標準偏差で割る」ことで行うので、numpy.mean()関数で平均を求め、numpy.std()関数で標準偏差を求めたあと、次の式に従って各データを標準化することにします。

●標準化の式

$$\text{標準化} = \frac{\text{データ}(x_i) - \text{平均}(\mu)}{\text{標準偏差}(\sigma)}$$

データによっては、標準化すると限りなく0に近い値になることがあるので、今回は標準化した値に一律で極小値を加算することで対応するようにしました。

▼訓練用とテスト用の画像データを標準化するコード

```
# 訓練データの平均を求める (axis=(0,1,2,3) は省略してもよい)
mean = np.mean(X_train,axis=(0,1,2,3))
# 標準偏差を求める
std = np.std(X_train,axis=(0,1,2,3))
# 標準化する際に分母の標準偏差に極小値を加える
x_train = (X_train-mean)/(std+1e-7)
```

7.2 画像分類に多数決のアンサンブルを使ってみる

　それでは、「CIFAR-10 - Object Recognition in Images」でノートブックを作成
しましょう。次は、CIFAR-10データを読み込んで、正規化を含めて前処理を完了さ
せる関数です。なお、前章と司様に、コンペで用意されているデータではなく、Keras
に用意されているCIFAR-10を使用しますので、ノートブックの [Setting] にある
[Internet] のスイッチをオンにしておく必要があるので注意してください。

▼CIFAR-10を読み込んで正規化を含めた前処理を行う（セル1）

```python
import numpy as np
from tensorflow.keras.datasets import cifar10
from tensorflow.keras.utils import to_categorical


def prepare_data():
    """データを用意する

    Returns:
    X_train(ndarray):
        訓練データ(50000,32,32,3)
    X_test(ndarray):
        テストデータ(10000,32,32,3)
    y_train(ndarray):
        訓練データのOne-Hot化した正解ラベル(50000,10)
    y_test(ndarray):
        テストデータのOne-Hot化した正解ラベル(10000,10)
    y_test_label(ndarray):
        テストデータの正解ラベル(10000)
    """
    (X_train, y_train), (X_test, y_test) = cifar10.load_data()

    # 訓練用とテスト用の画像データを標準化する
    # 4次元テンソルのすべての軸方向に対して平均、標準偏差を求めるので
    # axis=(0,1,2,3) は省略してもよい
    mean = np.mean(X_train,axis=(0,1,2,3))
    std = np.std(X_train,axis=(0,1,2,3))
    # 標準化(正規化)する際に分母の標準偏差に極小値を加える
    x_train = (X_train-mean)/(std+1e-7)
    x_test = (X_test-mean)/(std+1e-7)

    # テストデータの正解ラベルを2階テンソルから1階テンソルへフラット化
```

327

7.2 画像分類に多数決のアンサンブルを使ってみる

```
y_test_label = np.ravel(y_test)
# 訓練データとテストデータの正解ラベルをOne-Hot表現に変換 (10クラス化)
y_train, y_test = to_categorical(y_train), to_categorical(y_test)


return X_train, X_test, y_train, y_test, y_test_label
```

7.2.3 アンサンブルの実装

CIFAR-10のデータを予測するアンサンブル学習を行います。

■CNNを動的に生成する関数の実装

5モデルでアンサンブルするので、プログラム実行中に動的にモデルを生成する関数を用意します。

▼プログラム実行中に動的にモデルを生成する関数の定義 (セル2)

```python
from tensorflow.keras.layers import Input, Conv2D, Dense, Activation
from tensorflow.keras.layers import AveragePooling2D, GlobalAvgPool2D
from tensorflow.keras.layers import BatchNormalization
from tensorflow.keras import regularizers
from tensorflow.keras.models import Model


def make_convlayer(input, fsize, layers):
    """畳み込み層を生成する

    Parameters: inp(Input): 入力層
                     fsize(int): フィルターのサイズ
                     layers(int) : 層の数
        Returns:
            Conv2Dを格納したTensorオブジェクト
    """
    x = input
    for i in range(layers):
        x =Conv2D(
            filters=fsize,
            kernel_size=3,
```

328

7.2 画像分類に多数決のアンサンブルを使ってみる

```python
                padding="same")(x)
        x = BatchNormalization()(x)
        x = Activation("relu")(x)
    return x


def create_model():
    """モデルを生成する

    Returns:
        Conv2Dを格納したModelオブジェクト
    """
    input = Input(shape=(32,32,3))
    x = make_convlayer(input, 64, 3)
    x = AveragePooling2D(2)(x)
    x = make_convlayer(x, 128, 3)
    x = AveragePooling2D(2)(x)
    x = make_convlayer(x, 256, 3)
    x = GlobalAvgPool2D()(x)
    x = Dense(10, activation="softmax")(x)

    model = Model(input, x)
    return model
```

　実際にモデルの生成を行うのはcreate_model()関数です。畳み込み層は別に定義
したmake_convlayer()で生成するので、内部で逐次、呼び出すようにしています。
全体の処理としては、SequentialオブジェクトにLayerオブジェクトを追加するの
ではなく、functional APIによる関数呼び出し方式を使っています。層や層に付随す
る正規化処理を生成する関数が返すTensorオブジェクトを変数に追加していき、最
後にModel()メソッドでModelオブジェクトにして返します。呼び出し側では返さ
れたModelオブジェクトをコンパイルして学習を行うことになります。

　畳み込み層には、BatchNormalization()で正規化を行うようにしています。
BatchNormalization()は、直前の層の出力を正規化する処理を適用する関数です。
AveragePooling2D()はデフォルトで、サイズ2×2のウィンドウで平均プーリン
グを行います。GlobalAvgPool2D()は2×2のウィンドウで平均プーリングを行っ
たあと、出力をフラット化するので、出力層の前に置くプーリング層とFlatten層を
生成するために使いました。

7.2 画像分類に多数決のアンサンブルを使ってみる

■多数決をとるアンサンブルの実装

多数決をとるアンサンブルを実装します。

▼多数決をとるアンサンブルを行う ensemble_majority() （セル3）

```python
from scipy.stats import mode


def ensemble_majority(models, X):
    """多数決をとるアンサンブル

    Parameters:
        models(list): Modelオブジェクトのリスト
        X(array): 検証用のデータ
    Returns:
        各画像の正解ラベルを格納した(10000)のnp.ndarray
    """
    # (データ数,モデル数)のゼロ行列を作成
    pred_labels = np.zeros((X.shape[0],    # 行数は画像の枚数と同じ
                            len(models)))  # 列数はモデルの数
    # modelsからインデックス値と更新をフリーズされたモデルを取り出す
    for i, model in enumerate(models):
        # モデルごとの予測確率(データ数,クラス数)の各行(axis=1)から
        # 最大値のインデックスをとって、(データ数,モデル数)の
        # モデル列の各行にデータの数だけ格納する
        pred_labels[:, i] = np.argmax(model.predict(X), axis=1)
    # mode()でpred_labelsの各行の最頻値のみを[0]指定で取得する
    # (データ数,1)の形状をravel()で(,データ数)の形状にフラット化する
    return np.ravel(mode(pred_labels, axis=1)[0])
```

　関数のパラメーターmodelsには、学習済みのModelオブジェクトが渡され、パラメーターXに渡された検証データを入力して予測します。modelsには、学習が終了したModelオブジェクトが順次、格納されて渡されるので、その都度格納されているModelオブジェクトの数だけ予測を行い、出力の平均をとって、最も高い確率のクラスのインデックスを返す、という処理を行います。つまり、1番目のモデルの学習が終了したら、そのモデルの予測結果のみを返しますが、2番目以降のモデルからはその前に学習が済んだモデルも含めてパラメーターmodelsに渡されるので、すべてのモデルで予測して平均アンサンブルを実行することになります。すべてのモデルの学習が終了した時点でまとめてアンサンブルすればよいのですが、モデルが増えるたびに

精度がどう変化するのかを知るために、このようにその都度実行するようにしています。

多数決をとるアンサンブルを行うにあたって、(データ数, モデル数)の形状の2階テンソルを用意し、各データごとに各モデルの予測確率を並べるようにしました。SciPyライブラリのstats.mode()は、引数に指定した配列の要素から最も多く出現する要素を返します。統計学でいうところの最頻値を返すわけですが、最頻値を多数決の結果としています。

ensemble_majority()関数の呼び出し側では、戻り値として受け取った予測値を正解ラベルと照合し、精度を算出します。

▼多数決をとるアンサンブル

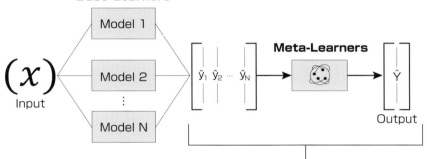

■最高精度を出したときの重みを保存する

画像分類に限らず、学習の終了時にこれまでの精度よりも低い値が出てがっかりすることがよくあります。多くの場合、精度は上がったり下がったりを繰り返しつつ収束に向かうので、ちょうど精度が下がったタイミングで学習が終了してしまうような場合です。

そこで、今回のアンサンブルでは、学習中に最も高い精度が出たときの重みを保存する仕組みを取り入れたいと思います。そうして保存した重みを各々のモデルに適用し、モデルの性能を限界まで引き上げた状態でアンサンブルしようという試みです。

このための処理は、エポックの終了ごとに呼ばれるコールバック関数に定義することで実現できます。tensorflow.kerasには、エポックの終了時にコールバックされるCallbackクラスのon_epoch_end()というメソッドがあるので、これをオーバーライド（再定義）してエポックごとに重みをファイルに保存する処理を書けば、エポックごとに重みを記録していくことができます。ただ、最高精度が出たときの重みだけを保存したいので、エポックごとに精度をこれまでのものと比較し、より高い精度が出た場合にファイルに保存するようにします。

次に示すのは、最高精度が出たときの重みを保存するためのコードです。Callbackクラスを継承したCheckpointクラスを

```
class Checkpoint(Callback):
```

のように宣言し、初期化処理を行う__init__()メソッドの定義と、on_epoch_end()メソッドのオーバーライド（再定義）を行います。__init__()は、オブジェクトの生成時に呼ばれるメソッドなので、変数の初期化処理などの必要最小限のことだけを記述し、on_epoch_end()メソッドに重みを保存する処理を記述します。

▼学習中にコールバックされるCheckpointクラスの定義（セル4）

```
from tensorflow.keras.callbacks import Callback


class Checkpoint(Callback):
    """Callbackのサブクラス


    Attributes:
        model(object): 学習中のModelオブジェクト
        filepath(str): 重みを保存するファイルのパス
        best_val_acc : 最高精度を保持する
```

7.2 画像分類に多数決のアンサンブルを使ってみる

```python
    """
    def __init__(self, model, filepath):
        """
        Parameters:
            model(Model): 現在実行中のModelオブジェクト
            filepath(str): 重みを保存するファイルのパス
            best_val_acc(int): 1モデルの最も高い精度を保持
        """
        self.model = model
        self.filepath = filepath
        self.best_val_acc = 0.0

    def on_epoch_end(self, epoch, logs):
        """エポック終了時に呼ばれるメソッドをオーバーライド

        これまでのエポックより精度が高い場合は重みをファイルに保存する

        Parameters:
            epoch(int): エポックの回数
            logs(dict): {'val_acc':損失, 'val_acc':精度 }
        """
        if self.best_val_acc < logs['val_acc']:
            # 前回のエポックより精度が高い場合は重みを保存する
            self.model.save_weights(self.filepath)  # ファイルパス
            # 精度をlogsに保存
            self.best_val_acc = logs['val_acc']
            # 重みが保存されたことを精度と共に通知する
            print('Weights saved.', self.best_val_acc)
```

　on_epoch_end()メソッドは、コールバックされる際に、何回目のエポックなのか
を伝える数値と、そのエポックで得られた損失と精度を格納したdictオブジェクトが
渡される仕様になっています。そこで、

```python
        if self.best_val_acc < logs['val_acc']:
```

で、これまでの精度を保持するインスタンス変数self.best_val_accと現在の精度を
比較し、現在の精度が上回った場合に、

```python
        self.model.save_weights(self.filepath)
```

を実行して重みをファイルに保存するようにします。さらに、self.best_val_accの値を現在の精度に上書きします。毎回、このように処理することで、学習中の最も高い精度が出たときの重みが保存されます。

■ 学習を実行する train() 関数の定義

学習に関する処理をtrain()関数としてまとめます。この関数では以下の処理を行います。

□ 以下のローカル変数の初期化処理

- アンサンブルするモデルの数を保持するmodels_num
- ミニバッチの数を保持するbatch_size
- エポック数を保持するepoch
- Modelオブジェクトを格納するmodels（リスト）
- 各モデルの学習履歴を保存するhistory_all（dictオブジェクト）
- 各モデルの予測値を登録するmodel_predict（2階テンソル）

□ 以下の処理をモデルの数だけ繰り返す

- Modelオブジェクトの生成とコンパイルを行い、Modelオブジェクトを格納するリストに追加する。
- ステップ減衰関数の定義とImageDataGeneratorオブジェクトの生成。
- コールバックに登録するHistory、Checkpoint、LearningRateSchedulerの各オブジェクトの生成。
- fit_generator()メソッドでの学習の実行。
- 最も精度が高かったときの重みをModelに読み込む。
- 重みの更新をフリーズ（凍結）してテストデータで予測し、結果を、モデルの予測値を保持する2階テンソルに保存する。
- 学習履歴をdictオブジェクトに保存する。
- 重み更新後のModelオブジェクトが格納されたリストmodels、およびテストデータを引数にしてensemble_majority()を実行し、アンサンブルを行う。modelsには学習が終了したModelオブジェクトを順次、追加することで、学習が終了したモデル同士によるアンサンブルがその都度、行われるようにする。
- アンサンブルの予測値を正解ラベルと照合し、正解率（精度）を取得する。
- アンサンブルの精度を出力する。

7.2 画像分類に多数決のアンサンブルを使ってみる

□ for の繰り返しが終了したら、各モデルの予測値を相関分析して、係数を出力する。

　いろいろやることが多くて大変そうですが、処理の順番に従ってコードを入力して
いきます。

▼ train() 関数を定義 (セル5)

```python
import math
import pickle
import numpy as np

from sklearn.metrics import accuracy_score
from tensorflow.keras.preprocessing.image import ImageDataGenerator
from tensorflow.keras.callbacks import LearningRateScheduler
from tensorflow.keras.callbacks import History

def train(X_train, X_test, y_train, y_test, y_test_label):
    """学習を行う

    Parameters:
        X_train(ndarray): 訓練データ
        X_test(ndarray): テストデータ
        y_train(ndarray): 訓練データの正解ラベル
        y_test(ndarray): テストデータの正解ラベル (One-Hot表)
        y_test_label(ndarray): テストデータの正解ラベル
    """
    models_num  = 5      # アンサンブルするモデルの数
    batch_size = 1024  # ミニバッチの数
    epoch = 80            # エポック数
    models = []          # モデルを格納するリスト
    # 各モデルの学習履歴を保持するdict
    history_all = {"hists":[], "ensemble_test":[]}
    # 各モデルの推測結果を登録する2階テンソルを0で初期化
    # (データ数, モデル数)
    model_predict = np.zeros((X_test.shape[0], # 行数は画像の枚数
                              models_num))        # 列数はモデルの数

    # モデルの数だけ繰り返す
    for i in range(models_num):
```

7.2 画像分類に多数決のアンサンブルを使ってみる

```python
    # 何番目のモデルかを表示
    print('Model',i+1)
    # CNNのモデルを生成
    train_model = create_model()
    # モデルをコンパイルする
    train_model.compile(optimizer='adam',
                        loss='categorical_crossentropy',
                        metrics=["acc"])
    # コンパイル後のモデルをリストに追加
    models.append(train_model)


    # コールバックに登録するHistoryオブジェクトを生成
    hist = History()
    # コールバックに登録するCheckpointオブジェクトを生成
    cpont = Checkpoint( train_model,          # Modelオブジェクト
                        f'weights_{i}.h5') # 重みを保存するファイル名
    # ステップ減衰関数
    def step_decay(epoch):
        initial_lrate = 0.001 # ベースにする学習率
        drop = 0.5                # 減衰率
        epochs_drop = 10.0        # ステップ減衰は10エポックごと
        lrate = initial_lrate * math.pow(
            drop,
            math.floor((1+epoch)/epochs_drop)
        )
        return lrate


    lrate = LearningRateScheduler(step_decay) # スケジューラーオブジェクト


    # データ拡張
    datagen = ImageDataGenerator(
        rotation_range=15,        # 15度の範囲でランダムに回転させる
        width_shift_range=0.1,    # 横サイズの0.1の割合でランダムに水平移動
        height_shift_range=0.1,   # 縦サイズの0.1の割合でランダムに垂直移動
        horizontal_flip=True,     # 水平方向にランダムに反転、左右の入れ替え
        zoom_range=0.2,           # 元サイズの0.2の割合でランダムに拡大
        )


    # 学習を行う
    train_model.fit(
```

7.2 画像分類に多数決のアンサンブルを使ってみる

```python
        datagen.flow( X_train,
                      y_train,
                      batch_size=batch_size),
        epochs=epoch,
        steps_per_epoch=X_train.shape[0] // batch_size,
        validation_data=(X_test, y_test),
        verbose=1,
        callbacks=[hist, cpont, lrate] # コールバック
        )


    # 学習に用いたモデルで最も精度が高かったときの重みを読み込む
    train_model.load_weights(f'weights_{i}.h5')


    # 対象のモデルのすべての重み更新をフリーズする
    for layer in train_model.layers:
        layer.trainable = False


    # テストデータで推測し、各画像ごとにラベルの最大値を求め、
    # 対象のインデックスを正解ラベルとして model_predict の i 列に格納
    model_predict[:, i] = np.argmax(train_model.predict(X_test),
                          axis=-1) # 行ごとの最大値を求める


    # 学習に用いたモデルの学習履歴を history_all の hists キーに登録
    history_all['hists'].append(hist.history)


    # 多数決のアンサンブルを実行
    ensemble_test_pred = ensemble_majority(models, X_test)


    # scikit-learn.accuracy_score() でアンサンブルによる精度を取得
    ensemble_test_acc = accuracy_score(y_test_label, ensemble_test_pred)


    # アンサンブルの精度を history_all の ensemble_test キーに追加
    history_all['ensemble_test'].append(ensemble_test_acc)
    # 現在のアンサンブルの精度を出力
    print('Current Ensemble Accuracy : ', ensemble_test_acc)


history_all['corrcoef'] = np.corrcoef(model_predict,
                                      rowvar=False) # 列ごとの相関を求める
print('Correlation predicted value')
print(history_all['corrcoef'])
```

学習が終了したModelオブジェクトを順次、リストmodelsに追加してensemble_majority()を呼び出し、アンサンブルを行います。Modelオブジェクトには、最も精度が高かったエポックの重みが読み込まれています。すべてのモデルの学習が終了した時点で、すべてのモデルによるアンサンブルも完了する仕組みです。

処理の最後で、すべてのモデルの予測値を相関分析にかけて相関係数を取得し、これを出力することで、モデル間の相関が0.95以下に収まっているかを確認できるようにしています。

■ 多数決のアンサンブルを実行する

これまでのソースコードの入力が済みましたら、さっそく実行してみましょう。実行に際しては、ノートブックの [Internet] のスイッチをオンにし、[Accelerator] で [GPU] を選択します。プログラムの処理が終わるまでに、GPU使用で3時間程度を要します。

▼多数決をとるアンサンブルを実行（セル６）

```
# データを用意する
X_train, X_test, y_train, y_test, y_test_label  = prepare_data()


# アンサンブルを実行
train(X_train, X_test, y_train, y_test, y_test_label)
```

▼出力（進捗状況は最終エポックのみを抜粋）

```
Model 1
Epoch 80/80
48/48 [==============================] - 32s 658ms/step
 - loss: 0.0948 - acc: 0.9693 - val_loss: 0.3367 - val_acc: 0.8987
Current Ensemble Accuracy :  0.8996
Model 2
Epoch 80/80
48/48 [==============================] - 31s 647ms/step
 - loss: 0.0908 - acc: 0.9711 - val_loss: 0.3477 - val_acc: 0.8948
Current Ensemble Accuracy :  0.9022
Model 3
Epoch 80/80
48/48 [==============================] - 31s 641ms/step
```

7.2 画像分類に多数決のアンサンブルを使ってみる

```
 - loss: 0.0889 - acc: 0.9718 - val_loss: 0.3411 - val_acc: 0.9002
Current Ensemble Accuracy :  0.9096
Model 4
Epoch 80/80
48/48 [==============================] - 31s 650ms/step
 - loss: 0.0889 - acc: 0.9724 - val_loss: 0.3409 - val_acc: 0.8977
Current Ensemble Accuracy :  0.9135
Model 5
Epoch 80/80
48/48 [==============================] - 29s 603ms/step
 - loss: 0.0885 - acc: 0.9716 - val_loss: 0.3304 - val_acc: 0.8987
Current Ensemble Accuracy :  0.9172
Correlation predicted value
[[1.          0.9143618  0.90794896 0.91516797 0.91002983]
 [0.9143618  1.          0.91478261 0.91272066 0.9111631 ]
 [0.90794896 0.91478261 1.          0.9088977  0.90662924]
 [0.91516797 0.91272066 0.9088977  1.          0.91209652]
 [0.91002983 0.9111631  0.90662924 0.91209652 1.          ]]
```

　各モデルの予測値の相関を見ると、すべて0.95以下に収まっていますので、アンサンブルによる効果はあると見られます。出力結果を表にまとめましたので、どのくらいの効果があったのか見てみることにしましょう。

▼モデル単体の精度とアンサンブルによる精度の比較

モデル	モデル単体の精度	アンサンブルによる精度
モデル1	0.8996	―
モデル2	0.8975	0.9022
モデル3	0.9013	0.9096
モデル4	0.8985	0.9135
モデル5	0.9006	0.9172

　モデル単体の精度は0.89〜0.90程度ですが、アンサンブルを重ねるごとに上昇し、最終的に5モデルでのアンサンブルの結果、0.92近くまで上昇しました。同じ構造のモデル同士のアンサンブルでしたが、それぞれのモデルは異なる重みを持つので、多様性という点はクリアしていると考えられます（これは相関分析の結果からも確認できました）。そのために、このように良好な結果を得ることができました。

7.3 異なる構造のモデルで平均のアンサンブルを試す

> **Point**
> ◎画像分類のタスクを複数のCNNモデルで学習し、予測結果の平均をとるアンサンブルを行います。
> ◎精度を高めるための試みとして、CNNのモデルに「正則化」の処理を実装します。
>
> **分析コンペ**
>
> CIFAR-10 - Object Recognition in Images

　　アンサンブルには、過剰適合気味のモデルを組み合わせるとよいという考えもありますが、逆に過剰適合を抑えたモデルを組み合わせることで、多様性を追求するという手もあります。前節では同じ構造のモデルでアンサンブルしましたが、ここでは**正則化**という処理を加えたモデルと、加えないモデルとで「平均をとるアンサンブル」を行ってみることにします。

7.3.1　ドロップアウトなしでもいける「正則化」の処理

　　訓練データに適合するあまり、テストデータでの精度が落ちてしまう現象が、過剰適合です。これを抑止するための手段として、層からの出力を一定の割合で無効にする「ドロップアウト」が用いられますが、そのほかに過剰適合を抑止する手段として「正則化」があります。過剰適合が起きる原因として、主に次の2つが挙げられます。

　　・パラメーターの数が多すぎる。
　　・学習に用いるデータが少ない。

　　このうちのパラメーターの数が多いことによる過剰適合を抑制する手段として考案されたのが「正則化」で、これを行う具体的な方法に**荷重減衰**（Weight decay）という手法があります。これは、学習を行う過程において、パラメーターの値が大きくなりすぎたら「ペナルティ」を課すというものです。そもそも過剰適合は、「重み」としてのパラメーターが大きな値をとることによって発生することが多いためです。

　　値が大きくなりすぎたパラメーターへのペナルティは、次の「正則化項」を損失関数（誤差を測定する関数）に追加することで行います。

●正則化項

$$\frac{1}{2}\lambda \sum_{j=1}^{m} w_j^2$$

λ（ラムダ）は、正則化の影響を決める正の定数で、正則化の強弱を決めるためのハイパーパラメーターです。式の冒頭に1/2が付いていますが、これはたんに勾配計算を行うときに式を簡単にするためのもので、特に深い意味はありません。ここで、数学的に物の「大きさ」を表す場合に使われる量であるL^2ノルムに注目します。

▼L^2ノルム

$$L^2 ノルム：\sqrt{x_1^2 + x_2^2 + \cdots + x_n^2}$$

この式は「普通の意味での長さ」を表していて、**ユークリッド距離**と呼ばれることがあります。ここでノルムの話をしたのは、先の正規化項にL^2ノルムが用いられているためです。m個の成分を持つパラメーターw_mのL^2ノルムはw_m^2で表すことができます。次は、重みの学習（バックプロパゲーション）の誤差関数として使われる**クロスエントロピー誤差関数**です。

▼クロスエントロピー誤差関数

$$E(\boldsymbol{w}) = -\sum_{i=1}^{n} \{ t_i \log f_{\boldsymbol{w}}(\boldsymbol{x_i}) + (1 - t_i) \log(1 - f_{\boldsymbol{w}}(\boldsymbol{x_i})) \}$$

これに、L^2ノルムを用いた正則化項を追加したのが次の式です。

▼クロスエントロピー誤差関数に正則化項を加える

$$E(\boldsymbol{w}) = -\sum_{i=1}^{n} \left(t_i \log f_{\boldsymbol{w}}(\boldsymbol{x_i}) + (1 - t_i) \log\left(1 - f_{\boldsymbol{w}}(\boldsymbol{x_i})\right) \right) + \frac{1}{2}\lambda \sum_{j=1}^{m} w_j^2$$

このように正則化を加えることで具体的にどのような効果があるのか、グラフを使って確かめてみましょう。

誤差関数を $E(\boldsymbol{w})$、正則化のための正則化項を関数 $R(\boldsymbol{w})$ とします。まず、クロスエントロピー誤差関数のみの $E(\boldsymbol{w})$ のグラフについて描いてみます。ここでは、シンプルに表せるようにパラメーターを w_1 だけに限定し、λ を入れないで考えることにしました。この関数は、下に凸の形をしているので、およそ次のような曲線を描きます。

▼ $E(\boldsymbol{w})$ のグラフ

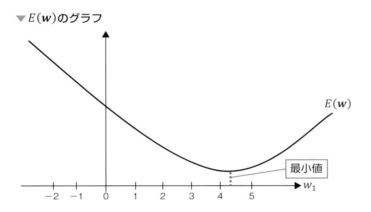

だいたい $w_1 = 4.3$ の辺りで最小値になるようです。次に $R(\boldsymbol{w})$ のグラフですが、$w_1^2/2$ なので、原点を通る2次関数のグラフになります。

▼正規化項 $R(\boldsymbol{w})$ のグラフ

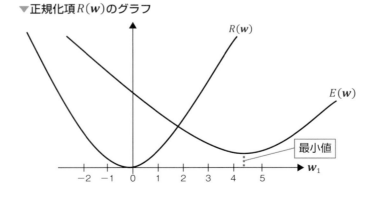

最後に、w_1 の各点で $E(\boldsymbol{w})$ の高さに $R(\boldsymbol{w})$ の高さを足し、それを線で結ぶことで、誤差関数 $E(\boldsymbol{w})$ に正則化項 $R(\boldsymbol{w})$ を足した $E(\boldsymbol{w})+R(\boldsymbol{w})$ のグラフを描いてみます。

▼誤差関数$E(w)$に正則化項$R(w)$を足した$E(w)+R(w)$のグラフ

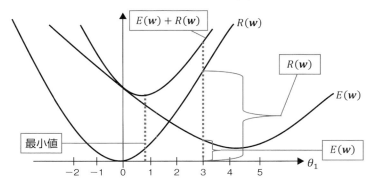

　$E(w) + R(w)$のグラフの最小値は、$w_1 = 0.9$の付近になりました。正規化項を足す前の$E(w)$では$w_1 = 4.3$で最小だったのに対し、正則化項を足した$E(w)+R(w)$では$w_1 = 0.9$で最小になり、w_1の値が0に近づいています。

　あるユニット（ニューロン）への入力が

$$input = w_0 + w_1 x_1 + w_2 x_2 + w_3 x_3 + w_4 x_4$$

のとき、正則化によってパラメーターの値が小さくなれば、当然ですが入力値が小さくなります。そうすると「学習した結果が過度に反映されないようになる」ので、このことによって過剰に適合してしまうのを防ごうとする試みです。

　注目の正則化の強さを調整するλですが、一般的に0.0001（10^{-4}）から1,000（10^3）くらいまで、というように10のべき乗のスケールで設定するのが一般的です。

■出力層の場合の正則化項を適用した重みの更新式

　正則化項をパラメーター（重み）で微分すると、

$$R(w) = \frac{1}{2}\lambda \sum_{j=1}^{m} w_j^2$$
$$= \frac{\lambda}{2}w_1^2 + \frac{\lambda}{2}w_2^2 + \cdots + \frac{\lambda}{2}w_m^2$$

なので、次のようになります。ここで、1/2が相殺されました。

$$\frac{\partial R(\boldsymbol{w})}{\partial w_j^{(L)}} = \lambda w_j$$

　一般的に、バイアスに対しては正則化は行いません。次は、出力層の重みの更新式です。

●出力層の重み $w_{j,i}^{(L)}$ の更新式

$$w_{j,i}^{(L)} := w_{j,i}^{(L)} - \eta \delta_j^{(L)} o_i^{(L-1)}$$

直前の層のニューロンからの出力

　これに正則化の式を当てはめます。

●出力層の重み $w_{j,i}^{(L)}$ の更新式に正則化項を加える

$$w_{j,i}^{(L)} := w_{j,i}^{(L)} - \eta \delta_j^{(L)} o_i^{(L-1)} + \lambda w_j$$

正則化項

$$\delta_j^{(L)} = \left(o_j^{(L)} - t_j \right) \odot \left(1 - f\left(u_j^{(L)} \right) \right) \odot f\left(u_j^{(L)} \right)$$

　次は、出力層の1つ手前の層の重みの更新式です。

●出力層の1つ手前の層の重み $w_{i,h}^{(L-1)}$ の更新式

$$w_{i,h}^{(L-1)} := w_{i,h}^{(L-1)} - \eta \delta_i^{(L-1)} o_i^{(L-2)}$$

さらに1つ手前の層のニューロンからの出力

　これに正則化の式を当てはめます。

●出力層の重み $w_{j,i}^{(L)}$ の更新式に正則化項を加える

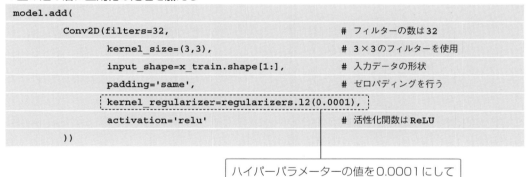

　畳み込み層に正則化の処理を追加するには、Conv2D()メソッドのキーワード引数kernel_regularizerにregularizers.l2()関数を次のように指定します。

▼畳み込み層に正則化の処理を加える
```
model.add(
        Conv2D(filters=32,                          # フィルターの数は32
               kernel_size=(3,3),                   # 3×3のフィルターを使用
               input_shape=x_train.shape[1:],       # 入力データの形状
               padding='same',                      # ゼロパディングを行う
               kernel_regularizer=regularizers.l2(0.0001),
               activation='relu'                    # 活性化関数はReLU
        ))
```

ハイパーパラメーターの値を0.0001にして重みの更新時に正則化の処理を行う

7.3.2　9モデルで平均をとるアンサンブルをやってみる

　今回のアンサンブルでは、CNNの9つのモデルを使用しますが、うち4つは正則化を行うモデルとします。

■畳み込み層を5層配置した2パターンのモデルを作成する

　次は、畳み込み層を5層配置した、CNNを構築するコードです。「「CIFAR-10 - Object Recognition in Images」」で新規のノートブックを作成し、セル1とセル2に以下のように入力します。

7.3 異なる構造のモデルで平均のアンサンブルを試す

▼データを用意するprepare_data()（セル1）※325ページと同じコードです

```python
import numpy as np

from tensorflow.keras.datasets import cifar10

from tensorflow.keras.utils import to_categorical


def prepare_data():
    """データを用意する


    Returns:
    X_train(ndarray): 訓練データ (50000,32,32,3)
    X_test(ndarray) : テストデータ (10000,32,32,3)
    y_train(ndarray): 訓練データのOne-Hot化した正解ラベル (50000,10)
    y_test(ndarray) : テストデータのOne-Hot化した正解ラベル (10000,10)
    y_test_label(ndarray): テストデータの正解ラベル (10000)
    """
    (X_train, y_train), (X_test, y_test) = cifar10.load_data()

    # 訓練用とテスト用の画像データを標準化する (axis=(0,1,2,3) は省略可)
    mean = np.mean(X_train,axis=(0,1,2,3))
    std = np.std(X_train,axis=(0,1,2,3))
    # 標準化する際に分母の標準偏差に極小値を加える
    x_train = (X_train-mean)/(std+1e-7)
    x_test = (X_test-mean)/(std+1e-7)

    # テストデータの正解ラベルを2階テンソルから1階テンソルへフラット化
    y_test_label = np.ravel(y_test)
    # 訓練データとテストデータの正解ラベルをOne-Hot表現に変換 (10クラス化)
    y_train, y_test = to_categorical(y_train), to_categorical(y_test)


    return X_train, X_test, y_train, y_test, y_test_label
```

▼CNNのモデルを生成する関数（セル2）

```python
from tensorflow.keras.layers import Input, Conv2D, Dense, Activation

from tensorflow.keras.layers import AveragePooling2D, GlobalAvgPool2D

from tensorflow.keras.layers import BatchNormalization

from tensorflow.keras import regularizers

from tensorflow.keras.models import Model


"""basic_conv_block1()
    basic_conv_block2()
```

7.3 異なる構造のモデルで平均のアンサンブルを試す

```
      畳み込み層を生成する


      Parameters: inp(Input): 入力層
                  fsize(int): フィルターのサイズ
                  layers(int) : 層の数
      Returns:
        Conv2Dを格納したTensorオブジェクト
"""
def basic_conv_block1(inp, fsize, layers):
    x = inp
    for i in range(layers):
        x = Conv2D(
            filters=fsize,
            kernel_size=3,
            padding="same")(x)
        x = BatchNormalization()(x)
        x = Activation("relu")(x)
    return x


def basic_conv_block2(inp, fsize, layers):
    weight_decay = 1e-4 # ハイパーパラメーターの値
    x = inp
    for i in range(layers):
        x = Conv2D(
            filters=fsize,
            kernel_size=3,
            padding='same',
            kernel_regularizer=regularizers.l2(weight_decay) # 正則化
            )(x)
        x = BatchNormalization()(x)
        x = Activation('relu')(x)
    return x


def create_cnn(model_num):
    """モデルを生成する


    Parameters: model_num(int):
        モデルの番号
    Returns:
        Conv2Dを格納したModelオブジェクト
```

347

7.3 異なる構造のモデルで平均のアンサンブルを試す

```
    """
    inp = Input(shape=(32,32,3))
    if model_num < 5:
        x = basic_conv_block1(inp, 64, 3)
        x = AveragePooling2D(2)(x)
        x = basic_conv_block1(x, 128, 3)
        x = AveragePooling2D(2)(x)
        x = basic_conv_block1(x, 256, 3)
        x = GlobalAvgPool2D()(x)
        x = Dense(10, activation='softmax')(x)
        model = Model(inp, x)
    else:
        x = basic_conv_block2(inp, 64, 3)
        x = AveragePooling2D(2)(x)
        x = basic_conv_block2(x, 128, 3)
        x = AveragePooling2D(2)(x)
        x = basic_conv_block2(x, 256, 3)
        x = GlobalAvgPool2D()(x)
        x = Dense(10, activation='softmax')(x)
        model = Model(inp, x)
    return model
```

CNNの構造は前回と同じで、畳み込み層×3とプーリング層を3セット配置した
あとにFlatten層と10ユニットからなる出力層を配置します。ただし、全9モデルの
うち、6番目以降の4モデルには正則化の処理を組み込むようにしました。

▼正則化を行う層の追加

```
model.add(BatchNormalization())
```

■9モデルで平均をとるアンサンブルをやってみる

平均をとるアンサンブルを行うensemble_average()関数を定義します。

▼平均をとるアンサンブルを実行するensemble_average()関数（セル3）

```
import numpy as np


def ensemble_average(models, X):
    """平均をとるアンサンブル
```

```
Parameters: models(list): Modelオブジェクトのリスト
          : X(array):  検証用のデータ
Returns  :  各画像の正解ラベルを格納した(,10000)のndarray
"""
preds_sum = None        # 検証結果のNumPy配列を格納する変数
for model in models:  # modelsから学習済みモデルを抽出
    if preds_sum is None:
        # 1番目のモデルが推定した各クラスの確率を代入
        # preds_sumの形状は(データ数,クラス数)
        preds_sum = model.predict(X)
    else:
        # 2番目のモデル以降は各クラスの推定確率を加算する
        preds_sum += model.predict(X)
# 各クラスの推定確率の平均を(データ数,クラス数)の形状で取得
probs = preds_sum / len(models)
# 推定確率の平均(データ数,クラス数)の各行(axis=1)から
# 最大値のインデックスを取得して(,データ数)の形状で返す
return np.argmax(probs, axis=1)
```

　関数のパラメーターmodelsには、学習済みのModelオブジェクトが渡され、パラメーターXに渡された検証データを入力して予測します。modelsには、学習が終了したModelオブジェクトが順次、格納されて渡されるので、その都度、格納されているModelオブジェクトの数だけ予測を行い、出力の平均をとって、最も高い確率のクラスのインデックスを返す、という処理を行います。1番目のモデルの学習が終了したら、そのモデルの予測結果のみを返しますが、2番目以降のモデルからはその前に学習が済んだモデルも含めてパラメーターmodelsに渡されるので、すべてのモデルで予測して平均アンサンブルを実行することになります。モデルが増えるたびに、その都度アンサンブルを行うようにしているのは、前回の多数決をとるアンサンブルのときと同じです。

　以上の処理で平均をとるアンサンブルが完了です。呼び出し側では、戻り値として受け取った予測値を正解ラベルと照合し、精度を算出します。

7.3 異なる構造のモデルで平均のアンサンブルを試す

▼平均をとるアンサンブル

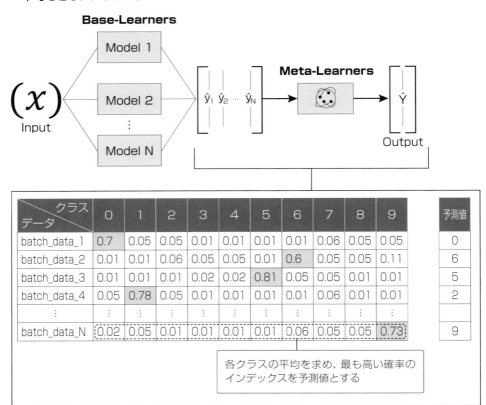

エポックの終了ごとに重みの保存を行うコールバックを定義します。ソースコードは、前回のアンサンブルのときとまったく同じです。

▼学習中にコールバックされるCheckpointクラスの定義（セル4）

```
from tensorflow.keras.callbacks import Callback


class Checkpoint(Callback):
    """Callbackのサブクラス
    
    Attributes:
        model(object): Modelオブジェクト
        filepath(str): 重みを保存するファイルのパス
        best_val_acc : 最高精度を保持する
    """
    def __init__(self, model, filepath):
```

7.3 異なる構造のモデルで平均のアンサンブルを試す

```
        """
        Parameters:
            model(Model): 現在実行中のModelオブジェクト
            filepath(str): 重みを保存するファイルのパス
            best_val_acc(int): 1モデルの最も高い精度を保持
        """
        self.model = model
        self.filepath = filepath
        self.best_val_acc = 0.0

    def on_epoch_end(self, epoch, logs):
        """エポック終了時に呼ばれるメソッドをオーバーライド

        これまでのエポックより精度が高い場合は重みをファイルに保存する

        Parameters:
            epoch(int): エポックの回数
            logs(dict): {'val_acc':損失, 'val_acc':精度}
        """
        if self.best_val_acc < logs['val_acc']:
            # 前回のエポックより精度が高い場合は重みを保存する
            self.model.save_weights(self.filepath)  # ファイルパス
            # 精度をlogsに保存
            self.best_val_acc = logs['val_acc']
            # 重みが保存されたことを精度と共に通知する
            print('Weights saved.', self.best_val_acc)
```

　学習を実行するtrain()関数を定義します。処理の内容は、前回のアンサンブルのときとまったく一緒です。ただし、作成するモデルの数が9に増え、モデルの作成時に、

    create_cnn(i)

として、作成するモデルの通し番号を引数にするようにしました。これによって、1〜5までは正則化を行わないCNN、6以降は正則化を行うCNNが生成されます。平均をとるアンサンブルは、ensemble_average()を呼び出すことで実行します。

▼train()関数を定義（セル5）

```
import math
import pickle
```

7.3 異なる構造のモデルで平均のアンサンブルを試す

```python
import numpy as np

from sklearn.metrics import accuracy_score

from tensorflow.keras.preprocessing.image import ImageDataGenerator

from tensorflow.keras.callbacks import LearningRateScheduler

from tensorflow.keras.callbacks import History


def train(X_train, X_test, y_train, y_test, y_test_label):
    """学習を行う

    Parameters:
        X_train(ndarray): 訓練データ
        X_test(ndarray): テストデータ
        y_train(ndarray): 訓練データの正解ラベル
        y_test(ndarray): テストデータの正解ラベル(One-Hot表)
        y_test_label(ndarray): テストデータの正解ラベル
    """
    n_estimators = 9    # アンサンブルするモデルの数
    batch_size = 1024   # ミニバッチの数
    epoch = 80          # エポック数
    models = []         # モデルを格納するリスト
    # 各モデルの学習履歴を保持するdict
    global_hist = {"hists":[], "ensemble_test":[]}
    # 各モデルの推測結果を登録する2階テンソルを0で初期化
    # (データ数, モデル数)
    single_preds = np.zeros((X_test.shape[0],    # 行数は画像の枚数と同じ
                             n_estimators))       # 列数はネットワークの数

    # モデルの数だけ繰り返す
    for i in range(n_estimators):
        # 何番目のモデルかを表示
        print('Model',i+1)
        # CNNのモデルを生成,引数はモデルの番号
        train_model = create_cnn(i)
        # モデルをコンパイルする
        train_model.compile(optimizer='adam',
                            loss='categorical_crossentropy',
                            metrics=["acc"])
        # コンパイル後のモデルをリストに追加
        models.append(train_model)

        # コールバックに登録するHistoryオブジェクトを生成
```

7.3 異なる構造のモデルで平均のアンサンブルを試す

```python
hist = History()
# コールバックに登録するCheckpointオブジェクトを生成
cp = Checkpoint(train_model,            # Modelオブジェクト
                f'weights_{i}.h5')  # 重みを保存するファイル名
# ステップ減衰関数
def step_decay(epoch):
    initial_lrate = 0.001  # ベースにする学習率
    drop = 0.5             # 減衰率
    epochs_drop = 10.0     # ステップ減衰は10エポックごと
    lrate = initial_lrate * math.pow(
        drop,
        math.floor((1+epcch)/epochs_drop)
    )
    return lrate


lrate = LearningRateScheduler(step_decay) # スケジューラーオブジェクト


# データ拡張
datagen = ImageDataGenerator(
        rotation_range=15,        # 15度の範囲でランダムに回転させる
        width_shift_range=0.1,    # 横サイズの0.1の割合でランダムに水平移動
        height_shift_range=0.1,   # 縦サイズの0.1の割合でランダムに垂直移動
        horizontal_flip=True,     # 水平方向にランダムに反転、左右の入れ替え
        zoom_range=0.2,           # 元サイズの0.2の割合でランダムに拡大
        )


# 学習を行う
train_model.fit(
    datagen.flow( X_train,
                  y_train,
                  batch_size=batch_size),
    epochs=epoch,
    steps_per_epoch=X_train.shape[0] // batch_size,
    validation_data=(X_test, y_test),
    verbose=1,
    callbacks=[hist, cp, lrate] # コールバック
    )

# 学習に用いたモデルで最も精度が高かったときの重みを読み込む
train_model.load_weights(f'weights_{i}.h5')
```

7.3 異なる構造のモデルで平均のアンサンブルを試す

```python
        # 対象のモデルのすべての重み更新をフリーズする
        for layer in train_model.layers:
            layer.trainable = False


        # テストデータで推測し、各画像ごとにラベルの最大値を求め、
        # 対象のインデックスを正解ラベルとしてsingle_predsのi列に格納
        single_preds[:, i] = np.argmax( train_model.predict(X_test),
                                        axis=-1)  # 行ごとの最大値を求める


        # 学習に用いたモデルの学習履歴をglobal_histのhistsキーに登録
        global_hist['hists'].append(hist.history)


        # 平均をとるアンサンブルを実行
        ensemble_test_pred = ensemble_average(models, X_test)


        # scikit-learn.accuracy_score()でアンサンブルによる精度を取得
        ensemble_test_acc = accuracy_score(y_test_label, ensemble_test_pred)


        # アンサンブルの精度をglobal_histのensemble_testキーに追加
        global_hist['ensemble_test'].append(ensemble_test_acc)
        # 現在のアンサンブルの精度を出力
        print('Current Ensemble Test Accuracy : ', ensemble_test_acc)


    global_hist['corrcoef'] = np.corrcoef( single_preds,
                                           rowvar=False)  # 列ごとの相関を求める
    print('Correlation predicted value')
    print(global_hist['corrcoef'])
```

　以上、ソースコードの入力が済みましたら、さっそく実行してみましょう。前回のアンサンブルのときと同じく、ノートブックの [Internet] のスイッチをオンにし、[Accelerator] で [GPU] を選択します。アンサンブルするモデルの数が9に増えたので、プログラムの処理が終わるまでに、GPU使用で5時間程度かかります。

▼ 多数決をとるアンサンブルを実行（セル6）

```python
# データを用意する
X_train, X_test, y_train, y_test, y_test_label  = prepare_data()


# アンサンブルを実行
```

354

7.3 異なる構造のモデルで平均のアンサンブルを試す

```
train(X_train, X_test, y_train, y_test, y_test_label)
```

▼出力（進捗状況は最終エポックのみを抜粋）

```
Model
Epoch 80/80
48/48 [==============================] - 28s 588ms/step
 - loss: 0.0890 - acc: 0.9724 - val_loss: 0.3316 - val_acc: 0.9005
Weights saved. 0.9004999995231628
Current Ensemble Test Accuracy :  0.9005
Model 2
Epoch 80/80
48/48 [==============================] - 29s 599ms/step
 - loss: 0.0913 - acc: 0.9707 - val_loss: 0.3495 - val_acc: 0.8960
Current Ensemble Test Accuracy :  0.9099
Model 3
Epoch 80/80
48/48 [==============================] - 29s 600ms/step - loss: 0.0895 - acc: 0.9722
- val_loss: 0.3447 - val_acc: 0.8944
Current Ensemble Test Accuracy :  0.9143
Model 4
Epoch 80/80
48/48 [==============================] - 28s 588ms/step - loss: 0.0915 - acc: 0.9714
- val_loss: 0.3343 - val_acc: 0.8988
Current Ensemble Test Accuracy :  0.9168
Model 5
Epoch 80/80
48/48 [==============================] - 29s 607ms/step - loss: 0.0941 - acc: 0.9701
- val_loss: 0.3635 - val_acc: 0.8917
Current Ensemble Test Accuracy :  0.9164
Model 6
Epoch 80/80
48/48 [==============================] - 29s 612ms/step - loss: 0.1659 - acc: 0.9795
- val_loss: 0.4423 - val_acc: 0.8974
Current Ensemble Test Accuracy :  0.9191
Model 7
Epoch 80/80
48/48 [==============================] - 29s 608ms/step - loss: 0.1657 - acc: 0.9795
- val_loss: 0.4261 - val_acc: 0.9020
Current Ensemble Test Accuracy :  0.9194
Model 8 train starts
Epoch 80/80
```

7.3 異なる構造のモデルで平均のアンサンブルを試す

```
48/48 [==============================] - 28s 592ms/step - loss: 0.1682 - acc: 0.9792
- val_loss: 0.4379 - val_acc: 0.8970
Current Ensemble Test Accuracy :  0.9206
Model 9
Epoch 80/80
48/48 [==============================] - 29s 596ms/step - loss: 0.1718 - acc: 0.9772
- val_loss: 0.4336 - val_acc: 0.8975
Current Ensemble Test Accuracy :  0.9225


Correlation predicted value
[[1.         0.91638564 0.9124804  0.91647777 0.9042603  0.91367862  0.90019334 0.91385681 0.91250304]
 [0.91638564 1.         0.90576509 0.90915397 0.90767721 0.91020518  0.90380875 0.91449757 0.90512213]
 [0.9124804  0.90576509 1.         0.91255718 0.90346589 0.90882558  0.90221985 0.9012015  0.905078  ]
 [0.91647777 0.90915397 0.91255718 1.         0.90646702 0.91668175  0.90762899 0.9192171  0.91810654]
 [0.9042603  0.90767721 0.90346589 0.90646702 1.         0.9075138   0.90371396 0.90718693 0.9058624 ]
 [0.91367862 0.91020518 0.90882558 0.91668175 0.9075138  1.          0.90966057 0.91420036 0.9160863 ]
 [0.90019334 0.90380875 0.90221985 0.90762899 0.90371396 0.90966057  1.         0.91138583 0.90683657]
 [0.91385681 0.91449757 0.9012015  0.9192171  0.90718693 0.91420036  0.91138583 1.         0.91122773]
 [0.91250304 0.90512213 0.905078   0.91810654 0.9058624  0.9160863   0.90683657 0.91122773 1.        ]]
```

※相関係数の出力は、誌面に収まるように文字サイズを小さくしています。

各モデルの精度とアンサンブルの結果をまとめると、次のようになりました。

▼モデル単体の精度とアンサンブルによる精度の比較

モデル	モデル単体の精度	アンサンブルによる精度
モデル1	0.9005	―
モデル2	0.8978	0.9099
モデル3	0.8975	0.9143
モデル4	0.9010	0.9168
モデル5	0.8963	0.9164
モデル6	0.9013	0.9191
モデル7	0.9035	0.9194
モデル8	0.9024	0.9206
モデル9	0.9010	0.9225

正則化を行うようにしたモデル6以降は、正則化を行わない場合に比べてわずかですが精度が高く出ています。一方、アンサンブルの結果を見てみると、モデルの数を増やしたこともあり、前回の5モデルのときよりも高い精度が出ています。

第8章 転移学習からのファインチューニング

8.1 画像認識コンペ「Dogs vs. Cats Redux: Kernels Edition」

> **Point**
> ◎転移学習でどのくらい精度が向上するかを確認するためのベンチマークを得る目的で、自作CNNモデルによる予測を行います。
>
> **分析コンペ**
>
> Dogs vs. Cats Redux: Kernels Edition

　画像認識の分野では、いわゆる**転移学習**が盛んです。「学習済みのニューラルネットワーク」をそのままプログラムに移植して、任意のデータを認識させるというものです。もちろん、Kaggleの画像認識コンペにおいても、盛んに転移学習が用いられています。

8.1.1 「Dogs vs. Cats Redux: Kernels Edition」

　今回は、「Dogs vs. Cats Redux: Kernels Edition」というPlaygroundに属する常設のコンペティションを題材にします。研究用として公開されていて、いつでもノートブックを作成して参加することができるので、転移学習を体験するのにうってつけです。

　「Dogs vs. Cats Redux: Kernels Edition（以降「Dogs vs. Cats」と表記）」では、イヌとネコのカラー写真が25,000枚用意されています。イヌの写真であれば「dog.xxxx.jpg」（xxxxは数字の連番）、ネコの写真であれば「cat.xxxx.jpg」のようなファイル名が付いているので、共に先頭部分の「dog」「cat」を正解ラベルとして使用することになります。

8.1 画像認識コンペ「Dogs vs. Cats Redux: Kernels Edition」

▼常設のコンペティションとして公開されている「Dogs vs. Cats Redux: Kernels Edition」

　参加者は、前処理の段階で画像ごとにdogなら「1」、catなら「0」の正解ラベルを割り当て、これを画像と共にニューラルネットワークなどの分類器に読み込んで学習させ、精度を競います。

■人とコンピューターとのセマンティックギャップ

　ひと口にいってしまえばイヌとネコの画像を認識するだけのシンプルな二値分類なのですが、これがなかなか手強いのです。写真には様々なパターンがあり、ネコ一匹で写っているものから複数で写っているもの、中には人に抱かれたりしているものまであります。それぞれのポーズはもちろん、背景も多種多様なので、機械学習では困難を極めることが容易に想像できます。人間なら一匹であろうが複数であろうが、人に抱かれていたとしてもイヌとネコの識別は簡単です。そもそも人間には、イヌとネコがどのようなものであるのかという概念があるので、簡単に見分けることができます。しかし、コンピューターには概念というものがないので、人間のように識別することはできません。これを**セマンティックギャップ**と呼びますが、いかに人間とのセマンティックギャップをなくすかが、このコンペティションのカギとなります。

　そこで「Dogs vs. Cats」では、従来のCNNを使った学習に加え、「転移学習」を用いることによる精度向上が多く試みられています。CNNの精度が80パーセントを超える辺りなのに対し、転移学習を用いた例だと軒並み95パーセント越えの精度を叩き出しています。「Dogs vs. Cats」のように機械にとって困難を極める分類問題には、転移学習が効果的であるということなのでしょう。

8.1 画像認識コンペ「Dogs vs. Cats Redux: Kernels Edition」

■まずはデータを読み込んでCNNに学習させてみる

　コンペティションのトップページから [Notebooks] タブを表示し、新規の Notebookを作成します。作成が済んだら以下のコードを順に入力し、どのような データが提供されているのかを見てみることにします。まずは、デフォルトで入力されているコードを実行して、ディレクトリの構造を見てみましょう。

▼デフォルトで入力されているコードを実行（セル1）

```
import numpy as np # linear algebra
import pandas as pd # data processing, CSV file I/O (e.g. pd.read_csv)

import os
for dirname, _, filenames in os.walk('/kaggle/input'):
    for filename in filenames:
        print(os.path.join(dirname, filename))
```

▼出力

```
/kaggle/input/dogs-vs-cats-redux-kernels-edition/sample_submission.csv
/kaggle/input/dogs-vs-cats-redux-kernels-edition/test.zip
/kaggle/input/dogs-vs-cats-redux-kernels-edition/train.zip
```

　train.zipが訓練用のデータ、test.zipがコンペに提出するときに用いる予測用のデータですので、これらを解凍します。

▼訓練データとテストデータの解凍（セル2）

```
import os, shutil, zipfile
# 解凍するzipファイル名
data = ['train', 'test']
# train.zip、test.zipをカレントディレクトリに展開
for el in data:
    with zipfile.ZipFile(
        '../input/dogs-vs-cats-redux-kernels-edition/' +
        el + ".zip", "r") as z:
        z.extractall(".")
```

　データはJPEG形式の画像のみで、正解ラベルはありません。その代わりにファイル名が「dog.xxxx.jpeg」「cat.xxxx.jpeg」(xxxxの部分は連続する番号)のようになっているので、先頭部が「dog」なら1、「cat」なら0の正解ラベルを割り当て、ファイル名と共にデータフレームに格納します。

359

8.1 画像認識コンペ「Dogs vs. Cats Redux: Kernels Edition」

▼正解ラベルを作成し、ファイル名と対にしてデータフレームに格納する（セル3）

```python
# データの前処理
import pandas as pd


# trainフォルダー内のファイル名を取得してfilenamesに格納
filenames = os.listdir("./train")
# store the label for each image file
categories = []


# 訓練データのファイル名のdog.x.jpg、cat.x.jpgを使って1と0のラベルを生成
for filename in filenames:
    # ファイル名を分割して先頭要素 (dog/cat) のみを取り出し、
    # dogは1、catは0をラベルにしてcategoryに格納
    category = filename.split('.')[0]
    if category == 'dog':
        # dogならラベル1として追加
        categories.append(1)
    else:
        # catならラベル0として追加
        categories.append(0)


# dfの列filenameにファイル名filenamesを格納
# 列categoryにラベルの値categoriesを格納
df = pd.DataFrame({
    'filename': filenames,
    'category': categories
})
df.head()
# データフレームの先頭から5行目までを出力
df.head()
```

▼出力

	filename	category
0	dog.6011.jpg	1
1	cat.7762.jpg	0
2	cat.7997.jpg	0
3	cat.180.jpg	0
4	cat.8688.jpg	0

それぞれの画像の枚数をグラフにしてみます。

▼dog(1)とcat(0)の総数をグラフにする(セル4)
```
df['category'].value_counts().plot.bar()
```

▼出力

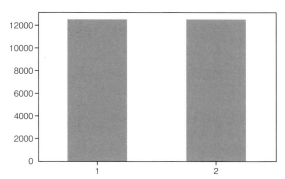

　それぞれの画像の数は、概ね同じようです。二値分類では、分類タスクのクラスの分布が偏っていれば、データ数が多い方に合わせて少ない方のデータ数の割合を多くするといったオーバーサンプリングの手法を使わなくてはなりませんが、今回はその必要はまったくありません。続いて、肝心の画像がどんなものなのかランダムに選んで表示してみましょう。

▼ランダムに選んだ12枚の画像を出力する(セル5)
```
from tensorflow.keras.preprocessing.image import load_img
import matplotlib.pyplot as plt
import random
%matplotlib inline

# ランダムに16枚取り出す
sample = random.sample(filenames, 16)

# 描画するエリアのサイズは12×12
plt.figure(figsize=(12, 12))

for i in range(0, 16):
    # 4×4のマス目の左上隅から順番に描画
    plt.subplot(4, 4, i+1)
    # sampleに格納されたi番目の画像
    fname = sample[i]
    # trainフォルダーから画像を読み込む
```

```
        image = load_img("./train/"+fname)
        # 画像を描画
        plt.imshow(image)
        plt.axis('off')   # 目盛りは非表示
plt.tight_layout()
plt.show()
```

▼出力

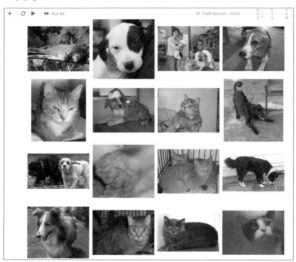

　確かに複数で写っているものや、人の手に抱かれたものもあり、中にはネコの肉球（笑）の写真も交じっていたりします。コンピューターにセマンティックギャップを起こさせるには十分な内容です。

　続いて、訓練データを実際の訓練用と、検証用に分けます。25,000枚の画像の10パーセント、2,500枚を検証用のデータに回すことにします。

▼訓練データを訓練用と検証用に分ける（セル6）
```
from sklearn.model_selection import train_test_split

# 訓練データの総数25000の10%を検証データにする
train_df, validate_df = train_test_split(df, test_size=0.1)
# 行インデックスを振り直す
train_df = train_df.reset_index()
validate_df = validate_df.reset_index()
```

8.1 画像認識コンペ「Dogs vs. Cats Redux: Kernels Edition」

```python
# 訓練データの数を取得
total_train = train_df.shape[0]
# 検証データの数を取得
total_validate = validate_df.shape[0]

# 訓練、検証データの数を出力
print(total_train)
```

▼出力
```
22500
2500
```

　さて、これでデータの準備が整いましたので、あとはCNNに入力して学習を行えば
よいのですが、あと1つやらなければならない重要なことがあります。それは「ネット
ワークに入力できるように画像のサイズを揃える」ということです。実は、「Dogs vs.
Cats」の画像は、縦横比はもちろんサイズもバラバラです。正方形以外に、縦長の写
真もあれば横長のものもあります。これを一律で同じサイズ、しかもCNNに入力でき
るサイズに揃えなければなりません。

　幸い、tensorflow.kerasのImageDataGeneratorクラスから生成するオブジェ
クトは、画像を加工処理する際にリサイズする機能があります。これを使えば、すべ
ての画像を同じサイズに揃えることができるので、画像の加工処理と一緒にリサイズ
することにしましょう。

▼訓練データを加工処理する（セル7）
```python
from tensorflow.keras.preprocessing.image import ImageDataGenerator

# 画像をリサイズするときのサイズ
img_width, img_height = 224, 224
target_size = (img_width, img_height)
# ミニバッチのサイズ
batch_size = 16

# データフレームに格納したファイル名の列名とラベルの列名
x_col, y_col = 'filename', 'category'
# flow_from_dataframe()で画像を生成する際のclass_modeオプションの値
# ジェネレーターが返すラベルの配列の形状として二値分類の'binary'を格納
class_mode = 'binary'
```

8.1 画像認識コンペ「Dogs vs. Cats Redux: Kernels Edition」

```python
# 画像を加工するジェネレーターを生成
train_datagen = ImageDataGenerator(
    rescale=1./255,          # RGB値を0～1.0の範囲に変換
    rotation_range=15,       # ランダムに回転
    shear_range=0.2,         # シアー変換
    zoom_range=0.2,          # 拡大
    horizontal_flip=True,    # 水平方向に反転
    width_shift_range=0.1,   # 平行移動
    height_shift_range=0.1   # 垂直移動
)

# flow_from_dataframe()の引数class_mode = "binary"の場合、
# ラベルが格納されたtrain_dfのy_col = 'category'の列の値は
# 文字列であることが必要なので、1と0の数値を文字列に変換しておく
train_df['category'] = train_df['category'].astype(str)

# ジェネレータで加工した画像の生成
train_generator = train_datagen.flow_from_dataframe(
    train_df,        # 訓練用のデータフレーム
    "./train/",      # 画像データのディレクトリ
    x_col=x_col,     # ファイル名が格納された列
    y_col=y_col,     # ラベルが格納された列 (文字列に変換済み)
    class_mode=class_mode,      # ラベルの配列の形状
    target_size=target_size,    # 画像のサイズ
    batch_size=batch_size       # ミニバッチのサイズ
)
```

▼出力

```
Found 22500 validated image filenames belonging to 2 classes.
```

続いて、訓練の際の検証用データを加工処理します。

▼検証データを加工処理する（セル8）

```python
# 画像を加工するジェネレーターを生成
# データ拡張は必要ないのでRGB値の変換のみを行う
validation_datagen = ImageDataGenerator(rescale=1./255)


# flow_from_dataframe()の引数class_mode = "binary"の場合、
```

8.1 画像認識コンペ「Dogs vs. Cats Redux: Kernels Edition」

```python
# ラベルが格納されたvalidate_dfのy_col = 'category'の列の値は
# 文字列であることが必要なので、1と0の数値を文字列に変換しておく
validate_df['category'] = validate_df['category'].astype(str)


# ジェネレータで加工した画像の生成
validation_generator = validation_datagen.flow_from_dataframe(
    validate_df,    # 検証用のデータフレーム
    "./train/",     # 画像データのディレクトリ
    x_col=x_col,    # ファイル名が格納された列
    y_col=y_col,    # ラベルが格納された列 (文字列に変換済み)
    class_mode=class_mode,    # ラベルの配列の形状
    target_size=target_size,  # 画像のサイズ
    batch_size=batch_size     # ミニバッチのサイズ
)
```

▼出力

```
Found 2500 validated image filenames belonging to 2 classes.
```

実際にどんなデータが生成されたのか、訓練データから１つを選び、加工処理後の９パターンを表示してみます。

▼訓練データから１サンプル取り出し、加工処理後の９パターンを表示（セル9）

```python
# 訓練データから1サンプル取り出し、reset_index()でインデックスを振り直す
# drop=Trueは元のインデックスを削除するためのもの
example_df = train_df.sample(n=1).reset_index(drop=True)
# DataFrameIteratorオブジェクトを生成
example_generator = train_datagen.flow_from_dataframe(
    example_df,         # サンプルデータを格納したデータフレーム
    "./train/",         # 画像データの場所
    x_col='filename',   # ファイル名の列名
    y_col='category',   # 正解ラベルの列名
    target_size=target_size  # 画像をリサイズする
)
# 描画エリアのサイズは12×12
plt.figure(figsize=(12, 12))
# 加工処理後の9パターンを表示
for i in range(0, 9):
    # 3×3のマス目の左上隅から順番に描画
    plt.subplot(3, 3, i+1)
    for X_batch, Y_batch in example_generator:
```

8

転移学習からのファインチューニング

365

```
    # X_batchの1つ目の画像データを抽出
    image = X_batch[0]
    # 抽出した画像を描画したらbreakする
    plt.imshow(image)
    break
plt.show()
```

▼出力

　人に抱かれているイヌの画像ですが、指定した224×224にリサイズされ、回転や拡大などの加工処理がなされているのが確認できます。せっかくここまできましたので、転移学習の際のベンチマークにするためにも、自作のCNNでどのくらいの精度が出るのか実験してみることにします。

Keras2.3.1の単独使用

　2020年7月現在、ノートブックにはTensorFlowのバージョン2.2.0がインポートされます。このバージョンのTensorFlowは、Keras2.4.3と依存関係にあるようなのですが、このバージョンで「8.2　VGG16を移植して究極の解析能力を得る」のプログラムを実行すると、FC層による学習の箇所でプログラムがハングアップします。
　Kerasのメモリの扱い方によるものと思われますが、対策としてKeras2.3.1をpipコマンドでインストールし、Keras2.3.1を単体で使用するようにしました。
　なお、VGG16のファインチューニングにおいては、デフォルトでインポートされるTensorFlow2.2.0を使用しても問題は発生しないので、通常どおり、デフォルトのTensorFlowからKerasのAPIを使用するようにしています。

8.1 画像認識コンペ「Dogs vs. Cats Redux: Kernels Edition」

▼3層の畳み込み層を持つCNN（セル10）

```python
from tensorflow.keras.models import Sequential
from tensorflow.keras.layers import Conv2D, MaxPooling2D, Dropout, Flatten, Dense
from tensorflow.keras.layers import GlobalMaxPooling2D
from tensorflow.keras import optimizers
from tensorflow.keras import regularizers


# Sequentualオブジェクトを生成
model = Sequential()


# 入力データの形状
input_shape = (img_width, img_height, 3)


# 第1層:畳み込み層1
model.add(
    Conv2D(
        filters=32,               # フィルターの数は32
        kernel_size=(3, 3),       # 3×3のフィルターを使用
        padding='same',           # ゼロパディングを行う
        activation='relu',        # 活性化関数はReLU
        input_shape=input_shape,  # 入力データの形状
        ))


# 第2層:プーリング層
model.add(
    MaxPooling2D(pool_size=(2, 2)))
# ドロップアウト25%
model.add(Dropout(0.25))


# 第3層:畳み込み層2
model.add(
    Conv2D(
        filters = 64,         # フィルターの数は32
        kernel_size = (3,3),  # 3×3のフィルターを使用
        padding='same',       # ゼロパディングを行う
        activation='relu',    # 活性化関数はReLU
        ))


# 第4層:プーリング層
model.add(
```

8

転移学習からのファインチューニング

367

8.1 画像認識コンペ「Dogs vs. Cats Redux: Kernels Edition」

```python
        MaxPooling2D(pool_size=(2, 2)))
# ドロップアウト25%
model.add(Dropout(0.25))


# 第5層：畳み込み層3
model.add(
    Conv2D(
        filters=128,            # フィルターの数は64
        kernel_size=(3, 3),     # 3×3のフィルターを使用
        padding='same',         # ゼロパディングを行う
        activation='relu',      # 活性化関数はReLU
        ))


# 第6層：プーリング層
model.add(
    MaxPooling2D(pool_size=(2, 2))
)
# ドロップアウト25%
model.add(Dropout(0.25))


# (batch_size, rows, cols, channels)の4階テンソルに
# プーリング演算適用後、(batch_size, channels)の2階テンソルにフラット化
model.add(
    GlobalMaxPooling2D())


# 第7層
model.add(
    Dense(128,                  # ユニット数128
          activation='relu'))   # 活性化関数はReLU
# ドロップアウト25%
model.add(Dropout(0.25))


# 第8層：出力層
model.add(
    Dense(1,                    # ニューロン数は1個
          activation='sigmoid'))   # 活性化関数はシグモイド


# モデルのコンパイル
model.compile(
    loss='binary_crossentropy',   # バイナリ用のクロスエントロピー誤差
    metrics=['accuracy'],         # 学習評価として正解率を指定
```

8.1 画像認識コンペ「Dogs vs. Cats Redux: Kernels Edition」

```
        optimizer=optimizers.RMSprop()  # RMSpropで最適化
)
```

▼学習を行う（セル11）

```python
import math
from tensorflow.keras.callbacks import LearningRateScheduler, EarlyStopping, Callback

# 学習率をスケジューリングする
def step_decay(epoch):
    initial_lrate = 0.001 # 学習率の初期値
    drop = 0.5             # 減衰率は50%
    epochs_drop = 10.0     # 10エポックごとに減衰させる
    lrate = initial_lrate * math.pow(
        drop,
        math.floor((epoch)/epochs_drop)
    )
    return lrate

# 学習率のコールバック
lrate = LearningRateScheduler(step_decay)

# 学習の進捗を監視して早期終了するコールバック
earstop = EarlyStopping(
    monitor='val_loss',   # 監視対象は損失
    min_delta=0,          # 改善として判定される最小変化値
    patience=5)           # 改善が見られないと判断されるエポック数を5に拡大


# 学習の実行
# GPU使用による所要時間：
epochs = 40            # エポック数
history = model.fit(
    # 訓練データ
    train_generator,
    # エポック数
    epochs=epochs,
    # 訓練時のステップ数
    steps_per_epoch=total_train//batch_size,
    # 検証データ
    validation_data=validation_generator,
```

8 転移学習からのファインチューニング

8.1 画像認識コンペ「Dogs vs. Cats Redux: Kernels Edition」

```
    # 検証時のステップ数
    validation_steps=total_validate//batch_size,
    # 学習の進捗状況を出力する
    verbose=1,
    # 学習率のスケジューラーとアーリーストッピングをコール
    callbacks=[lrate, earstop]
)
```

　エポック数は40としましたが、学習が進まないことを考慮して、早期終了アルゴリズム（アーリーストッピング）を実装しました。

▼学習の進捗を監視して早期終了するコールバック

```
earstop = EarlyStopping(
    monitor='val_loss',   # 監視対象は損失
    min_delta=0,          # 改善として判定される最小変化値
    patience=5)           # 改善が見られないと判断されるエポック数を5に拡大
```

　ポイントは、patienceの値です。デフォルトの0のままだと損失が前回よりも改善されていなければ即座に終了してしまいます。多くの場合、エポックを重ねるごとに損失が上がったり下がったりを繰り返しながら収束に向かうので、patience=5として5回の間に改善されない場合にのみエポックを打ち切るようにしています。結果、次のように出力されました。

▼出力（最終出力のみ表示）

```
Epoch 20/40
1406/1406 [==============================] - 274s 195ms/step
 - loss: 0.3139 - accuracy: 0.8640 - val_loss: 0.2244 - val_accuracy: 0.8700
```

　早期終了アルゴリズムが効いて、20エポック目で停止しています。検証データの損失は0.2244、精度は0.87です。これをベンチマークにして、転移学習でどのくらい向上するのかを見ていきます。

8.2 VGG16を移植して究極の解析能力を得る

8.2 VGG16を移植して究極の解析能力を得る

Point
◎画像分類系の分析コンペでは、高性能な学習済みモデルを使用することで高い精度を出している例が多くあります。そこで、学習済みモデル「VGG16」を使用して、どのくらい精度が向上するかを検証します。

分析コンペ

Dogs vs. Cats Redux: Kernels Edition

1400万を超える画像を収録した「ImageNet」というデータセットが公開されています。それぞれの画像は20,000を超えるカテゴリに分類されているという膨大なデータです。一方、tensorflow.kerasには、ImageNetのコンテストの上位を占めたモデルなど、以下のモデルが収録されています。もちろん、学習済みの重みとセットなので、プログラムに組み込んですぐに使えるようになっています。

▼ tensorflow.keras に収録されている学習済みのモデル

モデル名	Size	出力した確率が最も高いクラスが正解である確率	出力した確率のうち上位5のクラスが正解である確率	パラメーター数	層の数
Xception	88 MB	0.790	0.945	22,910,480	126
VGG16	528 MB	0.715	0.901	138,357,544	23
VGG19	549 MB	0.727	0.910	143,667,240	26
ResNet50	99 MB	0.759	0.929	25,636,712	168
InceptionV3	92 MB	0.788	0.944	23,851,784	159
InceptionResNetV2	215 MB	0.804	0.953	55,873,736	572
MobileNet	17 MB	0.665	0.871	4,253,864	88
DenseNet121	33 MB	0.745	0.918	8,062,504	121
DenseNet169	57 MB	0.759	0.928	14,307,880	169
DenseNet201	80 MB	0.770	0.933	20,242,984	201

精度を表す数値は、各モデルが各クラスについて出力した確率のうち、最も高い確率のものが正解であるときの確率（本来の意味での精度です）と、各クラスについて出力した上位5のうちのどれかが正解であるときの確率をそれぞれ示しています。

8.2.1　VGG16モデルでイヌとネコの画像を分類する

今回は、「VGG16」というモデルを使ってみることにします。VGG16は16層（入力層と畳み込み層のみをカウント）の畳み込みニューラルネットワークで、Oxford大学のVisual Geometry Groupという研究室に所属する2人の研究者がVGGというグループ名で開発し、ImageNetのマルチクラス分類を行ったモデルです。

■VGG16モデルの構造

次の図は、VGG16モデルの構造です。入力層は、デフォルトで224×224のサイズの画像データを入力するようになっていますが、画像の縦、横のサイズは48ピクセル以上であれば任意のサイズに調整可能です。

▼VGG16モデル

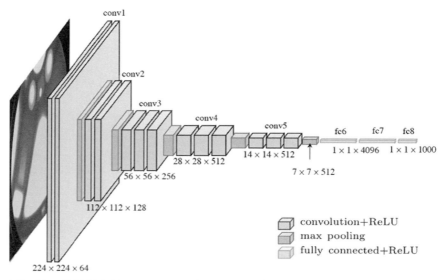

出典：「Use CNN With Machine Leaning」Suraj Kumar（https://medeium.com/@surajx42/use-cnn-with-machine-learning-a8310b76fb96）

第5ブロック（図のconv5の部分）から出力されるのは(7, 7, 512)の形状の3階テンソルですが、実際のアウトプットは(画像の枚数, 7, 7, 512)の4階テンソルです。

一方、最終の第6ブロック、ここは全結合のFC層（Full Connected layer）ですが、1000カテゴリのマルチクラス分類なので、最終出力が1000ユニットに対して行われます。もちろん、このままだとDogs vs. Catsの二値分類は行えないので、最終出力を1ユニットのみに作り替えることにします。学習済みモデルの下位の層に至るまでに画像の特徴が抽出されているので、出力側のFC層で、任意の数のクラス分類に対応できます。

今回はVGG16を、ネットワークの出力層側にある3つの全結合層を無効にした状態で移植し、VGG16の第5ブロックからの出力を、新たに用意した512ユニットの全結合層と1ユニットの出力層で構成されるFC層で学習するようにしたいと思います。

■ VGG16を移植してFC層で学習する

転移学習は、以下の手順で行います。

❶ VGG16に訓練データと検証データを入力し、それぞれの出力を.npyファイルに保存する

❷ 保存した.npyファイルを独自に作成したFC層に読み込んで学習する

- prepareData()
  zipファイルを解凍し、trainから抽出した訓練用のデータの90％を訓練データ、10％を検証データとし、それぞれをデータフレームに格納して返します。
- ImageDataGenerate()
  訓練データを加工処理、検証データはリサイズのみを行い、それぞれをDirectoryIteratorオブジェクトとして返します。
- save_VGG16_outputs()
  VGG16に訓練データ、検証データを入力し、それぞれの最終出力をnpyファイルに保存します。
- train_FClayer()
  VGG16の出力を独自のFC層に入力して学習を行います。

▼ TensorFlowのエラー対策としてKeras2.3.1を単独でインストールする（セル1）
```
pip install keras==2.3.1
```

8.2 VGG16を移植して究極の解析能力を得る

▼データを用意するprepareData()関数（セル2）

```python
import pandas as pd

import os, zipfile

from sklearn.model_selection import train_test_split


def prepareData():
    """データを読み込んで訓練データと検証データに分ける


    Returns:
        train_df(DataFrame):
            trainから抽出した訓練用のデータ(90%)
        validate_df(DataFrame):
            trainから抽出した検証用のデータ(10%)
    """
    # 訓練データとテストデータの解凍
    # 解凍するzipファイル名
    data = ['train', 'test']


    # train.zip、test.zipをカレントディレクトリに展開
    for el in data:
        with zipfile.ZipFile(
            '../input/dogs-vs-cats-redux-kernels-edition/' +
            el + ".zip", "r") as z:
            z.extractall(".")


    # 訓練データのファイル名のdog.x.jpg、cat.x.jpgを使って1と0のラベルを生成
    # trainフォルダー内のファイル名を取得してfilenamesに格納
    filenames = os.listdir("./train")
    # 正解ラベルを格納するリスト
    categories = []


    for filename in filenames:
        # ファイル名を分割して先頭要素(dog/cat)のみを取り出し、
        # dogは1、catは0をラベルにしてcategoryに格納
        category = filename.split('.')[0]
        if category == 'dog':
        # dogならラベル1として追加
            categories.append(1)
        else:
        # catならラベル0として追加
```

8.2 VGG16を移植して究極の解析能力を得る

```
        categories.append(0)

    # dfの列filenameにファイル名filenamesを格納
    # 列categoryにラベルの値categoriesを格納
    df = pd.DataFrame({
        'filename': filenames,
        'category': categories
    })

    # 訓練データの総数25000をランダムに90%をと10%に切り分け、
    # 90%を訓練データ、10%を訓練時の検証データにする
    train_df, validate_df = train_test_split(df, test_size=0.1)
    # 行インデックスを振り直す
    train_df = train_df.reset_index()
    validate_df = validate_df.reset_index()

    return train_df, validate_df
```

データの加工処理を行うImageDataGenerate()関数を定義します。

▼データの加工処理を行うImageDataGenerate()関数 (セル3)

```
from keras.preprocessing.image import ImageDataGenerator

def ImageDataGenerate(train_df, validate_df):
    """画像を加工処理する

    parameters:
        train_df(DataFrame):
            trainから抽出した訓練用のデータ(90%)
        validate_df(DataFrame):
            trainから抽出した検証用のデータ(10%)
    Returns:
        train_generator(DirectoryIterator):
            加工処理後の訓練データ
        validation_generator(DirectoryIterator):
            加工処理後の検証データ
    """
    # 画像をリサイズするサイズ
    img_width, img_height = 224, 224
```

8.2 VGG16を移植して究極の解析能力を得る

```python
target_size = (img_width, img_height)
# ミニバッチのサイズ
batch_size = 16


# ファイル名の列名とラベルの列名
x_col, y_col = 'filename', 'category'
# flow_from_dataframe()で画像を生成する際のclass_modeオプションの値
# ジェネレーターが返すラベルの配列の形状として'binary'を格納
class_mode = 'binary'


# 訓練データを加工するジェネレーターを生成
train_datagen = ImageDataGenerator(
    rotation_range=15,
    rescale=1./255,
    shear_range=0.2,
    zoom_range=0.2,
    horizontal_flip=True,
    fill_mode='nearest',
    width_shift_range=0.1,
    height_shift_range=0.1
)


# flow_from_dataframe()の引数class_mode = "binary"の場合、
# ラベルが格納されたtrain_dfのy_col = 'category'の列の値は
# 文字列であることが必要なので、1と0の数値を文字列に変換しておく
train_df['category'] = train_df['category'].astype(str)   #optional

# ジェネレータを使って訓練データを生成
train_generator = train_datagen.flow_from_dataframe(
    train_df,       # 訓練用のデータフレーム
    "./train/",   # 画像データのディレクトリ
    x_col=x_col, # ファイル名が格納された列
    y_col=y_col, # ラベルが格納された列（文字列に変換済み）
    class_mode=None,          # 出力層は存在しないのでclass_modeはNone
    target_size=target_size,  # 画像のサイズ
    batch_size=batch_size,    # ミニバッチのサイズ
    shuffle=False)            # データをシャッフルしない


# 検証データを加工するジェネレーター
validation_datagen = ImageDataGenerator(rescale=1./255)
```

```python
    # flow_from_dataframe()の引数class_mode = "binary"の場合、
    # ラベルが格納されたvalidate_dfのy_col = 'category'の列の値は
    # 文字列であることが必要なので、1と0の数値を文字列に変換しておく
    validate_df['category'] = validate_df['category'].astype(str)


    # ジェネレータを使って検証データを生成
    validation_generator = validation_datagen.flow_from_dataframe(
        validate_df,  # 検証用のデータフレーム
        "./train/",   # 画像データのディレクトリ
        x_col=x_col,  # ファイル名が格納された列
        y_col=y_col,  # ラベルが格納された列(文字列に変換済み)
        class_mode=None,          # 出力層は存在しないのでclass_modeはNone
        target_size=target_size,  # 画像のサイズ
        batch_size=batch_size,    # ミニバッチのサイズ
        shuffle=False)            # データをシャッフルしない


    # 生成した訓練データと検証データを返す
    return train_generator, validation_generator
```

save_VGG16_outputs()関数は、FC層を除いたVGG16を学習済みの重みと一緒に読み込み、訓練データを入力した結果と、検証データを入力した結果をそれぞれnpyファイルに保存する処理を行います。

▼ VGG16に入力し、出力結果を保存するsave_VGG16_outputs()関数(セル4)

```python
from keras.applications import VGG16
import numpy as np


def save_VGG16_outputs(train_generator,
                        validation_generator):
    '''VGG16に訓練データ、検証データを入力し、
       それぞれの最終出力をnpyファイルに保存する

    parameters:
        train_generator(DataFrameIterator):
            加工済みの訓練用データ
        validate_generator(DataFrameIterator):
            加工済みの検証データ
    '''
```

8.2 VGG16を移植して究極の解析能力を得る

```python
# 画像のサイズを取得
image_size = len(train_generator[0][0][0])
# 入力データの形状をタプルにする
input_shape = (image_size, image_size, 3)


# VGG16モデルと学習済み重みを読み込む
model = VGG16(
    include_top=False,        # 全結合の3層（FC層）は読み込まない
    weights='imagenet',       # ImageNetで学習した重みを利用
    input_shape=input_shape   # 入力データの形状
)
# VGG16のサマリを表示
model.summary()


# 訓練データをVGG16モデルに入力する
vgg16_train = model.predict_generator(
    train_generator,                # ジェネレーターで加工した訓練データ
    steps = len(train_generator),   # ジェネレーターのサイズを設定
    verbose=1                       # 進捗状況を出力
)
# 訓練データの出力を保存
np.save('vgg16_train.npy', vgg16_train)


# 検証データをVGG16モデルに入力する
vgg16_test = model.predict_generator(
    validation_generator,                # ジェネレーターで加工した検証データ
    steps = len(validation_generator),   # ジェネレーターのサイズを設定
    verbose=1                            # 進捗状況を出力
)
# 検証データの出力を保存
np.save('vgg16_test.npy', vgg16_test)
```

　train_FClayer()関数は、FC層を作成し、VGG16の結果を読み込んで学習する処理を行います。1つ気を付けたいのが、学習率の設定です。今回はオプティマイザーにRMSpropをチョイスしましたが、学習率をデフォルトの100分の1にあたる0.00001にしています。VGG16を移植した場合、FC層側でデフォルトの学習率で学習すると学習に失敗してしまうのです。何度学習を繰り返しても、精度がまったく改善されずに停滞した状態になってしまいます。学習率が高すぎて損失が発散したような状態です。そこで、Kaggleで公開されているVGG16を用いたNotebookを調

べたところ、RMSpropに限らず、AdamやSGDなどの他のオプティマイザーを含めて、デフォルトの100分の1の値が使われているのがわかりました。RMSpropやAdamであればデフォルトが0.001なので0.00001、SGDであればデフォルトが0.01なので0.0001という具合です。

　これを参考にして、10分の1など他の学習率を試してみましたが、やはり100分の1が最も適していましたので、RMSpropの学習率は0.00001にすることにしました。

▼ FC層で学習するtrain_FClayer()関数（セル5）

```python
import numpy as np
from keras.models import Sequential
from keras import optimizers
from keras.layers import Dropout, GlobalMaxPooling2D, Dense


def train_FClayer(train_labels, validation_labels):
    '''VGG16の出力を独自のFC層に入力して学習する

    parameters:
        train_labels(intのlist): 訓練データの正解ラベル
        validate_labels(intのlist): 検証データの正解ラベル
    '''
    # 訓練データのVGG16からの出力をNumPy配列に読み込む
    train_data = np.load('vgg16_train.npy')

    # 検証データのVGG16からの出力をNumPy配列に読み込む
    validation_data = np.load('vgg16_test.npy')

    # 独自のFCネットワークの作成
    model = Sequential()
    # (batch_size, rows, cols, channels)の
    # 4階テンソルにプーリング演算を適用後、
    # (batch_size, channels)の2階テンソルにフラット化
    model.add(
        GlobalMaxPooling2D())

    # 全結合層
    model.add(
        Dense(512,                         # ユニット数512
```

8.2 VGG16を移植して究極の解析能力を得る

```
                    activation='relu')          # 活性化関数はReLU
)

# 50%のドロップアウト
model.add(Dropout(0.5))


# 出力層
model.add(
    Dense(1,                              # ユニット数1
            activation='sigmoid')         # 活性化関数はシグモイド
)


# モデルのコンパイル
model.compile(loss='binary_crossentropy',
              # 学習率はデフォルトの100分の1
              optimizer=optimizers.RMSprop(lr=1e-5),
              metrics=['accuracy'])


# 学習の実行
epoch = 20                                # エポック数
batch_size = 16                           # ミニバッチのサイズ
history = model.fit(train_data,           # 訓練データ
                    train_labels,  # 訓練データの正解ラベル
                    epochs=epoch,
                    batch_size=batch_size,
                    verbose=1,
                    # 検証データと正解ラベル
                    validation_data=(validation_data,
                                     validation_labels)
                    )


# historyを返す
return history
```

では、これまでにコードを入力したセルを実行したあと、prepareData()関数から
順番に呼び出していきます。

▼訓練データと検証データを取得する（セル6）
```
train_df, validate_df = prepareData()
```

取得したデータフレームを引数にして、ImageDataGenerate()関数を実行しま
す。

380

8.2 VGG16を移植して究極の解析能力を得る

▼ジェネレーターで加工する（セル7）

```
train_generator, validation_generator = ImageDataGenerate(
                                train_df, validate_df)
```

▼出力

```
Found 22500 validated image filenames.
```
```
Found 2500 validated image filenames.
```

　　加工済みの訓練データ、検証データを引数にしてVGG16に入力します。

▼VGG16に入力して出力を保存（セル8）

```
save_VGG16_outputs(train_generator, validation_generator)
```

　　VGG16のFC層を除くサマリが出力され、VGG16から出力される状況が表示されます。

▼出力

```
Downloading data from
https://github.com/fchollet/deep-learning-models/releases/download/v0.1/vgg16_
weights_tf_dim_ordering_tf_kernels_notop.h5
58892288/58889256 [==============================] - 2s 0us/step
Model: "vgg16"
```

Layer (type)	Output Shape	Param #
input_1 (InputLayer)	(None, 224, 224, 3)	0
block1_conv1 (Conv2D)	(None, 224, 224, 64)	1792
block1_conv2 (Conv2D)	(None, 224, 224, 64)	36928
block1_pool (MaxPooling2D)	(None, 112, 112, 64)	0
block2_conv1 (Conv2D)	(None, 112, 112, 128)	73856
block2_conv2 (Conv2D)	(None, 112, 112, 128)	147584
block2_pool (MaxPooling2D)	(None, 56, 56, 128)	0
block3_conv1 (Conv2D)	(None, 56, 56, 256)	295168
block3_conv2 (Conv2D)	(None, 56, 56, 256)	590080
block3_conv3 (Conv2D)	(None, 56, 56, 256)	590080
block3_pool (MaxPooling2D)	(None, 28, 28, 256)	0
block4_conv1 (Conv2D)	(None, 28, 28, 512)	1180160

8

転移学習からのファインチューニング

381

8.2 VGG16を移植して究極の解析能力を得る

```
block4_conv2 (Conv2D)        (None, 28, 28, 512)        2359808

block4_conv3 (Conv2D)        (None, 28, 28, 512)        2359808

block4_pool (MaxPooling2D)(None, 14, 14, 512)           0

block5_conv1 (Conv2D)        (None, 14, 14, 512)        2359808

block5_conv2 (Conv2D)        (None, 14, 14, 512)        2359808

block5_conv3 (Conv2D)        (None, 14, 14, 512)        2359808

block5_pool (MaxPooling2D)(None, 7, 7, 512)             0
```
```
Total params: 14,714,688

Trainable params: 14,714,688

Non-trainable params: 0
```
```
1407/1407 [==============================] - 295s 210ms/step

157/157 [==============================] - 11s 68ms/step
```

では、VGG16が出力した結果をFC層に読み込んで、学習を行ってみることにします。学習する回数（エポック数）は20回です。train_FClayer()関数の引数に、訓練データと検証データの正解ラベルがそれぞれ必要なので、事前に取得しておきます。

▼VGG16の出力をFCネットワークで学習（セル9）

```
# 訓練データの正解ラベルを取得
train_labels = np.array(train_df['category'])
# 検証データの正解ラベルを取得
validation_labels = np.array(validate_df['category'])
# train_FClayer() を実行
history = train_FClayer(train_labels,
                        validation_labels)
```

▼出力（最終部分のみ）

```
Epoch 20/20
22500/22500 [==============================] - 6s 245us/step
 - loss: 0.2341 - accuracy: 0.8980 - val_loss: 0.1983 - val_accuracy: 0.9192
```

精度は0.9192、損失は0.1983になりました。2020年7月現在、デフォルトでインポートされるTensorFlow2.2.0（Keras2.4.3）で本項のプログラムを実行すると、FC層による学習の箇所でプログラムがハングアップしてしまいます。このため、本節だけの措置としてKeras2.3.1をpipでインストールし、Keras2.3.1を単体で使用するようにしました。

8.3 VGG16をファインチューニングする

8.3 VGG16をファインチューニングする

Point

◎学習済みモデルを用いる際、モデルの一部のレイヤーで再学習することで、分析対象の
データに適合したモデルに作り替えることができます。本節では、VGG16の最終レイ
ヤーで再学習を行い、さらなる精度向上を試みます。

分析コンペ

Dogs vs. Cats Redux: Kernels Edition

転移学習を用いた学習の精度を上げるための**ファインチューニング**の手法を紹介し
ます。

前回の転移学習では、VGG16モデルに独自のFC層を結合したモデルによる学習
を行いました。学習を行うのは、FC層のみでしたが、今回はFC層の直前に位置する
VGG16の畳み込み層の重みも学習するようにします。畳み込みニューラルネット
ワークでは、浅い層ほどエッジなどの汎用的な特徴が抽出されるのに対し、深い層ほ
ど訓練データに特化した特徴が抽出される傾向があります。そこで、VGG16の第1
ブロックから第4ブロックの層については重みを当初の状態で凍結しつつ、第5ブ
ロックの畳み込み層を学習可能な状態にして、重みを更新することにします。つまり、
VGG16を任意のデータセットにマッチするように再調整を行うことになります。こ
れが「ファインチューニング (fine-tuning)」と呼ばれる理由です。

8.3.1 VGG16の第5ブロックに学習させて自前のFC層と結合する

次ページの図は、今回作成する、VGG16とFC層を結合したモデルの構造です。

■ファインチューニングをプログラミングする

では、「Dogs vs. Cats Redux: Kernels Edition」で新規のノートブックを作成し
て、ソースコードを入力していきます。今回は、次の3つの関数を定義します。

・prepareData()

・ImageDataGenerate()

・train_FClayer()

8.3 VGG16をファインチューニングする

　データの前処理に関するprepareData()関数とImageDataGenerate()関数は前節で作成したものとまったく同じです。train_FClayer()関数では、ファインチューニングしたVGG16モデルによる学習を行います。

▼ VGG16モデル

```
            ┌─────────────────┐
            │   InputLayer    │ ───────▶ (None, 224, 224, 3)
            └─────────────────┘
            ┌─────────────────┐
            │  Convolution2D  │        ┌──────────┐
            │  Convolution2D  │        │  frozen  │
            │  MaxPooling2D   │ ───────▶ (None, 112, 112, 64)
            └─────────────────┘        └──────────┘
            ┌─────────────────┐
            │  Convolution2D  │        ┌──────────┐
            │  Convolution2D  │        │  frozen  │
            │  MaxPooling2D   │ ───────▶ (None, 56, 56, 128)
            └─────────────────┘        └──────────┘
            ┌─────────────────┐
            │  Convolution2D  │
            │  Convolution2D  │        ┌──────────┐
            │  Convolution2D  │        │  frozen  │
            │  MaxPooling2D   │ ───────▶ (None, 28, 28, 256)
            └─────────────────┘        └──────────┘
            ┌─────────────────┐
            │  Convolution2D  │
            │  Convolution2D  │        ┌──────────┐
            │  Convolution2D  │        │  frozen  │
            │  MaxPooling2D   │ ───────▶ (None, 14, 14, 512)
            └─────────────────┘        └──────────┘
            ┌─────────────────┐
            │  Convolution2D  │
            │  Convolution2D  │        ┌─────────────┐        VGG16の
            │  Convolution2D  │        │ fine-tuning │        第5ブロックでも
            │  MaxPooling2D   │ ───────▶ (None, 7, 7, 512)     学習を行う
            └─────────────────┘        └─────────────┘
            ┌─────────────────┐
            │     Flatten     │        ┌──────────┐
            │     Dense       │        │ FCLayer  │
            │     Dense       │ ───────▶ (None, 1)
            └─────────────────┘        └──────────┘
```

　セル1・2には前節と同じコードを入力しますが、ここではtensorflow.kerasを使います。

▼ データを用意するprepareData()関数（セル1）

374ページ「データを用意する**prepareData()**関数（セル2）」と同じコード

8.3 VGG16をファインチューニングする

▼データの加工処理を行う ImageDataGenerate() 関数 (セル2)

375ページ「**ImageDataGenerate()** 関数 (セル3)」と同じコード、ただし、**keras→tensorflow.keras**

▼ファインチューニングした VGG16 で学習を行う train_FClayer() 関数 (セル3)

```python
from tensorflow.keras.models import Sequential
from tensorflow.keras.layers import Dense, Dropout, GlobalMaxPooling2D
from tensorflow.keras import optimizers
from tensorflow.keras.applications import VGG16
from tensorflow.keras.callbacks import LearningRateScheduler
import math


def train_FClayer(train_generator, validation_generator):
    """ファインチューニングしたVGG16で学習する

    Returns:
      history(Historyオブジェクト)
    """
    # 画像のサイズを取得
    image_size = len(train_generator[0][0][0])
    # 入力データの形状をタプルにする
    input_shape = (image_size, image_size, 3)
    # ミニバッチのサイズを取得
    batch_size = len(train_generator[0][0])
    # 訓練データの数を取得 (バッチの数×ミニバッチサイズ)
    total_train = len(train_generator)*batch_size
    # 検証データの数を取得 (バッチの数×ミニバッチサイズ)
    total_validate = len(validation_generator)*batch_size


    # VGG16 モデルを学習済みの重みと共に読み込む
    pre_trained_model = VGG16(
        include_top=False,       # 全結合層 (FC) は読み込まない
        weights='imagenet',      # ImageNet で学習した重みを利用
        input_shape=input_shape  # 入力データの形状
    )


    for layer in pre_trained_model.layers[:15]:
        # 第1～第15層までの重みを凍結
        layer.trainable = False


    for layer in pre_trained_model.layers[15:]:
```

8.3 VGG16をファインチューニングする

```python
    # 第16層以降の重みを更新可能にする
    layer.trainable = True


# Sequentualオブジェクトを生成
model = Sequential()


# VGG16モデルを追加
model.add(pre_trained_model)


# (batch_size, rows, cols, channels) の4階テンソルに
# プーリング演算適用後、(batch_size, channels) の2階テンソルにフラット化
model.add(
    GlobalMaxPooling2D())


# 全結合層
model.add(
    Dense(512,                   # ユニット数512
            activation='relu') # 活性化関数はReLU
)
# 50%のドロップアウト
model.add(Dropout(0.5))


# 出力層
model.add(
    Dense(1,                     # ユニット数1
            activation='sigmoid')  # 活性化関数はシグモイド
)


# モデルのコンパイル
model.compile(loss='binary_crossentropy',
                optimizer=optimizers.RMSprop(lr=1e-5),
                metrics=['accuracy'])


# コンパイル後のサマリを表示
model.summary()


# 学習率をスケジューリングする
def step_decay(epoch):
    initial_lrate = 0.00001 # 学習率の初期値
    drop = 0.5              # 減衰率は50%
```

8.3 VGG16をファインチューニングする

```
        epochs_drop = 10.0        # 10エポックごとに減衰させる
        lrate = initial_lrate * math.pow(
            drop,
            math.floor((epoch)/epochs_drop)
        )
        return lrate


# 学習率のコールバック
lrate = LearningRateScheduler(step_decay)


# ファインチューニングモデルで学習する
epochs = 40      # エポック数
history = model.fit(
        # 訓練データ
        train_generator,
        # エポック数
        epochs=epochs,
        # 訓練時のステップ数
        validation_data=validation_generator,
        # 検証データ
        validation_steps=total_validate//batch_size,
        # 検証時のステップ数
        steps_per_epoch=total_train//batch_size,
        # 学習の進捗状況を出力する
        verbose=1,
        # 学習率のスケジューラーをコール
        callbacks=[lrate]
)


# historyを返す
return history
```

ポイントは、

```
pre_trained_model = VGG16(
    include_top=False,          # 全結合層（FC）は読み込まない
    weights='imagenet',         # ImageNetで学習した重みを利用
    input_shape=input_shape     # 入力データの形状
)
```

8 ─ 転移学習からのファインチューニング

8.3 VGG16をファインチューニングする

でFC層以外のVGG16モデルを読み込み、

```
for layer in pre_trained_model.layers[:15]:
    # 第1～第15層までの重みを凍結
    layer.trainable = False
for layer in pre_trained_model.layers[15:]:
    # 第16層以降の重みを更新可能にする
    layer.trainable = True
```

の処理を行って第5ブロック（第16層以降）を学習させるようにしているところです。Modelオブジェクトの層を学習可または学習不可にするには、

Modelオブジェクト.layers[開始インデックス:終了インデックス]

で抽出したLayerオブジェクトのtrainableプロパティに

```
layer.trainable = True／False
```

のようにTrue（学習可）、またはFalse（学習不可）を設定します。プログラムでは、Layerオブジェクトを範囲指定し、forループを使って順次、処理するようにしています。このとき、範囲指定する際の終了インデックスは指定したインデックスの直前までが対象になることに注意してください。第15層までを学習不可にするときは、15層のインデックスは14なので、layers[:15]になります。16層以降を学習可にする場合は、16層のインデックス15をそのまま使ってlayers[15:]となります。

　以上の処理をVGGモデルが格納されたModelオブジェクトに行ったあと、Sequentialオブジェクトを生成し、これに追加します。

```
model = Sequential()              # Sequentialオブジェクトを生成
model.add(pre_trained_model)      # VGG16モデルを追加
```

　あとは、

```
model.add(GlobalMaxPooling2D())
```

とすることでプーリングとフラット化を行う層を追加し、次のように512ユニットの全結合層と1ユニットの出力層を追加してモデルを完成させます。

8.3 VGG16をファインチューニングする

```
model.add(Dense(512, activation='relu'))      # 全結合層
model.add(Dropout(0.5))                        # 50%のドロップアウト
model.add( Dense(1, activation='sigmoid'))  # 出力層
```

VGG16を含むモデルですが、すでにModelオブジェクトとして追加されているので、通常と同じように

```
model.compile(loss='binary_crossentropy',
             optimizer=optimizers.RMSprop(lr=1e-5),
             metrics=['accuracy'])
```

でコンパイルできます。前回と同じように、RMSpropの学習率は0.00001にしていますが、ファインチューニングに伴い、10エポックごとに学習率を半分にするスケジューラーとして次のstep_decay()を用意しました。

```
def step_decay(epoch):
    initial_lrate = 0.00001 # 学習率の初期値
    drop = 0.5                   # 減衰率は50%
    epochs_drop = 10.0           # 10エポックごとに減衰させる
    lrate = initial_lrate * math.pow(
        drop,
        math.floor((epoch)/epochs_drop)
    )
    return lrate
```

学習開始後、このstep_decay()をコールバックして学習率の減衰を行います。

説明が長くなりましたが、さっそくプログラムを実行してみることにします。3つの関数を入力したセルをすべて実行し、以下のコードを入力して学習までを一気に行います。

▼データを前処理して学習までを行う（セル4）

```
# 前処理したデータを取得
train_df, validate_df = prepareData()
# ジェネレーターで加工する
train_generator, validation_generator = ImageDataGenerate(train_df, validate_df)
# VGG16をファインチューニングしたモデルで学習する
history = train_FClayer(train_generator, validation_generator)
```

8.3 VGG16をファインチューニングする

▼出力

```
Found 22500 validated image filenames belonging to 2 classes.
Found 2500 validated image filenames belonging to 2 classes.
Model: "sequential_2"
```

Layer (type)	Output Shape	Param #
vgg16 (Model)	(None, 7, 7, 512)	14714688
global_max_pooling2d_2 (Glob	(None, 512)	0
dense_3 (Dense)	(None, 512)	262656
dropout_2 (Dropout)	(None, 512)	0
dense_4 (Dense)	(None, 1)	513

```
Total params: 14,977,857
Trainable params: 7,342,593
Non-trainable params: 7,635,264
```

```
Epoch 1/40
1407/1407 [==============================] - 300s 213ms/step
 - loss: 0.2454 - accuracy: 0.8871 - val_loss: 0.0061 - val_accuracy: 0.9600
Epoch 1/50
62/62 [==============================]- 612s 10s/step
 - loss: 0.2751 - acc: 0.8800 - val_loss: 0.2345 - val_acc: 0.9025
Epoch 2/40
1407/1407 [==============================] - 297s 211ms/step
 - loss: 0.1249 - accuracy: 0.9491 - val_loss: 2.0490e-04 - val_accuracy:
0.9640
………途中省略………
Epoch 40/40
1407/1407 [==============================] - 310s 220ms/step
 - loss: 0.0131 - accuracy: 0.9958 - val_loss: 1.8212e-09 - val_accuracy:
0.9732
```

　VGG16を凍結した状態で学習したときの精度0.9192に対し、ファインチューニングを行うことで0.9732まで上昇させることができました。ファインチューニングの効果は絶大です。最終出力に近い層に学習を行わせることで、分析データにより適応したモデルになったと考えられます。なお、VGG16のファインチューニングにおいては、デフォルトでインポートされるTensorFlow2.2.0（2020年7月現在）を使用しても問題は発生しないので、TensorFlowを使用してプログラムを実行しています。

第9章 時系列データをRNN（再帰型ニューラルネットワーク）で解析する

9.1 RNN（再帰型ニューラルネットワーク）とLSTM

> **Point**
> ◎テキストを含む自然言語処理で用いられる再帰型ニューラルネットワークの概念と具体的な処理手順について紹介します。

時間的な順序に従って一定の間隔で集められたデータのことを**時系列データ**と呼びます。統計的なデータの多くが時系列に集められたデータですが、音声データも時系列データの一種です。ここで紹介する再帰型ニューラルネットワークは、特に音声認識の分野において画期的な性能を発揮しています。

RNN（Recurrent Neural Network：**再帰型ニューラルネットワーク**、以下RNNと表記）は、「中間層の出力を再び中間層に入力する」という自己ループを持つネットワークです。

9.1.1 RNN

RNNでは、各層が次の図のような自己ループを持つことで、時系列データの分類問題に対処します。

▼自己ループ

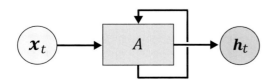

9.1 RNN（再帰型ニューラルネットワーク）とLSTM

▼ RNN

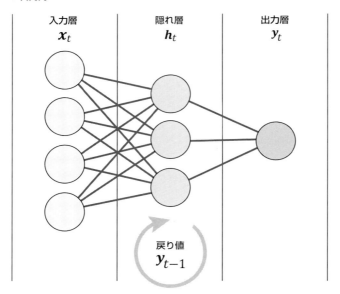

　自己ループの仕組みを表したのが次の図です。時刻$t = 0$の中間層の出力h_0は、時刻$t = 1$におけるデータx_1と共に中間層に入力し、h_1を出力します。さらにh_1は、時刻$t = 2$におけるデータx_2と共に中間層に入力し、h_2を出力します。このように、中間層には、時系列的に過去のデータが入力されていることがわかると思います。

▼ RNNを時間軸方向に展開した図

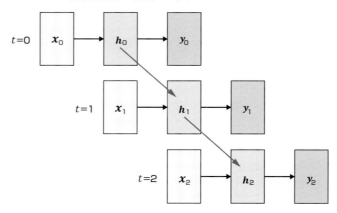

9.1 RNN（再帰型ニューラルネットワーク）とLSTM

　一般に、過去の状態が「再帰的（Recurrent）に入力される」のがRNNの特徴です。
過去の中間層が加わったことで、モデルの出力を表す式は次のようになります。

▼RNNの中間層の出力

$$h(t) = f(Wx(t) + Uh(t-1) + b)$$

　・$f(\cdot)$は活性化関数
　・Wは入力層からのデータ$x(t)$に対する中間層の重み
　・Uは過去の中間層の出力$h(t-1)$に対する重み
　・bがバイアス

▼RNNの出力層の出力

$$y(t) = g(Vh(t) + c)$$

　・$g(\cdot)$は活性化関数
　・Vは中間層からの出力$h(t)$に対する重み
　・cはバイアス

　これを見ると、中間層の式に過去の中間層からの$Uh(t-1)$が付いていること以外
は、ニューラルネットワーク（多層パーセプトロン）と同じです。ですので、バックプ
ロパゲーション（誤差逆伝播法）を用いて学習（最適化）できます。
　中間層、出力層の活性化前の値を$p(t)$、$q(t)$と置くと、中間層の誤差$e_h(t)$、出力層
の誤差$e_0(t)$は、

$$e_h(t) = f'\big(p(t)\big) \odot V^{\scriptscriptstyle T}e_0(t)$$
$$e_0(t) = g'\big(q(t)\big) \odot \big(y(t) - t(t)\big)$$

で求められます。$f'(*)$、$g'(*)$は、$f(*)$、$g(*)$の導関数です。ただし、モデルの順伝播で
時刻$t-1$での中間層の出力$h(t-1)$が使われているので、逆伝播のときも$t-1$のと
きの誤差を考える必要があります。

　　「誤差$e_h(t)$は$e_h(t-1)$に逆伝播し、$e_h(t-1)$はさらに$e_h(t-2)$に逆伝播する」

393

9.1 RNN（再帰型ニューラルネットワーク）とLSTM

という具合です。順伝播での中間層の出力$h(t)$に対する過去の中間層の出力を$h(t-1)$と表したのと同じように、逆伝播の際の中間層の誤差$e_h(t)$に対する過去の中間層の誤差を$e_h(t-1)$のように表します。この逆伝播は、すなわち時間をさかのぼって伝播することになることから、**BPTT**（Backpropagation Through Time）と呼ばれます。

　誤差$e_h(t)$と、これに対する過去の中間層の誤差$e_h(t-1)$の関係は、次のようになります。

$$e_h(t-1) = e_h(t) \odot \{Uf'(p(t-1))\}$$

　ここで、$e_h(t)$を$e_h(t-z)$と置き、これに対する過去の中間層の誤差を$e_h(t-z-1)$と置きます。そうすると、$e_h(t-z-1)$と$e_h(t-z)$の関係は、

$$e_h(t-z-1) = e_h(t-z) \odot \{Uf'(p(t-z-1))\}$$

のように一般化できます。これを基にして、各パラメーターの更新式を定義すると、次のようになります。

$$W(t+1) = W(t) - \eta \sum_{z=0}^{\tau} e_h(t-1)x(t-1)^T$$

$$V(t+1) = V(t) - \eta e_0(t)h(t)^T$$

$$U(t+1) = U(t) - \eta \sum_{z=0}^{\tau} e_h(t-z)h(t-z-1)^T$$

$$b(t+1) = b(t) - \eta \sum_{z=0}^{\tau} e_h(t-z)$$

$$c(t+1) = c(t) - \eta e_0(t)$$

　このときのτ（タウ）がどれくらいの過去までさかのぼるかを表すパラメーターです。さかのぼれる限り繰り返すのが理想ですが、勾配が消失（または爆発）してしまう問題があるので、現実的に考えてτ＝10〜100くらいに設定するのが一般的です。

9.1.2 LSTM（超短期記憶）

RNNは、勾配消失（あるいは爆発）の問題から、制限なく過去にさかのぼることはできません。また、これとは別に、入力層➡中間層、中間層➡中間層、中間層➡出力層で常に共通の重みを使うため、重要な入力を通すために重みを大きくするように学習が進むと、同じ時系列上の他の不要な情報まで大きく通すようになるという問題があります。逆に不要な情報を小さく通すように学習が進むと、同じ時系列上の重要な情報まで小さく通すようになることも考えられます。そうすると、学習を進めるたびにRNNの重みは矛盾を含みつつ更新されていくことになり、その結果、なかなか期待通りに学習が進まないことになってしまいます。

そこで、中間層の構造を改良することで、これらの問題に対処できるようにしたのが**LSTM**（Long Short Term Memory：**超短期記憶**）です。

▼LSTMネットワークの構造

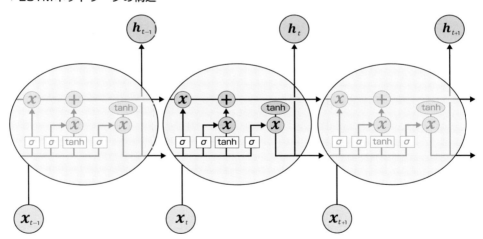

■LSTMのファーストステップ

RNNの中間層のニューロン（ユニット）を次のようにLSTMに置き換えます。これをLSTMの「**セル**」と呼ぶことにします。セルには状態を維持する1本の水平線があります。ベルトコンベアのように全体をまっすぐに走り、状態を保護して制御するための3つのゲートとのやり取りを行います。

▼LSTM

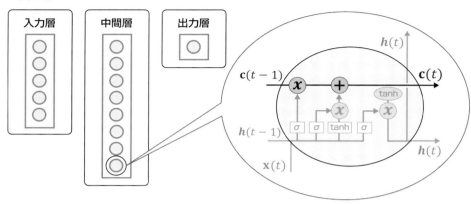

　最初のステップは、セルの状態からどんな情報を捨てるかを決めることです。この決定は、**忘却ゲート**と呼ばれるニューロンによって行われます。入力層からの値$x(t)$に対する重みをW_f、過去の中間層の出力$h(t-1)$に対する重みをU_f、バイアスをb_fと置くと、忘却ゲートの値$f(t)$は、次のようになります。

$$f(t) = \sigma(W_f x(t) + U_f h(t-1) + b_f)$$

　中間層への入力と過去の出力の重み付き和にシグモイド関数を適用することで0.0〜1.0の間の値になるようにします。値が1.0に近い場合は値を通過させ、0.0に近い場合はシャットアウトします。

▼LSTMの忘却ゲート

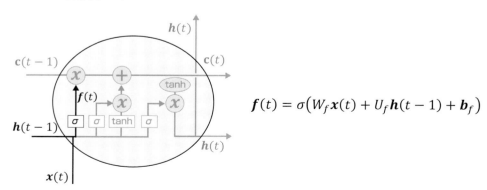

9.1 RNN（再帰型ニューラルネットワーク）とLSTM

■LSTMのセカンドステップ

　次のステップでは、セルの状態に新しい情報を追加するための2つの処理が行われます。1つ目は**入力ゲート**と呼ばれる処理で、ここで更新する値が決定されます。2つ目のCECという処理では、勾配を消失させないための値が現在のセルの状態に追加されます。これらの2つを組み合わせて、セルの状態を更新します。

□入力ゲート

　時系列データを学習するときは、時間的な依存性がある信号を受け取った場合は重みを大きくして活性化し、依存性がない信号を受け取った場合は重みを小さくして非活性化するべきだと考えられます。しかし、各ゲートのユニットが同じ重みでつながっている限り、それぞれの重みで打ち消し合うように更新されてしまうので、長期にわたる時系列データをうまく学習できなくなります。この問題は**入力重み衝突**（input weight conflict）と呼ばれ、RNNの学習を妨げる大きな要因でした。一方、ユニットからの出力についても同じで、これは**出力重み衝突**（output weight conflict）と呼ばれます。

　この問題を解決するには、前述のように時間的な依存性のある信号を受け取ったときだけ活性化し、それ以外は非活性化する仕組みが必要です。そこでLSTMでは、**入力ゲート**（input gate）をセルに配置することで、過去の情報が必要なときだけゲートをオープンして信号を伝播し、それ以外はゲートをクローズするようにします。時刻 t のときの入力値 x_t に対する重みを W_i、過去の中間層からの出力 $h(t-1)$ に対する重みを U_i と置くと、入力ゲートの値 i_t は、次のようになります。

$$i(t) = \sigma(W_i x(t) + U_i h(t-1) + b_i)$$

　重みとバイアスが異なるだけで、式の構造は忘却ゲートと同じです。このようにして、中間層への入力と過去の出力の重み付き和にシグモイド関数を適用することで0.0〜1.0の間の値になるようにします。値が1.0に近い場合は値を通過させ、0.0に近い場合はシャットアウトします。

□CEC（Constant Error Carousel）

　RNNでは、時間を深くさかのぼりすぎると勾配が消失してしまうという問題がありました。そこで、LSTMでは、「Backpropagation Through Time」で出てきた誤差 $e_h(t)$ と、これに対する過去の中間層の誤差 $e_h(t-1)$ の関係式

$$e_h(t-1) = e_h(t) \odot \{Uf'(p(t-1))\}$$

を、

$$e_h(t-1) = e_h(t) \odot \{Wf'(p(t-1))\} = 1$$

とすることで、勾配が消失する問題に対処しました。これによって誤差はどれだけ時間をさかのぼっても消えない（1であり続ける）ことになります。これを実行するために追加されたニューロンを **CEC**（Constant Error Carousel）と呼びます。Carousel は「メリーゴーラウンド」の意味で、その名の通りCEC内部では誤差がその場でぐるぐる回り（留まり）続けるイメージです。

これを実現するためのCECの値$\tilde{c}(t)$は、次の式で表されます。

$$\tilde{c}(t) = \tanh(W_c x(t) + U_c h(t-1) + b_C)$$

tanhは**双曲線正弦関数**のことで、入力された値を−1～1の範囲に押し込めて出力します。CECの活性化を行う関数としてよく用いられます。

▼LSTMの2ステップにおける入力ゲートとCEC

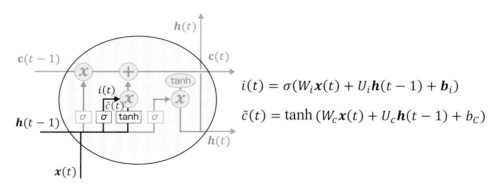

2ステップ目の最後の処理として、

$$c(t) = f(t) \odot c(t-1) + i(t) \odot \tilde{c}(t)$$

のようにして、入力ゲートとCECの値でセルの状態を更新します。

▼LSTMの2ステップ目の最後の処理

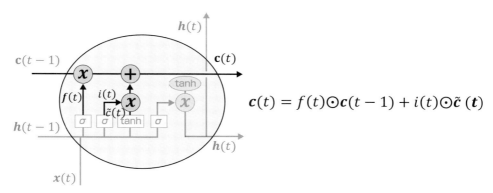

$$c(t) = f(t) \odot c(t-1) + i(t) \odot \tilde{c}(t)$$

■LSTMのサードステップ

最後の3番目のステップは、「出力ゲート」によるLSTMセルからの出力です。まず、「出力ゲート」と呼ばれるシグモイド層を実行します。

$$o(t) = \sigma(W_o x(t) + U_o h(t-1) + b_i)$$

次に、シグモイドゲートの出力とtanh層との乗算をして出力します。

$$h(t) = o(t) \odot \tanh(c(t))$$

▼LSTMの3番目のステップ

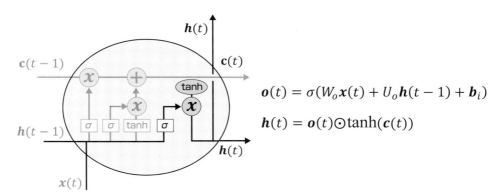

$$o(t) = \sigma(W_o x(t) + U_o h(t-1) + b_i)$$

$$h(t) = o(t) \odot \tanh(c(t))$$

9.2 分析コンペ「Mercari Price Suggestion Challenge」

Point
◎分析コンペ「Mercari Price Suggestion Challenge」の課題を確認します。
◎提供されているテーブルデータについて、対数変換によるスケーリング、ラベルエンコーディングなど、分析にかけるために必要な前処理を行います。

分析コンペ

> Mercari Price Suggestion Challenge

　「Mercari Price Suggestion Challenge」は、販売者が投稿した情報を基に「適正な販売価格」を予測するコンペティションです。訓練データとして、ユーザーが投稿した商品情報やカテゴリ、さらに商品の状態やブランド名などが与えられていて、それらの情報を基に販売価格を予測するモデルの作成が課題でした。
　ここでは、コンペの概要と、予測に用いるデータの前処理について見ていきたいと思います。

▼Mercari Price Suggestion Challenge

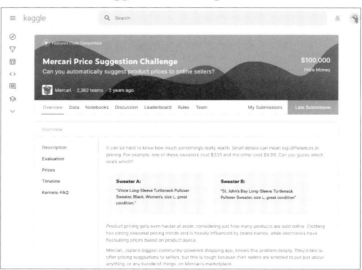

9.2.1 メルカリの出品価格を商品名やその他のデータから予測する

「Mercari Price Suggestion Challenge」は、以下の日程で実施されました。

- コンペ開始日は2017年11月21日
- エントリー締切日は2013年2月7日
- 課題提出締切日は2018年2月14日
- カーネルオンリー（カーネルの提出をしないと評価されない）
- 賞金は1位60,000米ドル、2位30,000米ドル、3位10,000米ドル

このコンペは「**カーネルコンペ**」と呼ばれるもので、分析に使用したノートブックをKaggleに提出します。ソースコードを提出するとKaggle上で実行されてスコアが算出される仕組みです。このため、提出するノートブックでは前処理、学習から予測まですべてを実行する必要があります。

▼Kaggle上の計算リソースの制約

```
CPU      ：4 cores
Memory：16GB
Disk      ：1GB
制限時間：1時間
GPU      ：なし
```

コンペティションは終了していますが、ディストリビューション（分析コンペ一式）自体は残されているので、ノートブックを作成して分析することは可能です。さらには、分析に使用するデータとして、「商品名」、「商品説明」があるので、これらのテキストデータを時系列データとして扱えば、RNNを用いたモデルの題材としてうってつけです。もちろん、チャレンジするからには、コンペでランキング上位を獲得したノートブックに匹敵するようなモデルを目指したいと思います。

9.2.2 「Mercari Price Suggestion Challenge」のデータに必要な前処理

「Mercari Price Suggestion Challenge」の [Notebooks] タブから [New Notebook] をクリックして新規のノートブックを作成し、コンペで使用されるデータの内容と、分析にあたって必要になる前処理について見ていくことにします。ただ、実際に分析を行う際は、新たに別のノートブックを作成しますので、本節ではノートブックを作成せずに説明だけを読んでいただいても構いません。

■ コンペで使用するデータを用意する

ノートブックを作成すると、「../input/mercari-price-suggestion-challenge/」以下に訓練用とテスト用のデータが用意されていることが確認できますが、「train.csv.7z」、「test.csv.7z」のように圧縮された状態になっています。ノートブック上で解凍してもよいのですが、解凍された状態のデータがデータセットとして公開されているので、これを使うことにしましょう。

ノートブックの画面右のサイドバーの [Data] を展開し、[+ Add Data] をクリックすると画面中央にダイアログが表示されるので、検索欄に「mercari」と入力します。データを入手できる Dataset が一覧で表示されるので、「test.tsv」「train.tsv」のように tsv 形式で配布している Detaset の [Add] ボタンをクリックします。どのようなデータ形式で配布されているのかは、各 Dataset のタイトルのリンクをクリックすると該当のページが開くので、そこで確認することができます。

▼データセットの一覧を開いて test.tsv と train.tsv を「../input/」以下に保存する

tsv 形式で配布している Dataset の [Add] ボタンをクリックする

9.2 分析コンペ「Mercari Price Suggestion Challenge」

▼「../input/」以下に保存された test.tsv と train.tsv

■ データフレームに読み込んで中身を確認する

train.tsv と test.tsv をそれぞれデータフレームに読み込みます。

▼訓練データとテストデータをデータフレームに読み込む（セル１）

```
%%time
import pandas as pd


train_df = pd.read_table('../input/mercari/train.tsv')
test_df = pd.read_table('../input/mercari/test.tsv')
print(train_df.shape, test_df.shape)
```

▼出力

```
(1482535, 8) (693359, 7)
CPU times: user 9.43 s, sys: 1.66 s, total: 11.1 s
Wall time: 11.6 s
```

訓練データは8カテゴリに分類された1,482,535のデータ、テストデータは7カテゴリ（priceがないため）に分類された693,359のデータがあります。それぞれのデータフレームの冒頭部分を出力してみます。

403

9.2 分析コンペ「Mercari Price Suggestion Challenge」

▼訓練データの冒頭部分を出力（セル2）

```
train_df.head()
```

▼出力

	train_id	name	item_condition_id	category_name	brand_name	price	shipping	item_description
0	0	MLB Cincinnati Reds T Shirt Size XL	3	Men/Tops/T-shirts	NaN	10.0	1	No description yet
1	1	Razer BlackWidow Chroma Keyboard	3	Electronics/Computers & Tablets/Components & P...	Razer	52.0	0	This keyboard is in great condition and works ...
2	2	AVA-VIV Blouse	1	Women/Tops & Blouses/Blouse	Target	10.0	1	Adorable top with a hint of lace and a key hol...
3	3	Leather Horse Statues	1	Home/Home Décor/Home Décor Accents	NaN	35.0	1	New with tags. Leather horses. Retail for [rm]...
4	4	24K GOLD plated rose	1	Women/Jewelry/Necklaces	NaN	44.0	0	Complete with certificate of authenticity

▼テストデータの冒頭部分を出力（セル3）

```
test_df.head()
```

▼出力

	test_id	name	item_condition_id	category_name	brand_name	shipping	item_description
0	0	Breast cancer "I fight like a girl" ring	1	Women/Jewelry/Rings	NaN	1	Size 7
1	1	25 pcs NEW 7.5"x12" Kraft Bubble Mailers	1	Other/Office supplies/Shipping Supplies	NaN	1	25 pcs NEW 7.5"x12" Kraft Bubble Mailers Lined...
2	2	Coach bag	1	Vintage & Collectibles/Bags and Purses/Handbag	Coach	1	Brand new coach bag. Bought for [rm] at a Coac...
3	3	Floral Kimono	2	Women/Sweaters/Cardigan	NaN	0	-floral kimono -never worn -lightweight and pe...
4	4	Life after Death	3	Other/Books/Religion & Spirituality	NaN	1	Rediscovering life after the loss of a loved o...

▼訓練データのカラム名とその内容

train_id, test_id	レコードごとに割り振られた、0から始まる通し番号
name	商品のタイトル
item_condition_id	商品のコンディション（1〜5の整数で評価）
category_name	商品のカテゴリ（3段階の深度）
brand_name	ブランド名
price	商品の販売価格（単位はドル）
shipping	送料が出品者負担の場合は1、購入者負担の場合は0
item_description	商品の説明文

テストデータも同じ内容ですが、予測を行うpriceの列は存在しません。分析にあたっては、以下の前処理が必要になりそうです。

• name

テキストをトークン化（単語の単位に分ける）し、各単語にラベルを割り当てることでベクトル化します。

404

9.2 分析コンペ「Mercari Price Suggestion Challenge」

- category_name
  Men/Tops/T-shirtsのようにカテゴリ名が「/」で区切られているので、これを3つに分割し、新たに追加したカラムsubcat_0、subcat_1、subcat_2に登録したあと、ラベルエンコーディングを行って数値化します。
- brand_name
  欠損値NaNをすべてテキストの'missing'に置き換えたあと、ラベルエンコーディングを行って数値に変換します。
- item_description
  説明文をトークン化（単語の単位に分ける）し、各単語にラベルを割り当てることでベクトル化します。
- price
  販売価格の分布は正規分布になっていないため、対数変換という特徴量スケーリングを行って、できるだけ正規分布に近づけます。

■販売価格を正規分布させる

メルカリでは、3ドル未満の出品は許可されないので、まずは該当するレコードをすべて削除しておきます。

▼3ドル未満のレコードをすべて削除する

```
train_df = train_df.drop(train_df[(train_df.price < 3.0)].index)
print(train_df.shape)
print(train_df['price'].max())
print(train_df['price'].min())
```

▼出力

```
(1481661, 8)
2009.0
3.0
```

1,482,535 ➡ 1,481,661となり、874のレコードが削除されました。一方、最高価格は2,009ドルでかなりの高額です。ヒストグラムにして価格の分布状況を見てみましょう。

405

9.2 分析コンペ「Mercari Price Suggestion Challenge」

▼'price'のヒストグラムを出力

```
import matplotlib.pyplot as plt
train_df['price'].hist()
```

▼出力

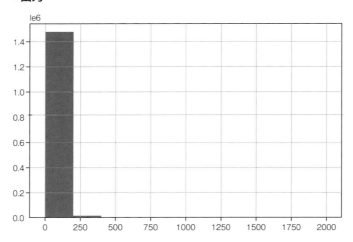

極端に分布が集中しています。分布の範囲を0〜100に限定してもう一度ヒストグラムにしてみます。

▼'price'の範囲を0〜100にしてみる

```
train_df['price'].hist(range=(0, 100))
```

▼出力

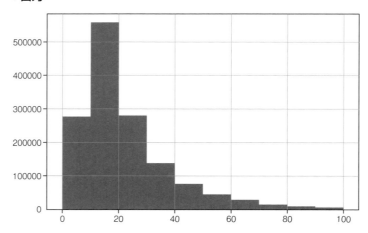

10〜19を頂点に、価格が高い方向に向かって裾野が広がるように分布しています。分析に使うモデルは、出力から得られる値の誤差が正規分布に従うことを仮定しているので、このままでは分析にかけても、よい結果は期待できそうもありません。そこで、元のデータを正規分布に近似させるという特徴量エンジニアリングの1つ、**対数変換**を行うことにします。

対数変換は、対象のデータの値を変えるという意味では、スケール変換と同じです。しかし、スケール変換ではデータのスケールのみの変換なので、変換後でも分布は変わらないのに対し、対数変換ではデータの分布が変化します。これは、特徴量（データ）のスケールが大きいときはその範囲が縮小され、逆に小さいときは拡大されるためです。このことで、裾の長い分布の範囲を狭めて山のある分布に近づけたり、極度に集中している分布を押しつぶしたように裾の長い分布に近づけることができます。後者がまさしく今回のケースです。

▼販売価格を対数変換する
```
import numpy as np

# 訓練データのpriceを対数変換する
train_df["target"] = np.log1p(train_df.price)
# ヒストグラムを表示
train_df['target'].hist()
```

▼出力

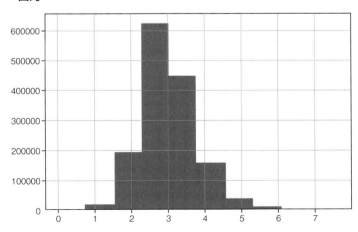

NumPyには対数に関する4種類の関数が用意されています。今回は対数変換後の値が0になることを避けるために、np.log1p()関数を使用しました。

9.2 分析コンペ「Mercari Price Suggestion Challenge」

▼Numpy の対数変換関数

関数の書式	説明	使用される式
np.log(a)	底をeとするaの対数	$\log_e(a)$
np.log2(a)	底を2とするaの対数	$\log_2(a)$
np.log10(a)	底を10とするaの対数	$\log_{10}(a)$
np.log1p(a)	底をeとするa+1の対数	$\log_e(a+1)$

■カテゴリ名を3段階のレベルに切り分ける

商品名、カテゴリ名、ブランド名、商品説明はすべてテキストデータですので、それぞれをラベルエンコードして数値に置き換えます。

その前に、'category_name'には、

Men/Tops/T-shirts

のように、3段階に分類されたカテゴリ名が登録されていることに注目しましょう。できれば、「Men」、「Tops」、「T-shirts」のように3段階に切り分けて、大➡中➡小のレベルでカテゴライズしたいところです。そこで、「/」で切り分けて、それぞれ独立したカラムに登録し直してからラベルエンコードすることにします。あと、カテゴリ名には欠損値があるので、その場合は'No Label'として登録するようにします。

▼カテゴリ名を切り分けて新設のカラムに登録する

```
def split_cat(text):
    """
    ・カテゴリを / で切り分ける
    ・データが存在しない場合は 'No Label' を返す
    """
    try: return text.split('/')
    except: return ('No Label', 'No Label', 'No Label')


# 3つに切り分けたカテゴリ名を 'subcat_0'、'subcat_1'、'subcat_2'に登録
train_df['subcat_0'], train_df['subcat_1'], train_df['subcat_2'] = \
    zip(*train_df['category_name'].apply(lambda x: split_cat(x)))


test_df['subcat_0'], test_df['subcat_1'], test_df['subcat_2'] = \
    zip(*test_df['category_name'].apply(lambda x: split_cat(x)))
```

9.2 分析コンペ「Mercari Price Suggestion Challenge」

カテゴリ名を切り分けて3つのカラムに登録する箇所では、

```
train_df['subcat_0'], train_df['subcat_1'], train_df['subcat_2'] = \
    zip(*train_df['category_name'].apply(lambda x: split_cat(x)))
```

のように、'category_name'の各フィールドにsplit_cat()を実行するラムダ式

```
lambda x: split_cat(x)
```

を適用し、戻り値の3つのカテゴリ名をzip()関数で順次、取り出して'subcat_0'、'subcat_1'、'subcat_2'の各カラムに登録するようにしています。zip()関数の引数の冒頭にある「＊」は、/で切り分けた戻り値を

```
(カテゴリ名1, カテゴリ名2, カテゴリ名3)
```

のようにタプルに詰めた（パック）状態とし、zip()が処理できるようにするためのものです。

▼訓練データの冒頭部分を出力

```
train_df.head()
```

▼出力

	train_id	name	item_condition_id	category_name	brand_name	price	shipping	item_description	target	subcat_0	subcat_1	subcat_2
0	0	MLB Cincinnati Reds T Shirt Size XL	3	Men/Tops/T-shirts	NaN	10.0	1	No description yet	2.397895	Men	Tops	T-shirts
1	1	Razer BlackWidow Chroma Keyboard	3	Electronics/Computers & Tablets/Components & P...	Razer	52.0	0	This keyboard is in great condition and works ...	3.970292	Electronics	Computers & Tablets	Components & Parts
2	2	AVA-VIV Blouse	1	Women/Tops & Blouses/Blouse	Target	10.0	1	Adorable top with a hint of lace and a key hol...	2.397895	Women	Tops & Blouses	Blouse
3	3	Leather Horse Statues	1	Home/Home Décor/Home Décor Accents	NaN	35.0	1	New with tags. Leather horses. Retail for [rm]...	3.583519	Home	Home Décor	Home Décor Accents
4	4	24K GOLD plated rose	1	Women/Jewelry/Necklaces	NaN	44.0	0	Complete with certificate of authenticity	3.806662	Women	Jewelry	Necklaces

▼テストデータの冒頭部分を出力

```
test_df.head()
```

9.2 分析コンペ「Mercari Price Suggestion Challenge」

▼出力

	test_id	name	item_condition_id	category_name	brand_name	shipping	item_description	subcat_0	subcat_1	subcat_2
0	0	Breast cancer "I fight like a girl" ring	1	Women/Jewelry/Rings	NaN	1	Size 7	Women	Jewelry	Rings
1	1	25 pcs NEW 7.5"x12" Kraft Bubble Mailers	1	Other/Office supplies/Shipping Supplies	NaN	1	25 pcs NEW 7.5"x12" Kraft Bubble Mailers Lined...	Other	Office supplies	Shipping Supplies
2	2	Coach bag	1	Vintage & Collectibles/Bags and Purses/Handbag	Coach	1	Brand new coach bag. Bought for [rm] at a Coac...	Vintage & Collectibles	Bags and Purses	Handbag
3	3	Floral Kimono	2	Women/Sweaters/Cardigan	NaN	0	-floral kimono -never worn -lightweight and pe...	Women	Sweaters	Cardigan
4	4	Life after Death	3	Other/Books/Religion & Spirituality	NaN	1	Rediscovering life after the loss of a loved o...	Other	Books	Religion & Spirituality

■ブランド名の欠損値を意味のあるデータに置き換える

　ここで、ブランド名が登録された'brand_name'に着目します。訓練データの場合、'brand_name'には、632,336の欠損値NaNがあります。ここで、欠損値対策のひとつの方法として、ブランド名の欠損値をすべて文字列の'missing'に置き換えることにします。しかし、このままだと欠損値であることに変わりはないので、「**対象のレコードの商品名が、すべてのブランド名のリストの中に存在するかを調べ、存在するのであれば'missing'をその商品名に書き換える**」ということをやります。このとき、「**商品名がブランド名と完全に一致するのではなく、商品名を構成する単語の単位で一致するか**」を調べるようにします。これによって、約137,000件の欠損値がなくなるはずです。

　あと、ブランド名そのものの問題点として、ブランド名の一部に「Boots」とか「Key」といったカテゴリ名が混入しているケースがあります。そこで対策として、「**商品名がブランドリストの名前と完全に一致する場合にのみブランド名を商品名に書き換える**」ことで、できるだけ正しいブランド名にすることを試みます。

　残るは、商品名がブランドリストと一致しない、またはブランド名が'missing'であるものの商品名を構成する単語がブランドリストに存在しない場合です。この場合は、ブランド名を現状のままにします。

▼'brand_name'の対策

```
# 'brand_name'の対策


# train_dfとtest_dfを縦方向に結合
full_set = pd.concat([train_df, test_df])
# full_setの'brand_name'から重複なしのブランドリスト(集合)を生成
```

9.2 分析コンペ「Mercari Price Suggestion Challenge」

```python
all_brands = set(full_set['brand_name'].values)

# 'brand_name'の欠損値NaNを'missing'に置き換える
train_df['brand_name'].fillna(value='missing', inplace=True)
test_df['brand_name'].fillna(value='missing', inplace=True)

# 訓練データの'brand_name'が'missing'に一致するレコード数を取得
train_premissing = len(train_df.loc[train_df['brand_name'] == 'missing'])
# テストデータの'brand_name'が'missing'に一致するレコード数を取得
test_premissing = len(test_df.loc[test_df['brand_name'] == 'missing'])

def brandfinder(line):
    """
    Parameters: line(str): ブランド名

    ・ブランド名の'missing'を商品名に置き換える:
        'missing'の商品名の単語がブランドリストに存在する場合
    ・ブランド名を商品名に置き換える:
        商品名がブランドリストの名前と完全に一致する場合
    ・ブランド名をそのままにする:
        商品名がブランドリストの名前と一致しない
        ブランド名が'missing'だが商品名の単語がブランドリストにない
    """
    brand = line[0]  # 第1要素はブランド名
    name = line[1]   # 第2要素は商品名
    namesplit = name.split(' ') # 商品名をスペースで切り分ける

    if brand == 'missing':     # ブランド名が'missing'と一致
        for x in namesplit:    # 商品名から切り分けた単語を取り出す
            if x in all_brands:
                return name # 単語がブランドリストに一致したら商品名を返す
    if name in all_brands:     # 商品名がブランドリストに存在すれば商品名を返す
        return name

    return brand               # どれにも一致しなければブランド名を返す

# ブランド名の付け替えを実施
train_df['brand_name'] = train_df[['brand_name','name']].apply(brandfinder, axis = 1)
test_df['brand_name'] = test_df[['brand_name','name']].apply(brandfinder, axis = 1)
```

411

9.2 分析コンペ「Mercari Price Suggestion Challenge」

```
# 書き換えられた'missing'の数を取得
train_found = train_premissing-len(train_df.loc[train_df['brand_name'] == 'missing'])
test_found = test_premissing-len(test_df.loc[test_df['brand_name'] == 'missing'])
print(train_premissing)  # 書き換える前の'missing'の数
print(train_found)        # 書き換えられた'missing'の数
print(test_premissing)    # 書き換える前の'missing'の数
print(test_found)         # 書き換えられた'missing'の数
```

▼出力
```
632336
137342
295525
64154
```

　　訓練データでは、'brand_name'の'missing'の数が、当初632,336ありました
が、このうち137,342がブランド名を表すデータに書き換えられました。テスト
データは、295,525の'missing'のうちの64,154が書き換えられました。訓練
データの冒頭部分を出力して確かめてみましょう。

▼'brand_name'書き換え後のデータフレームの冒頭を出力
```
train_df.head()
```

▼出力

	train_id	name	item_condition_id	category_name	brand_name	price	shipping	item_description	target	subcat_0	subcat_1	subcat_2
0	0	MLB Cincinnati Reds T Shirt Size XL	3	Men/Tops/T-shirts	MLB Cincinnati Reds T Shirt Size XL	10.0	1	No description yet	2.397895	Men	Tops	T-shirts
1	1	Razer BlackWidow Chroma Keyboard	3	Electronics/Computers & Tablets/Components & P...	Razer	52.0	0	This keyboard is in great condition and works ...	3.970292	Electronics	Computers & Tablets	Components & Parts
2	2	AVA-VIV Blouse	1	Women/Tops & Blouses/Blouse	Target	10.0	1	Adorable top with a hint of lace and a key hol...	2.397895	Women	Tops & Blouses	Blouse
3	3	Leather Horse Statues	1	Home/Home Décor/Home Décor Accents	missing	35.0	1	New with tags. Leather horses. Retail for [rm]...	3.583519	Home	Home Décor	Home Décor Accents
4	4	24K GOLD plated rose	1	Women/Jewelry/Necklaces	missing	44.0	0	Complete with certificate of authenticity	3.806662	Women	Jewelry	Necklaces

　　紙面では見づらいですが、1番目のレコードの'brand_name'が、当初のNaNが
'missing'への置き換えを経て、最終的に商品名の

9.2 分析コンペ「Mercari Price Suggestion Challenge」

MLB Cincinnati Reds T Shirt Size XL

に置き換えられていることが確認できます。

■カテゴリ名、ブランド名、3段階のカテゴリ名をラベルエンコードする

商品名をはじめとするテキストデータについては、**ラベルエンコード**を行って数値化しますが、処理を始めるにあたり、訓練データとテストデータをまとめて処理できるように、1つのデータフレームに連結しておくことにします。

▼訓練データ、検証データ、テストデータを1つのデータフレームに連結
```
full_df = pd.concat([train_df, test_df], sort=False)
```

カテゴリ名、ブランド名、説明文には欠損値があるので、これを'missing'に置き換えておきます。

▼連結データのカテゴリ名、ブランド名、説明文のNaNを'missing'に置き換える
```
def fill_missing_values(df):
    df.category_name.fillna(value='missing', inplace=True)       # カテゴリ名
    df.brand_name.fillna(value='missing', inplace=True)          # ブランド名
    df.item_description.fillna(value='missing', inplace=True)    # 説明文
    # 説明文の'No description yet'を'missing'にする
    df.item_description.replace(
        'No description yet','missing', inplace=True)            # 説明文の置き換え
    return df


full_df = fill_missing_values(full_df)
```

カテゴリ名、ブランド名、3段階に分割したカテゴリ名については、単語の数が1なので、このままラベルエンコーディングします。エンコーディングは、LabelEncoderオブジェクトを生成し、fit()で初期化したあと、transform()でデータをエンコーディングする流れで行います。

413

9.2 分析コンペ「Mercari Price Suggestion Challenge」

▼連結データのカテゴリ名、ブランド名、3段階に分割したカテゴリ名のテキストをラベルエンコードする

```python
from sklearn.preprocessing import LabelEncoder

# LabelEncoderの生成
le = LabelEncoder()

# 'category_name'をエンコードして'category'カラムに登録する
le.fit(full_df.category_name)
full_df['category'] = le.transform(full_df.category_name)

# 'brand_name'のエンコード
le.fit(full_df.brand_name)
full_df.brand_name = le.transform(full_df.brand_name)

# 'subcat_0'のエンコード
le.fit(full_df.subcat_0)
full_df.subcat_0 = le.transform(full_df.subcat_0)

# 'subcat_1'のエンコード
le.fit(full_df.subcat_1)
full_df.subcat_1 = le.transform(full_df.subcat_1)

# 'subcat_2'のエンコード
le.fit(full_df.subcat_2)
full_df.subcat_2 = le.transform(full_df.subcat_2)

del le

print(full_df.category.head())     # カテゴリ名
print(full_df.brand_name.head())   # ブランド名
print(full_df.subcat_0.head())     # 分割した1番目のカテゴリ
print(full_df.subcat_1.head())     # 分割した2番目のカテゴリ
print(full_df.subcat_2.head())     # 分割した3番目のカテゴリ
```

▼出力

```
0      829
1       86
2     1277
3      503
4     1204
Name: category, dtype: int64
```

```
0      5263
1      3887
2      4586
3      5263
4      5263
Name: brand_name, dtype: int64
0       5
1       1
2      10
3       3
4      10
Name: subcat_0, dtype: int64
0      103
1       30
2      104
3       55
4       58
Name: subcat_1, dtype: int64
0      774
1      215
2       97
3      410
4      542
Name: subcat_2, dtype: int64
```

　カテゴリ名、ブランド名、3段階に分割したラベル名の冒頭5フィールドを出力してみましたが、すべてラベル化された数値に置き換わっていることが確認できます。

■商品名と商品説明をトークンに分解してラベルエンコードする

　テキストデータで残るのは、商品説明と商品名です。多くのデータが複数の単語で構成されるので、KerasのTokenizerクラスを使ってエンコードすることにします。Tokenizerは、

・英文のテキストデータをトークン（最小の単位）に分解する
・各トークンに通し番号（インデックス）を割り振ることで実数ベクトルに変換する

という処理を行います。

9.2 分析コンペ「Mercari Price Suggestion Challenge」

▼連結データの説明文、商品名をラベルエンコードする

```python
import numpy as np
from tensorflow.keras.preprocessing.text import Tokenizer


# 説明文、商品名、カテゴリ名の配列要素を以下のように1次元配列に連結する
# [[説明1,説明2, ..., 商品1,商品2, ..., カテゴリ1,カテゴリ2, ...]
#
print("Transforming text data to sequences...")
raw_text = np.hstack(
    [full_df.item_description.str.lower(), # 説明文
     full_df.name.str.lower(),             # 商品名
     full_df.category_name.str.lower()]    # カテゴリ名
)
print('sequences shape', raw_text.shape)


# 説明文、商品名、カテゴリ名を連結した配列でTokenizerを作る
print("   Fitting tokenizer...")
tok_raw = Tokenizer()
tok_raw.fit_on_texts(raw_text)


# Tokenizerで説明文、商品名をそれぞれラベルエンコードする
print("   Transforming text to sequences...")
full_df['seq_item_description'] = tok_raw.texts_to_sequences(full_df.item_
description.str.lower())
full_df['seq_name'] = tok_raw.texts_to_sequences(full_df.name.str.lower())


del tok_raw

print(full_df.seq_item_description.head())
print(full_df.seq_name.head())
```

▼出力

```
0                                                      [83]
1    [33, 2787, 11, 8, 49, 17, 1, 256, 65, 21, 1205...
2    [693, 74, 10, 5, 5464, 12, 242, 1, 5, 1010, 14...
3    [6, 10, 80, 228, 6719, 284, 4, 22, 210, 1192, ...
4                             [907, 10, 7123, 12, 2121]
Name: seq_item_description, dtype: object


0    [2495, 9076, 7078, 71, 101, 7, 198]
```

1	[11483, 27977, 17417, 2787]
2	[7910, 10940, 275]
3	[228, 2720, 621]
4	[5072, 126, 1143, 339]

```
Name: seq_name, dtype: object
```

訓練に使用する際は、次のようにゼロパディングしてサイズを揃えてから入力するようにします。

▼0でパディングして配列の長さを揃える

```
from keras.preprocessing.sequence import pad_sequences
print(pad_sequences(full_df.seq_item_description, maxlen=80),'\n')  # 商品説明
print(pad_sequences(full_df.seq_name, maxlen=10))                    # 商品名
```

▼出力

```
[[    0     0     0 ...     0     0    83]
 [    0     0     0 ...    14    63  1108]
 [    0     0     0 ...   224     8    79]
 ...
 [    0     0     0 ...    19 63533   109]
 [    0     0     0 ...     5   417    90]
 [    0     0     0 ...     5   689   728]]


[[    0     0     0 ...   101     7   198]
 [    0     0     0 ... 27977 17417  2787]
 [    0     0     0 ...  7910 10940   275]
 ...
 [    0     0     0 ...   475  1669   109]
 [    0     0     0 ...   393   340  2343]
 [    0     0     0 ...  1002    41    89]]
```

9.3 1時間の制限時間内にRNNで価格を予測する

9.3 1時間の制限時間内にRNNで価格を予測する

> **Point**
> ◎多入力型のRNNモデルで、メルカリの出品価格を予測します。
>
> **分析コンペ**
>
> | Mercari Price Suggestion Challenge |
> | --- |

前節の手順を踏襲してテーブルデータの前処理を行い、RNNとMLPの複合型のモデルで学習して出品価格を予測します。なお、このコンペには処理時間が「1時間」という制限があるので、各処理にかかる時間を計測しつつ、トータルの処理時間まで計測することにします。

それから、コンペで使用できるメモリ量は16GBですので、逐次、不要になったオブジェクトはdelで削除し、gc.collect()によるメモリ解放を行います（これを行わないとメモリオーバーでノートブックが強制終了する可能性があるので注意）。

9.3.1 データの読み込みと前処理

「Mercari Price Suggestion Challenge」で新規のノートブックを作成し、データの読み込みと前処理を行います。

■CSVファイルの読み込みと不要なレコードの削除

全体の処理時間の制限があるので、実際に処理を行うセルには、冒頭に%%timeを入れて、処理にかかった時間をその都度出力するようにします。また、全体の処理時間も計測したいので、datetime.now()を実行しておくことにします。

▼データフレームへの読み込み（セル1）

```
%%time
from datetime import datetime
start_real = datetime.now() # 全体の処理時間の計測を開始する


import pandas as pd
```

9.3 1時間の制限時間内にRNNで価格を予測する

```
# 訓練データとテストデータをデータフレームに読み込む
train_df = pd.read_table('../input/mercari/train.tsv')
test_df = pd.read_table('../input/mercari/test.tsv')
print(train_df.shape, test_df.shape)
```

▼出力
```
(1482535, 8) (693359, 7)
CPU times: user 7.6 s, sys: 1.51 s, total: 9.11 s
Wall time: 9.58 s
```

商品価格が3ドル未満のレコードをすべて削除します。

▼3ドル未満のレコードをすべて削除する（セル2）
```
train_df = train_df.drop(train_df[(train_df.price < 3.0)].index)
train_df.shape
```

▼出力
```
(1481661, 8)
```

■商品名と商品説明の単語の数を調べておく

'name'（商品名）と'item_description'（商品説明）の単語数を調べて、新設のカラム'name_len'、'desc_len'に登録します。ここで単語数を調べるのは、商品名と商品説明をラベルエンコーディングした際に、データの数を揃える処理で使用するためです。単語数の取得は、

```
train_df['name'].apply(lambda x: wordCount(x))
```

のように、'name'の各フィールドに対して単語数を返すラムダ式をapply()で適用し、その戻り値を新規のカラム'name_len'に登録するようにしました。それから、商品説明には説明文がないことを示す'No description yet'があるので、これは欠損値扱いとし、単語数を0としてカウントするようにしました。

▼商品名と商品説明の単語に数を調べる（セル3）
```
%%time

# 商品名と商品説明の単語の数を調べる
```

9.3 1時間の制限時間内にRNNで価格を予測する

```python
def wordCount(text):
    """
    Parameters:
        text(str): 商品名、商品の説明文
    """
    try:
        if text == 'No description yet':
            return 0    # 商品名や説明が'No description yet'の場合は0を返す
        else:
            text = text.lower()                      # すべて小文字にする
            words = [w for w in text.split(" ")]     # スペースで切り分ける
            return len(words)                        # 単語の数を返す
    except:
        return 0


# 'name'の各フィールドの単語数を'name_len'に登録
train_df['name_len'] = train_df['name'].apply(lambda x: wordCount(x))
test_df['name_len'] = test_df['name'].apply(lambda x: wordCount(x))
# 'item_description'の各フィールドの単語数を'desc_len'に登録
train_df['desc_len'] = train_df['item_description'].apply(lambda x: wordCount(x))
test_df['desc_len'] = test_df['item_description'].apply(lambda x: wordCount(x))
```

▼出力
```
CPU times: user 15.6 s, sys: 105 ms, total: 15.8 s
Wall time: 15.8 s
```

■販売価格のスケーリング

販売価格の分布が正規分布になるように対数変換を行います。

▼販売価格を対数変換する（セル4）
```python
%%time
import numpy as np


# 訓練データのpriceを対数変換する
train_df["target"] = np.log1p(train_df.price)
```

▼出力
```
CPU times: user 40.8 ms, sys: 965 µs, total: 41.7 ms
Wall time: 39.9 ms
```

420

カテゴリ名を/で切り分けて、3つのカラムに登録します。

▼カテゴリ名を/で切り分けて新設の'subcat_0'、'subcat_1'、'subcat_2'に登録する（セル5）

```
%%time
# カテゴリ名を切り分けて新設のカラムに登録する


def split_cat(text):
    """
    Parameters:
      text(str): カテゴリ名

    ・カテゴリを/で切り分ける
    ・データが存在しない場合は "No Label" を返す
    """
    try: return text.split("/")
    except: return ("No Label", "No Label", "No Label")


# 3つに切り分けたカテゴリ名を 'subcat_0'、'subcat_1'、'subcat_2' に登録
# 訓練データ
train_df['subcat_0'], train_df['subcat_1'], train_df['subcat_2'] = \
    zip(*train_df['category_name'].apply(lambda x: split_cat(x)))
# テストデータ
test_df['subcat_0'], test_df['subcat_1'], test_df['subcat_2'] = \
    zip(*test_df['category_name'].apply(lambda x: split_cat(x)))
```

▼出力

```
CPU times: user 8.35 s, sys: 1.53 s, total: 9.88 s
Wall time: 9.88 s
```

■ブランド名についての対策

ブランド名が登録された'brand_name'について、

- ブランド名が'missing'となっているレコードの商品名の単語がブランドリストに存在する場合は「'missing を商品名に書き換える」
- 商品名がブランドリストの名前と完全に一致する場合は「ブランド名を商品名に書き換える」
- 上記のどれにも当てはまらない場合は「ブランド名を現状のままにする」

という処理を行います。詳細については9.2.2項で紹介しています。

9.3 1時間の制限時間内にRNNで価格を予測する

▼ 'brand_name'の対策（セル6）

```
%%time
# 'brand_name'の対策


# train_dfとtest_dfを縦方向に結合
full_set = pd.concat([train_df, test_df])
# full_setの'brand_name'から重複なしのブランドリスト（集合）を生成
all_brands = set(full_set['brand_name'].values)


# 'brand_name'の欠損値NaNを'missing'に置き換える
train_df['brand_name'].fillna(value='missing', inplace=True)
test_df['brand_name'].fillna(value='missing', inplace=True)


# 訓練データの'brand_name'が'missing'に一致するレコード数を取得
train_premissing = len(train_df.loc[train_df['brand_name'] == 'missing'])
# テストデータの'brand_name'が'missing'に一致するレコード数を取得
test_premissing = len(test_df.loc[test_df['brand_name'] == 'missing'])


def brandfinder(line):
    """
    Parameters: line(str): ブランド名

    ・ブランド名の'missing'を商品名に置き換える:
        'missing'の商品名の単語がブランドリストに存在する場合
    ・ブランド名を商品名に置き換える:
        商品名がブランドリストの名前と完全に一致する場合
    ・ブランド名をそのままにする:
        商品名がブランドリストの名前と一致しない
        ブランド名が'missing'だが商品名の単語がブランドリストにない
    """
    brand = line[0]  # 第1要素はブランド名
    name = line[1]   # 第2要素は商品名
    namesplit = name.split(' ')  # 商品名をスペースで切り分ける


    if brand == 'missing':        # ブランド名が'missing'と一致
        for x in namesplit:       # 商品名から切り分けた単語を取り出す
            if x in all_brands:
                return name       # 単語がブランドリストに一致したら商品名を返す
    if name in all_brands:        # 商品名がブランドリストに存在すれば商品名を返す
        return name
```

422

9.3 1時間の制限時間内にRNNで価格を予測する

```
        return brand                   #  どれにも一致しなければブランド名を返す

#  ブランド名の付け替えを実施
train_df['brand_name'] = train_df[['brand_name','name']].apply(brandfinder, axis = 1)
test_df['brand_name'] = test_df[['brand_name','name']].apply(brandfinder, axis = 1)

#  書き換えられた'missing'の数を取得
train_found = train_premissing-len(train_df.loc[train_df['brand_name'] == 'missing'])
test_found = test_premissing-len(test_df.loc[test_df['brand_name'] == 'missing'])
print(train_premissing)  #  書き換える前の'missing'の数
print(train_found)        #  書き換えられた'missing'の数
print(test_premissing)   #  書き換える前の'missing'の数
print(test_found)         #  書き換えられた'missing'の数
```

▼出力
```
632336
137342
295525
64154
CPU times: user 1min 38s, sys: 464 ms, total: 1min 39s
Wall time: 1min 39s
```

■訓練データを訓練用と検証用に分割する

　訓練データのうち99パーセントを訓練用、残り1%を検証用として、ランダムに分割します。

▼訓練用と検証用にデータを分割 (セル7)
```
%%time
#  訓練用のデータフレームを訓練用と検証用に99:1で分割する
from sklearn.model_selection import train_test_split
import gc


train_dfs, dev_dfs = train_test_split(
    train_df,              #  対象のデータフレーム
    random_state=123,      #  乱数生成時のシード(種)
    train_size=0.99,       #  訓練用に99%のデータ
    test_size=0.01)        #  検証用に1%のデータ
```

9.3 1時間の制限時間内にRNNで価格を予測する

```
n_trains = train_dfs.shape[0] # 訓練データのサイズ
n_devs = dev_dfs.shape[0]       # 検証データのサイズ
n_tests = test_df.shape[0]      # テストデータのサイズ
print('Training :', n_trains, 'examples')
print('Validating :', n_devs, 'examples')
print('Testing :', n_tests, 'examples')
del train_df
gc.collect()
```

▼出力

```
Training : 1466844 examples
Validating : 14817 examples
Testing : 693359 examples
CPU times: user 2.09 s, sys: 545 ms, total: 2.63 s
Wall time: 2.83 s
```

訓練データの一部を検証用データに分割する処理は、scikit-learnのtrain_test_split()関数を使いました。

▼ sklearn.model_selection.train_test_split()

書式	sklearn.model_selection.train_test_split(arrays, オプション)
arrays	分割対象のデータ。リスト、NumPy配列、scipy-sparse行列、Pandasデータフレームを指定。
test_size	小数もしくは整数を指定。小数で指定する場合、テストデータの割合として0.0〜1.0の間で指定します。整数を指定する場合は、テストデータに含めるレコード件数を指定します。何も指定しなかった場合は、データセット全体からtrain_sizeを差し引いたサイズが設定されます。train_sizeも設定されていない場合は、デフォルト値として0.25が用いられます。
train_size	小数もしくは整数を指定。小数で指定する場合、トレーニングデータの割合として0.0〜1.0の間で指定します。整数を指定する場合は、トレーニングデータに必ず含めるレコード件数を指定します。何も指定しなかった場合は、データセット全体からtest_sizeを引いた分のサイズが設定されます。
random_state	乱数生成のシード(種)となる整数を設定します。指定しなかった場合は、NumPyのnp.random()のデフォルトの設定で乱数が生成されます。
shuffle	データを分割する前にランダムに並べ替えを行うかどうかをTrue(デフォルト)またはFalseで指定します。Falseに設定する場合、stratifyがNoneである必要があります。
stratify	Stratified Sampling(層化サンプリング)を行う場合に、クラスを示す行列を設定します(デフォルトはNone)。

9.3 1時間の制限時間内にRNNで価格を予測する

■すべてのデータの連結とカテゴリ名、ブランド名、説明文の欠損値の置き換え

訓練データ、検証データ、テストデータを1つのデータフレームに連結し、カテゴリ名、ブランド名、説明文の欠損値を'missing'に置き換えます。

▼訓練データ、検証データ、テストデータの連結とブランド名、説明文の欠損値の置き換え(セル8)

```
%%time
# 訓練データ、検証データ、テストデータを1つのデータフレームに連結
full_df = pd.concat([train_dfs, dev_dfs, test_df])


def fill_missing_values(df):
    """連結データのカテゴリ名、ブランド名、説明文のNaNを'missing'に置き換える


    Parameter:
        df: すべてのデータを連結したデータフレーム
    """
    df.category_name.fillna(value='missing', inplace=True)     # カテゴリ名
    df.brand_name.fillna(value='missing', inplace=True)        # ブランド名
    df.item_description.fillna(value='missing', inplace=True)  # 説明文
    # 説明文の'No description yet'を'missing'にする
    df.item_description.replace(
        'No description yet','missing', inplace=True)          # 説明文の置き換え
    return df


full_df = fill_missing_values(full_df)
```

▼出力

```
CPU times: user 3.26 s, sys: 508 ms, total: 3.77 s
Wall time: 3.77 s
```

LSTMの進化版、GRUの使用

LSTMは時系列データの分析において良好な精度を発揮しますが、パラメーターの数が多く、処理に多くの時間を要します。そこで今回は、リセットゲート、更新ゲートのみで構成され、LSTMよりもパラメーター数が少なく、処理も早いGRU (Grand Recurrent Unit)を使用することにしました。

9.3 1時間の制限時間内にRNNで価格を予測する

■カテゴリ、ブランド、3カテゴリのテキストをラベルエンコードする

カテゴリ名、ブランド名、それから3段階に分割したカテゴリ名の各テキストをラベルエンコーディングします。

▼カテゴリ、ブランド、3カテゴリのテキストデータをラベルエンコードする（セル9）

```
%%time
from sklearn.preprocessing import LabelEncoder


print("Processing categorical data...")


# LabelEncoderの生成
le = LabelEncoder()


# 'category_name'をエンコードして'category'カラムに登録する
le.fit(full_df.category_name)
full_df['category'] = le.transform(full_df.category_name)


# 'brand_name'のエンコード
le.fit(full_df.brand_name)
full_df.brand_name = le.transform(full_df.brand_name)


# 'subcat_0'のエンコード
le.fit(full_df.subcat_0)
full_df.subcat_0 = le.transform(full_df.subcat_0)


# 'subcat_1'のエンコード
le.fit(full_df.subcat_1)
full_df.subcat_1 = le.transform(full_df.subcat_1)


# 'subcat_2'のエンコード
le.fit(full_df.subcat_2)
full_df.subcat_2 = le.transform(full_df.subcat_2)


del le
gc.collect()
```

▼出力

```
Processing categorical data...
CPU times: user 1min 31s, sys: 338 ms, total: 1min 32s
Wall time: 1min 31s
```

9.3 1時間の制限時間内にRNNで価格を予測する

■商品名と商品説明をトークンに分解してラベルエンコードする

商品説明と商品名をKerasのTokenizerクラスを使ってエンコードします。

▼連結データの説明文、商品名をTokenizerでラベルエンコードする（セル10）

```
%%time
# 連結データの説明文、商品名をラベルエンコードする
from tensorflow.keras.preprocessing.text import Tokenizer

# 説明文、商品名、カテゴリ名の配列要素を以下のように1次元配列に連結する
# [[説明1, 説明2, ..., 商品1, 商品2, ..., カテゴリ1, カテゴリ2, ...]
#
print("Transforming text data to sequences...")
raw_text = np.hstack(
    [full_df.item_description.str.lower(), # 説明文
     full_df.name.str.lower(),              # 商品名
     full_df.category_name.str.lower()]     # カテゴリ名
)
print('sequences shape', raw_text.shape)

print("   Fitting tokenizer...")
tok_raw = Tokenizer()
tok_raw.fit_on_texts(raw_text)

print("   Transforming text to sequences...")
full_df['seq_item_description'] = tok_raw.texts_to_sequences(full_df.item_
description.str.lower())
full_df['seq_name'] = tok_raw.texts_to_sequences(full_df.name.str.lower())

del tok_raw
gc.collect()
```

▼出力

```
Transforming text data to sequences...
sequences shape (6525060,)
   Fitting tokenizer...
   Transforming text to sequences...
CPU times: user 4min 29s, sys: 1.5 s, total: 4min 30s
Wall time: 4min 30s
```

9

時系列データをRNNで解析する

427

9.3.3　多入力型のRNNモデルの生成

　RNNのモデルには、入力層を10層、配置します。( )内は層に付ける識別名で、データフレームのカラム名に対応します。

・商品名ラベル（name）

・商品説明ラベル（item_desc）

・ブランド名ラベル（brand_name）

・商品の状態（item_condition）

・送料負担（num_vars）

・商品説明の単語数（desc_len）

・商品名の単語数（name_len）

・サブカテゴリラベル0（subcat_0）

・サブカテゴリラベル1（subcat_1）

・サブカテゴリラベル2（subcat_2）

　送料負担（num_vars）を除いたすべての入力をEmbedding層でベクトル化します。word embeddingの手法を使って数値のベクトルにするのですが、こうすることで単語の意味や性質が反映されたデータにできます。単語の意味をよりよく捉えている表現を入力として使って、学習の精度向上に期待しましょう。商品名と商品説明のテキストはラベルエンコーディングしていますが、これらのデータについてもword embeddingでベクトル化を行います。

　word embeddingの処理は、KerasのEmbeddingクラスで生成されるEmbeddingレイヤーで行えます。入力層からの出力を入力し、word embeddingを適用して任意の次元数で出力するので、これをそのままRecurrent層（再帰層）に入力するという流れになります。

　Recurrent層（GRU）へは、

・商品名ラベル（name）

・商品説明ラベル（item_desc）

の2データを時系列データとして入力します。最終的にすべてのユニットは全結合層で結合します。

9.3 1時間の制限時間内にRNNで価格を予測する

▼入力層から出力層まで

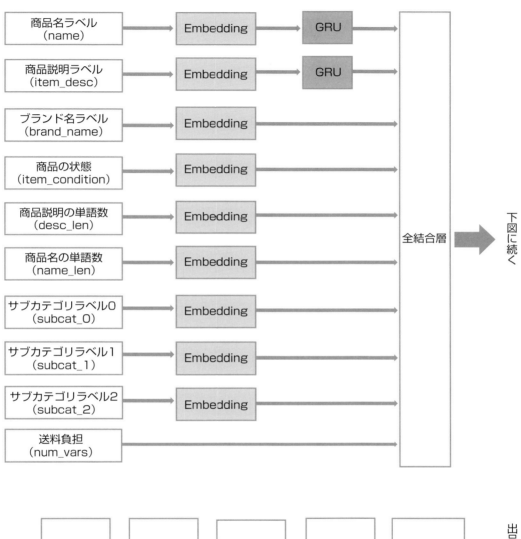

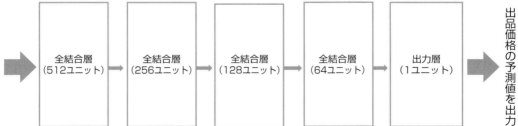

9.3 1時間の制限時間内にRNNで価格を予測する

■ モデル生成までのプログラミング

RNNモデルの入力層において、入力データの形状を指定するための値を定数として
定義します。

▼ RNNモデルで使用する定数を定義 (セル11)

```
MAX_NAME_SEQ = 10          # 商品名の最大サイズ (最大17を10に切り詰める)

MAX_ITEM_DESC_SEQ = 75 # 商品説明の最大サイズ (最大269を75に切り詰める)

MAX_CATEGORY_SEQ = 8       # カテゴリ名の最大サイズ (最大8)


# 商品名と商品説明の単語数： ラベルの最大値+100

MAX_TEXT = np.max([

    np.max(full_df.seq_name.max()),

    np.max(full_df.seq_item_description.max())

]) + 100
# カテゴリ名の単語数： カテゴリラベルの最大値+1

MAX_CATEGORY = np.max(full_df.category.max()) + 1
# ブランド名の単語数： ブランドラベルの最大値+1

MAX_BRAND = np.max(full_df.brand_name.max()) + 1
# 商品状態の数： 商品状態の最大値+1

MAX_CONDITION = np.max(full_df.item_condition_id.max()) + 1
# 商品説明の単語数： レコードごとの単語数の最大値+1

MAX_DESC_LEN = np.max(full_df.desc_len.max()) + 1
# 商品名の単語数： レコードごとの単語数の最大値+1

MAX_NAME_LEN = np.max(full_df.name_len.max()) + 1
# サブカテゴリの単語数： 各ラベルの最大値+1

MAX_SUBCAT_0 = np.max(full_df.subcat_0.max()) + 1

MAX_SUBCAT_1 = np.max(full_df.subcat_1.max()) + 1

MAX_SUBCAT_2 = np.max(full_df.subcat_2.max()) + 1
```

今回作成するRNNモデルは、多入力のモデルになります。データフレームには、
'name'、'item_desc'をはじめとする10のカラムがあるので、カラムの数に対応し
た10の入力層を用意し、それぞれの入力を中盤に配置した全結合型の層で1つにま
とめ、いくつかの層を経由したあと、1ユニットの出力層から出力する流れになりま
す。

もちろん、tensorflow.kerasのInputレイヤーは多入力に対応しています。通常の
入力では、1階テンソルの配列をデータの数だけ格納した2階テンソルを入力します。
1個のデータのみに着目すると、1個の配列で入力できるのですが、多入力の場合は、
dictオブジェクトにすることで実現できます。

430

9.3 1時間の制限時間内にRNNで価格を予測する

```
    X_train = {'name' : データ,
               'item_desc' : データ,
               'brand_name' : データ,
               'category' : データ,
               ……}
```

のようなdictオブジェクトを生成します。続いてモデルを定義する際に

```
name = Input(shape=[X_train["name"].shape[1]], name="name")
item_desc = Input(shape=[X_train["item_desc"].shape[1]], name="item_desc")
……
```

のように、Inputレイヤーのnameオプションでキー、つまり対象のカラムを指定します。fit()メソッドで学習を行う際は、先のdictオブジェクトX_trainを

```
    rnn_model.fit(X_train, …… )
```

のように渡せば、各カラムのデータが指定されたInputレイヤーに入力されるようになります。

　では、モデルへの入力データとして、フル結合のデータフレームから訓練用、検証用、テスト用の各データを抽出し、カラム名をキーにしたdictオブジェクトを作ります。

▼ RNNモデルに入力するデータを用意する (セル12)

```
%%time
from tensorflow.keras.preprocessing.sequence import pad_sequences

def get_rnn_data(dataset):
    """
    入力データをdictオブジェクトに格納して返す

    Parameter:
      dataset: フル結合のデータフレーム
    """
    X = {
        # 商品名ラベル (ndarray(int))
        # 0パディングして配列のサイズを統一: MAX_NAME_SEQ=10
        'name': pad_sequences(dataset.seq_name,
```

9.3 1時間の制限時間内にRNNで価格を予測する

```python
                                maxlen=MAX_NAME_SEQ),
        # 商品説明ラベル (ndarray(int))
        # 0パディングして配列のサイズを統一： MAX_ITEM_DESC_SEQ=75
        'item_desc': pad_sequences(dataset.seq_item_description,
                                maxlen=MAX_ITEM_DESC_SEQ),
        # ブランド名のラベル (ndarray(int))
        'brand_name': np.array(dataset.brand_name),
        # /区切りのカテゴリ名のラベル (ndarray(int))
        'category': np.array(dataset.category),
        # 商品の状態 (ndarray(int))
        'item_condition': np.array(dataset.item_condition_id),
        # 送料負担 (ndarray(int))：出品者負担は1，購入者負担は0
        'num_vars': np.array(dataset[["shipping"]]),
        # 商品説明の単語数 (ndarray(int))
        'desc_len': np.array(dataset[["desc_len"]]),
        # 商品名の単語数 (ndarray(int))
        'name_len': np.array(dataset[["name_len"]]),
        # カテゴリ0のラベル (ndarray(int))
        'subcat_0': np.array(dataset.subcat_0),
        # カテゴリ1のラベル (ndarray(int))
        'subcat_1': np.array(dataset.subcat_1),
        # カテゴリ2のラベル (ndarray(int))
        'subcat_2': np.array(dataset.subcat_2)
    }
    return X


# フル結合のデータフレームから抽出
# 訓練データ： インデックス0～訓練データ数-1のインデックスまで
train = full_df[:n_trains]
# 検証データ： 訓練データ数～訓練データ数+検証データ数-1のインデックスまで
dev = full_df[n_trains:n_trains+n_devs]
# テストデータ： 訓練データ+検証データから末尾まで
test = full_df[n_trains+n_devs:]


# 訓練用のdictを取得
X_train = get_rnn_data(train)
# 訓練用の商品価格の1階テンソルを2階テンソルに変換
# (1466844,) ➡ (1466844,1)
Y_train = train.target.values.reshape(-1, 1)
```

9.3 1時間の制限時間内にRNNで価格を予測する

```python
# 検証用のdictを取得
X_dev = get_rnn_data(dev)
# 検証用の商品価格の1階テンソルを2階テンソルに変換
# (14817,) ➡ (14817,1)
Y_dev = dev.target.values.reshape(-1, 1)

# テスト用のdictを取得
X_test = get_rnn_data(test)

del train_df
gc.collect()
```

▼出力
```
CPU times: user 42.5 s, sys: 2.43 s, total: 45 s
Wall time: 44.9 s
```

モデルの生成を行います。入力層では、Input()のnameオプションでdictオブ
ジェクトのキー（カラム名）を指定しておきます。Embedding、またはGRUを経て、
あるいはInputからダイレクトでの出力は、concatenate()メソッドで全結合しま
す。このとき、Embeddingからの出力は、Flatten()でフラット化してから結合しま
す。

▼RNNのモデルを生成する（セル13）
```python
from tensorflow.keras.models import Model
from tensorflow.keras.layers import Input, Dropout, Dense, Embedding, Flatten
from tensorflow.keras.layers import concatenate, GRU
from tensorflow.keras.optimizers import Adam


np.random.seed(123)  # 乱数のシードを設定


# RMSE(Root Mean Square Error):二乗平均平方根誤差
#
# 予測をチェックするために使用
# この関数を使用する際のYとY_predはすでにlogスケールになっているので、RMSLE(二乗平均平方根対数誤差)の
# ように機能する
def rmsle(Y, Y_pred):
    assert Y.shape == Y_pred.shape
    return np.sqrt(np.mean(np.square(Y_pred - Y )))
```

9.3 1時間の制限時間内にRNNで価格を予測する

```python
def new_rnn_model(lr=0.001, decay=0.0):
    """RNNのモデルを生成


    Parameters:
        lr: 学習率
        decay: 学習率減衰
    """
    # 入力層
    # 商品名ラベル、商品説明ラベル、ブランド名ラベル、商品の状態、送料負担
    name = Input(shape=[X_train["name"].shape[1]], name="name")
    item_desc = Input(shape=[X_train["item_desc"].shape[1]], name="item_desc")
    brand_name = Input(shape=[1], name="brand_name")
    item_condition = Input(shape=[1], name="item_condition")
    num_vars = Input(shape=[X_train["num_vars"].shape[1]], name="num_vars")
    # 商品名テキスト、商品説明テキストの単語数
    name_len = Input(shape=[1], name="name_len")
    desc_len = Input(shape=[1], name="desc_len")
    # サブカテゴリラベル0～2
    subcat_0 = Input(shape=[1], name="subcat_0")
    subcat_1 = Input(shape=[1], name="subcat_1")
    subcat_2 = Input(shape=[1], name="subcat_2")


    # Embedding層
    # 商品名のEmbedding: 入力は単語の総数+100、出力の次元数は20
    emb_name = Embedding(MAX_TEXT, 20)(name)
    # 商品説明のEmbedding: 入力は単語の総数+100、出力の次元数は60
    emb_item_desc = Embedding(MAX_TEXT, 60)(item_desc)
    # ブランド名のEmbedding: 入力は単語の総数+1、出力の次元数は10
    emb_brand_name = Embedding(MAX_BRAND, 10)(brand_name)
    # 商品状態のEmbedding: 入力は5+1、出力の次元数は5
    emb_item_condition = Embedding(MAX_CONDITION, 5)(item_condition)
    # 商品説明の単語数のEmbedding: 入力は商品説明の最大単語数+1、出力は5
    emb_desc_len = Embedding(MAX_DESC_LEN, 5)(desc_len)
    # 商品名の単語数のEmbedding: 入力は商品名の最大単語数+1、出力は5
    emb_name_len = Embedding(MAX_NAME_LEN, 5)(name_len)
    # サブカテゴリ0～2のEmbedding: 入力はカテゴリ名の最大単語数+1、出力は10
    emb_subcat_0 = Embedding(MAX_SUBCAT_0, 10)(subcat_0)
    emb_subcat_1 = Embedding(MAX_SUBCAT_1, 10)(subcat_1)
    emb_subcat_2 = Embedding(MAX_SUBCAT_2, 10)(subcat_2)
```

9.3 1時間の制限時間内にRNNで価格を予測する

```
# Recurrentユニットは LSTM より高速な GRU
rnn_layer1 = GRU(16) (emb_item_desc) # 商品説明のユニット
rnn_layer2 = GRU(8) (emb_name)        # 商品名のユニット


# 全結合層
main_l = concatenate([
    Flatten()(emb_brand_name),       # ブランド名の Embedding
    Flatten()(emb_item_condition), # 商品状態の Embedding
    Flatten()(emb_desc_len), # 商品説明の単語数の Embedding
    Flatten()(emb_name_len), # 商品名の単語数の Embedding
    Flatten()(emb_subcat_0), # サブカテゴリ 0 の Embedding
    Flatten()(emb_subcat_1), # サブカテゴリ 1 の Embedding
    Flatten()(emb_subcat_2), # サブカテゴリ 2 の Embedding
    rnn_layer1, # 商品説明の GRU ユニット
    rnn_layer2, # 商品名の GRU ユニット
    num_vars    # 送料負担 (0 か 1)
])
# 512、256、128、64 ユニットの層を追加
main_l = Dropout(0.1)(
    Dense(512,kernel_initializer='normal',activation='relu')(main_l))
main_l = Dropout(0.1)(
    Dense(256,kernel_initializer='normal',activation='relu')(main_l))
main_l = Dropout(0.1)(
    Dense(128,kernel_initializer='normal',activation='relu')(main_l))
main_l = Dropout(0.1)(
    Dense(64,kernel_initializer='normal',activation='relu')(main_l))


# 出力層 (1 ユニット)
output = Dense(1, activation="linear") (main_l)


# Model オブジェクトの生成
model = Model(
    # 入力層はマルチ入力モデルなのでリストにする
    inputs=[name, item_desc, brand_name, item_condition, num_vars,
            desc_len, name_len, subcat_0, subcat_1, subcat_2],
    # 出力層
    outputs=output
)


# 平均二乗誤差関数とオプティマイザーをセットしてコンパイル
```

9.3 1時間の制限時間内にRNNで価格を予測する

```
    model.compile(loss = 'mse',
                  optimizer = Adam(lr=lr, decay=decay))


    return model

# RNNのモデルを生成
model = new_rnn_model()
model.summary()
del model
gc.collect()
```

▼出力

Layer (type)	Output Shape	Param #	Connected to
brand_name (InputLayer)	(None, 1)	0	
item_condition (InputLayer)	(None, 1)	0	
desc_len (InputLayer)	(None, 1)	0	
name_len (InputLayer)	(None, 1)	0	
subcat_0 (InputLayer)	(None, 1)	0	
subcat_1 (InputLayer)	(None, 1)	0	
subcat_2 (InputLayer)	(None, 1)	0	
item_desc (InputLayer)	(None, 75)	0	
name (InputLayer)	(None, 10)	0	
embedding_3 (Embedding)	(None, 1, 10)	1791400	brand_name[0][0]
embedding_4 (Embedding)	(None, 1, 5)	30	item_condition[0][0]
embedding_5 (Embedding)	(None, 1, 5)	1230	desc_len[0][0]
embedding_6 (Embedding)	(None, 1, 5)	90	name_len[0][0]
embedding_7 (Embedding)	(None, 1, 10)	110	subcat_0[0][0]
embedding_8 (Embedding)	(None, 1, 10)	1140	subcat_1[0][0]
embedding_9 (Embedding)	(None, 1, 10)	8830	subcat_2[0][0]
embedding_2 (Embedding)	(None, 75, 60)	19321200	item_desc[0][0]
embedding_1 (Embedding)	(None, 10, 20)	6440400	name[0][0]
flatten_1 (Flatten)	(None, 10)	0	embedding_3[0][0]

9.3 1時間の制限時間内にRNNで価格を予測する

flatten_2 (Flatten)	(None, 5)	0	embedding_4[0][0]
flatten_3 (Flatten)	(None, 5)	0	embedding_5[0][0]
flatten_4 (Flatten)	(None, 5)	0	embedding_6[0][0]
flatten_5 (Flatten)	(None, 10)	0	embedding_7[0][0]
flatten_6 (Flatten)	(None, 10)	0	embedding_8[0][0]
flatten_7 (Flatten)	(None, 10)	0	embedding_9[0][0]
gru_1 (GRU)	(None, 16)	3696	embedding_2[0][0]
gru_2 (GRU)	(None, 8)	696	embedding_1[0][0]
num_vars (InputLayer)	(None, 1)	0	
concatenate_1 (Concatenate)	(None, 80)	0	flatten_1[0][0]
			flatten_2[0][0]
			flatten_3[0][0]
			flatten_4[0][0]
			flatten_5[0][0]
			flatten_6[0][0]
			flatten_7[0][0]
			gru_1[0][0]
			gru_2[0][0]
			num_vars[0][0]
dense_1 (Dense)	(None, 512)	41472	concatenate_1[0][0]
dropout_1 (Dropout)	(None, 512)	0	dense_1[0][0]
dense_2 (Dense)	(None, 256)	131328	dropout_1[0][0]
dropout_2 (Dropout)	(None, 256)	0	dense_2[0][0]
dense_3 (Dense)	(None, 128)	32896	dropout_2[0][0]
dropout_3 (Dropout)	(None, 128)	0	dense_3[0][0]
dense_4 (Dense)	(None, 64)	8256	dropout_3[0][0]
dropout_4 (Dropout)	(None, 64)	0	dense_4[0][0]
dense_5 (Dense)	(None, 1)	65	dropout_4[0][0]

Total params: 27,782,839

Trainable params: 27,782,839

Non-trainable params: 0

9.3 1時間の制限時間内にRNNで価格を予測する

■ 学習の実行

RNNモデルに入力して学習を行います。最も時間がかかる箇所なので、試行錯誤した結果、制限時間内に収めるには、

> ・ミニバッチのサイズ: 512×2
> ・エポック数: 3

とした場合のパフォーマンスが良好でしたので、これを使うことにしました。

▼エポックを2として学習を実行する（セル14）

```
%%time

# ミニバッチのサイズ
BATCH_SIZE = 512 * 2
epochs = 3

# 学習率減衰
exp_decay = lambda init, fin, steps: (init/fin) ** (1/(steps-1)) - 1
steps = int(len(X_train['name']) / BATCH_SIZE) * epochs
lr_init = 0.005
lr_fin = 0.001
lr_decay = exp_decay(lr_init, lr_fin, steps)

# モデルを生成
rnn_model = new_rnn_model(lr=lr_init, decay=lr_decay)
# 学習
rnn_model.fit(X_train, Y_train,
              epochs=epochs,
              batch_size=BATCH_SIZE,
              validation_data=(X_dev, Y_dev),
              verbose=1
)
```

9.3 1時間の制限時間内にRNNで価格を予測する

▼出力

```
Epoch 1/3
1433/1433 [==============================] - 544s 380ms/step
 - loss: 0.2942 - val_loss: 0.1862
Epoch 2/3
1433/1433 [==============================] - 543s
 379ms/step - loss: 0.1854 - val_loss: 0.1854
Epoch 3/3
1433/1433 [==============================]
 - 543s 379ms/step - loss: 0.1513 - val_loss: 0.1838
CPU times: user 57min 50s, sys: 31min 36s, total: 1h 28min 47s
Wall time: 27min 18s
```

■検証データで予測し、誤差を測定する

学習済みのRNNモデルに検証データを入力して、モデルの評価を行います。ここで求めるのは、予測値と正解値のRMSE（二乗平均平方根誤差）です。

▼検証データを入力して予測値のRMSE（二乗平均平方根誤差）を求める（セル15）

```
%%time
# 検証データでモデルを評価する

print("Evaluating the model on validation data...")
# 学習済みのモデルで検証データの予測を行う
Y_dev_preds_rnn = rnn_model.predict(X_dev,
                                    batch_size=BATCH_SIZE)
# 予測値の損失をrmsle()で求める
print(" RMSLE error:", rmsle(Y_dev,          # 検証データの商品価格
                             Y_dev_preds_rnn)) # 予測値
```

▼出力

```
Evaluating the model on validation data...
 RMSLE error: 0.42875975893611074
CPU times: user 2.53 s, sys: 128 ms, total: 2.66 s
Wall time: 1.48 s
```

検証データによる予測の損失は、0.4287となりました。続いて、テストデータを入力して、商品価格を予測します。

9.3 1時間の制限時間内にRNNで価格を予測する

■テストデータを入力して商品価格を予測する

RNNモデルの最後の処理として、学習済みモデルにテストデータを入力し、商品価格の予測値を出力させます。なお、出力されるのは対数変換後の値なので、これに指数関数を適用して元の値 (真数) に戻しておきます。

▼テストデータを入力して商品価格を予測する (セル16)

```
rnn_preds = rnn_model.predict(X_test, batch_size=BATCH_SIZE, verbose=1)
# 予測した商品価格の値に指数関数を適用して真数 (逆対数) に戻す
rnn_preds = np.expm1(rnn_preds)


del rnn_model
gc.collect()
```

▼出力

```
678/678 [==============================] - 30s 44ms/step
```

以上でRNNモデルを用いた商品価格の予測は終了です。ただ、ここまでの処理で、制限時間の1時間にはまだ余裕があります。ノートブックの状態はそのままに、次項のアンサンブルの処理に進むことにしましょう。

メモリ消費を抑えるための措置

回帰モデルを使用するに当たり、データの前処理として商品名のテキストを2-gram、商品説明のテキストを3-gramで分割して数値化しますが、メモリ消費を抑えるためにトークンカウントの上限値をそれぞれ5000としています。

本来であれば、商品名の上限を5万、商品説明の上限を10万程度に引き上げた方が良い結果が得られますが、コンペで許可されているメモリ使用量を超えないように上限値を低く設定しました。

9.4 制限時間に余裕がある？ それならRidgeモデルを加えてアンサンブル

9.4 制限時間に余裕がある？ それならRidgeモデルを加えてアンサンブル

Point

◎前節のRNNとMLPの複合型モデルでの予測に加えて、リッジ回帰モデルによる予測を
　行います。

◎複合型モデルとリッジ回帰モデルの予測をアンサンブルし、最終予測値を算出します。

分析コンペ

Mercari Price Suggestion Challenge

RNNを用いたモデルでの予測が終わり、RMSE（二乗平均平方根誤差）での損失ま
で求めました。ここまでにかかった時間は、約40分。制限時間の1時間までまだ余裕
があります。そこで、さらに精度を高める試みとして、アンサンブルを使ってみたい
と思います。「Mercari Price Suggestion Challenge」で上位にランクインしたソ
リューションの多くが、複数のモデルを用いてアンサンブルを行っています。

ただ、残りの時間を考えると、ニューラルネットワーク系のモデルは使えそうにあ
りません。できるだけ処理が軽いモデルがよいので、同コンペでよく使われていた回
帰モデルのRidgeを使ってみることにします。Ridgeは、L2正則化を加えた回帰分
析を行います。

9.4.1 RidgeとRidgeCVによる販売価格の予測

Ridgeモデルの最適化は処理が軽いので、これとは別に相互検証推定量（クロスバ
リデーション）を用いるRidgeCVでの予測も行い、RNNモデルと合わせて計3モデ
ルによるアンサンブルを行うことにします。

■Ridge回帰モデルのための前処理

Ridgeモデルのためのデータフレームを用意し、欠損値を処理して、すべてのデー
タを文字列に変換します。

9.4 制限時間に余裕がある？それならRidgeモデルを加えてアンサンブル

▼ **Ridgeモデルのためのデータフレームを用意する（セル17）**

```
# 訓練データ、検証データ、テストデータを結合する

full_df2 = pd.concat([train_dfs, dev_dfs, test_df])
```

▼ **欠損値を処理し、すべてのデータを文字列にする（セル18）**

```
%%time


print("Handling missing values...")
# カテゴリ名の欠損値を'missing'に置き換える
full_df2['category_name'] = ¥
    full_df2['category_name'].fillna('missing').astype(str)
# サブカテゴリのラベルを文字列に変換
full_df2['subcat_0'] = full_df2['subcat_0'].astype(str)
full_df2['subcat_1'] = full_df2['subcat_1'].astype(str)
full_df2['subcat_2'] = full_df2['subcat_2'].astype(str)
# ブランド名の欠損値を'missing'に置き換える
full_df2['brand_name'] = full_df2['brand_name'].fillna('missing').astype(str)
# 送料負担、商品の状態を文字列に置き換える
full_df2['shipping'] = full_df2['shipping'].astype(str)
full_df2['item_condition_id'] = full_df2['item_condition_id'].astype(str)
# 説明文の単語数、商品名の単語数を文字列に置き換える
full_df2['desc_len'] = full_df2['desc_len'].astype(str)
full_df2['name_len'] = full_df2['name_len'].astype(str)
# 説明文の欠損値を'No description yet'に置き換える
full_df2['item_description'] = ¥
    full_df2['item_description'].fillna('No description yet').astype(str)
```

■ Bag-of-Words と N-gram でテキストデータをベクトル化する

　すべてのデータをBag-of-Wordsまたは、N-gramの手法を使って、ベクトル（トークンカウント行列）化します。Bag-of-Wordsは各単語の出現数をカウントしますが、商品名と商品説明については、N-gramの手法で、連続する単語のつながりに分割してから出現数をカウントするようにします。

□ 商品名

　2-gram（バイグラム）で2単語の連続に分割してから出現数をカウントします。例えば、 'this, is, a, sentence' というテキストからは、

9.4 制限時間に余裕がある？それならRidgeモデルを加えてアンサンブル

[this-is, is-a, a-sentence]

という3パターンの単語のつながりが抽出されます。

□ 商品説明

3-gram（トリグラム）で3単語の連続に分割してから出現数をカウントします。例えば、

'this, is, a, sentence'というテキストからは、

[this-is-a, is-a-sentence]

という2パターンの単語のつながりが抽出されます。

□ サブカテゴリ、ブランド名、送料負担、商品の状態、説明文の単語数、商品名の単語数

ユニグラムで1単語の出現数をカウントします。これはBag-of-Wordsの手法です。

'this, is, a, sentence'というテキストからは、

[this, is, a, sentence]

のように、4つの単語がそのまま抽出されます。

▼すべてのデータをBag-of-Wordsでベクトル化する（セル19）

```
%%time

from sklearn.feature_extraction.text import CountVectorizer, TfidfVectorizer
from sklearn.pipeline import FeatureUnion

print("Vectorizing data...")
# CountVectorizerの生成処理を関数化
default_preprocessor = CountVectorizer().build_preprocessor()

def build_preprocessor(field):
    """
    指定されたカラムのインデックスを取得し、
    トークンカウント行列を作成するためのCountVectorizerを返す

    Parameter:field(str)
        フル結合データフレームのカラム名
    """
    field_idx = list(full_df2.columns).index(field)
```

443

9.4 制限時間に余裕がある？それならRidgeモデルを加えてアンサンブル

```python
        return lambda x: default_preprocessor(x[field_idx])


# トークンカウント行列
# CountVectorizeを結合して
# (識別子，ベクトライザーオブジェクト)のリストで構成される
# トランスファーマーオブジェクトを生成
vectorizer = FeatureUnion([
    ('name', CountVectorizer(
        # Bag-of-Wordsで分割する単位をN-gramで連続する単語のつながりとする
        # 商品名は2-gram(2つの単語のつながり)で分割
        ngram_range=(1, 2),
        max_features=5000, # トークンカウントの上限値(本来はこの10倍程度だがメモリ消費を抑えるため低めの値)
        # トークンカウントステップをオーバーライド
        preprocessor=build_preprocessor('name'))),
    ('subcat_0', CountVectorizer(
        # トークンの構成を示す正規表現を'+'として1文字に対応
        token_pattern='.+',
        preprocessor=build_preprocessor('subcat_0'))),
    ('subcat_1', CountVectorizer(
        token_pattern='.+',
        preprocessor=build_preprocessor('subcat_1'))),
    ('subcat_2', CountVectorizer(
        token_pattern='.+',
        preprocessor=build_preprocessor('subcat_2'))),
    ('brand_name', CountVectorizer(
        token_pattern='.+',
        preprocessor=build_preprocessor('brand_name'))),
    ('shipping', CountVectorizer(
        token_pattern='\d+',
        preprocessor=build_preprocessor('shipping'))),
    ('item_condition_id', CountVectorizer(
        token_pattern='\d+',
        preprocessor=build_preprocessor('item_condition_id'))),
    ('desc_len', CountVectorizer(
        token_pattern='\d+',
        preprocessor=build_preprocessor('desc_len'))),
    ('name_len', CountVectorizer(
        token_pattern='\d+',
        preprocessor=build_preprocessor('name_len'))),
    ('item_description', TfidfVectorizer(
```

9.4 制限時間に余裕がある？それならRidgeモデルを加えてアンサンブル

```python
        # Bag-of-Words で分割する単位をN-gram で連続する単語のつながりとする
        # 商品説明は3-gram(3つの単語のつながり) で分割
        ngram_range=(1, 3),
        max_features=5000,  # トークンカウントの上限値(本来はこの10倍程度だがメモリ消費を抑えるため低めの値)
        preprocessor=build_preprocessor('item_description'))),
])


# フル結合のデータフレームのフィールド値を
# N-gram によるBag-of-Words でトークンカウント行列に変換する
X = vectorizer.fit_transform(full_df2.values)


del vectorizer
gc.collect()


# 入力用のdict オブジェクトから訓練用のデータを抽出
X_train = X[:n_trains]
# 訓練用のデータフレームから商品価格を抽出して
# (データ数, 価格)の2階テンソルに変換
Y_train = train_dfs.target.values.reshape(-1, 1)


# 入力用のdict オブジェクトから検証用のデータを抽出
X_dev = X[n_trains:n_trains+n_devs]
# 検証用のデータフレームから商品価格を抽出して
# (データ数, 価格)の2階テンソルに変換
Y_dev = dev_dfs.target.values.reshape(-1, 1)


# 入力用のdict オブジェクトからテストデータを抽出
X_test = X[n_trains+n_devs:]


print('X:', X.shape)
print('X_train:', X_train.shape)
print('X_dev:', X_dev.shape)
print('X_test:', X_test.shape)
print('Y_train:', Y_train.shape)
print('Y_dev:', Y_dev.shape)
```

▼出力（各テンソルの形状）

```
Vectorizing data...
X: (2175020, 183857)
X_train: (1466844, 183857)
```

9.4 制限時間に余裕がある？それならRidgeモデルを加えてアンサンブル

```
X_dev: (14817, 183857)
X_test: (693359, 183857)
Y_train: (1466844, 1)
Y_dev: (14817, 1)
CPU times: user 8min 47s, sys: 17.5 s, total: 9min 4s
Wall time: 9min 4s
```

■RidgeとRidgeCVでそれぞれ線形回帰を行う

RidgeおよびRidgeCVの2モデルで線形回帰を行います。

▼Ridge、RidgeCVで線形回帰を行う（セル20）

```python
%%time

from sklearn.linear_model import Ridge, RidgeCV

print("Fitting Ridge model on training examples...")
ridge_model = Ridge(
    solver='auto',         # ソルバーをオートモードにする
    fit_intercept=True,    # 切片を計算に使用
    alpha=1.0,             # 正則化の強度はデフォルト値
    max_iter=200,          # ソルバーの最大反復回数
    normalize=False,       # 正規化を行う
    tol=0.01,              # 回帰の反復を停止するときの精度
    # データをシャッフルするときに使用する疑似乱数ジェネレータのシード
    random_state = 1
)
ridge_modelCV = RidgeCV(
    fit_intercept=True,    # 切片を計算に使用
    alphas=[5.0],
    normalize=False,
    cv = 2,  # 交差検証時にスコアを2回連続して(毎回異なる分割で)計算
    # モデルの評価は平均二乗誤差回帰損失で行う
    scoring='neg_mean_squared_error'
)

ridge_model.fit(X_train, Y_train)
ridge_modelCV.fit(X_train, Y_train)
```

9.4 制限時間に余裕がある？それならRidgeモデルを加えてアンサンブル

▼出力
```
Fitting Ridge model on training examples...
CPU times: user 6min 32s, sys: 6.49 s, total: 6min 39s
Wall time: 3min 39s
```

■Ridgeモデルに検証データを入力して損失を測定する

最適化後のRidgeモデルに検証データを入力して、損失を測定します。

▼Ridgeモデルに検証データを入力して精度を測定（セル21）
```
Y_dev_preds_ridge = ridge_model.predict(X_dev)
Y_dev_preds_ridge = Y_dev_preds_ridge.reshape(-1, 1)
print('Ridge model RMSE error:', rmsle(Y_dev, Y_dev_preds_ridge))
```

▼出力
```
Ridge model RMSE error: 0.4796990563554859
```

　損失は0.4413でRNNモデルよりも大きくなってはいますが、多様性という点でアンサンブルする価値は十分ありそうです。

■RidgeCVモデルに検証データを入力して損失を測定する

最適化後のRidgeCVモデルに検証データを入力して、損失を測定します。

▼RidgeCVモデルに検証データを入力して精度を測定（セル22）
```
Y_dev_preds_ridgeCV = ridge_modelCV.predict(X_dev)
Y_dev_preds_ridgeCV = Y_dev_preds_ridgeCV.reshape(-1, 1)
print('RidgeCV model RMSE error:', rmsle(Y_dev, Y_dev_preds_ridgeCV))
```

▼出力
```
RidgeCV model RMSE error: 0.47528475256657093
```

　Ridgeモデルよりもわずかですが、よい数値が出ています。

9.4 制限時間に余裕がある？それならRidgeモデルを加えてアンサンブル

■学習済みモデルにテストデータを入力して予測する

Ridgeモデル、RidgeCVモデルにテストデータを入力して予測します。

▼テストデータを入力して販売価格を予測する（セル23）

```
%%time

# Ridge モデル
ridge_preds = ridge_model.predict(X_test)
ridge_preds = np.expm1(ridge_preds)

# RidgeCV モデル
ridgeCV_preds = ridge_modelCV.predict(X_test)
ridgeCV_preds = np.expm1(ridgeCV_preds)
```

▼出力

```
CPU times: user 344 ms, sys: 0 ns, total: 344 ms
Wall time: 342 ms
```

9.4.2 RNN、Ridge、RidgeCVによるアンサンブル

これまでのRNN、Ridge、RidgeCVによる予測を集約して、アンサンブルによる予測を行います。ただ、今回のコンペはクラス分類ではなく、「販売価格」そのものの数値を予測するので、単純に多数決をとるアンサンブルは使えません。平均をとるアンサンブルなら使えそうですが、ここでは

「3つのモデルそれぞれに係数を適用（重み付け）し、これを集約して予測値を作る」ということをします。もちろん、最適な係数を探索することが必須なので、係数の値を変化させながら、損失を求め、最も損失が低かったときの係数を用いて最終の予測を行うようにします。

■アンサンブルをプログラミングする

以下は、係数を適用した予測値を集約アンサンブルする関数の定義コードです。

▼係数を適用した予測値を集約アンサンブルする関数（セル24）

```
%%time
def aggregate_predicts3(Y1, Y2, Y3, ratio1, ratio2):
```

9.4 制限時間に余裕がある？それならRidgeモデルを加えてアンサンブル

```
"""3モデルの予測値に係数を適用し、3つの予測値を1つに結合して返す

Parameters:
    Y1: RNNの予測値
    Y2: Ridgeの予測値
    Y3: RidgeCVの予測値
    ratio1: 係数1
    ratio2: 係数2


(ratio3): 1.0 - ratio1 - ratio2
"""
assert Y1.shape == Y2.shape
return Y1*ratio1 + Y2*ratio2 + Y3*(1.0 - ratio1 - ratio2)
```

この関数は、3つの予測を1つに結合する処理を行います。単純な平均をとるのではなく、係数を利用して3つのモデルの予測値を変化させたうえで集約し、予測します。ひと言でいうと「集約アンサンブル」といったところでしょうか。これを実現するために、

```
Y1 * ratio1 + Y2 * ratio2 + Y3 * (1.0 - ratio1 - ratio2)
```

のようにして、3つの予測値に掛ける係数の合計が1.0になるようにしています。ratio1とratio2の値の変化に引っ張られる形で3つすべての係数を変化させ、その都度集約された予測値と正解値とのRMSE（二乗平均平方根誤差）を求め、最も損失が小さいときの係数を使って（アンサンブルによる）予測値を求める、という手順になります。

▼3モデルのアンサンブル（セル25）

```
%%time

best1 = 0
best2 = 0
lowest = 0.99
for i in range(100):
    for j in range(100):
        r = i * 0.01
        r2 = j * 0.01
        # r+r2が1.0以下なら
```

449

9.4 制限時間に余裕がある？それならRidgeモデルを加えてアンサンブル

```python
        if r+r2 < 1.0:
            # 3モデルの予測値に係数を適用して新たな予測値を取得
            Y_dev_preds = aggregate_predicts3(
                Y_dev_preds_rnn,        # RNNの検証データ予測
                Y_dev_preds_ridge,      # Ridgeの検証データ予測
                Y_dev_preds_ridgeCV,  # RidgeCVの検証データ予測
                r, r2)                   # 増加中の重み
            # 現在の重みを適用した後の予測値と検証データの正解値との損失を求める
            fpred = rmsle(Y_dev, Y_dev_preds)
            # 現在の損失が小さければ係数を記録する
            if fpred < lowest:
                best1 = r
                best2 = r2
                # 現在のベストな損失として記録する
                lowest = fpred

# 3モデルのアンサンブルによる検証データの予測
Y_dev_preds = aggregate_predicts3(
    Y_dev_preds_rnn,
    Y_dev_preds_ridge,
    Y_dev_preds_ridgeCV, best1, best2)

print('r1:', best1)
print('r2:', best2)
print('r3:', 1.0 - best1 - best2)
print("(Best) RMSE error for RNN + Ridge + RidgeCV on dev set:\n",
      rmsle(Y_dev, Y_dev_preds)) # Y_dev_predsのRMSEでの損失を調べる
```

▼出力

```
r1: 0.74
r2: 0.25
r3: 0.010000000000000009
(Best) RMSL error for RNN + Ridge + RidgeCV on dev set:
 0.42204814804780877
CPU times: user 804 ms, sys: 0 ns, total: 804 ms
Wall time: 803 ms
```

　　一気にアンサンブルによる予測までを行いましたが、検証データを使った予測では、
損失が0.4207となり、RNNモデル単独のときの精度を上回りました。

450

▼各モデル単体の損失とアンサンブルによる損失（検証データを使用）

使用したモデル	損失
RNN	0.4287
Ridge	0.4796
RidgeCV	0.4752
上記3モデルによる集約アンサンブル	0.4220

　ちなみにアンサンブルによる精度だと、あくまで目安ですが、現在の「Mercari Price Suggestion Challenge」のリーダーボードで上位5%（シルバーメダル圏内）に入る成績です。ただし、ステージ2のテストデータによる予測ではなく、検証データを用いた予測結果であることに注意してください。

■ テストデータの予測値を CSV ファイルに出力する

　最後に、テストデータの予測値を書き出します。ここで用いるのは、ステージ1のテストデータですので、ファイルへの書き出しだけを行い、サブミットは行いません。

▼テストデータの予測値を CSV ファイルに出力する

```
# 3 モデルのアンサンブルで予測して結果を CSV ファイルに出力する


# アンサンブルで商品価格を予測する
preds = aggregate_predicts3(rnn_preds,       # RNN のテストデータの予測値
                            ridge_preds,     # Ridge のテストデータの予測値
                            ridgeCV_preds,   # RidgeCV のテストデータの予測値
                            best1, best2)    # ベストな係数
# id を付けてデータフレームにまとめる
submission = pd.DataFrame({
        "test_id": test_df.test_id,
        "price": preds.reshape(-1),
})
# CSV ファイルへの出力
submission.to_csv("./rnn_ridge_submission_best.csv", index=False)
```

　これまでの処理にかかった時間を出力しておきます。

9.4 制限時間に余裕がある？それならRidgeモデルを加えてアンサンブル

▼計測を終了し、これまでの経過時間を出力

```
stop_real = datetime.now()
execution_time_real = stop_real-start_real
print(execution_time_real)
```

▼出力

```
0:50:12.605600
```

　途中で解説を挟みつつ進めてきましたが、冒頭のコードから一気に実行した場合の処理時間は約50分です。時間とメモリ消費量を気にしつつ、できるだけ少ないモデルでのアンサンブルを考えてきましたが、制限時間までにまだ10分ほど余裕があります。処理の速いモデルをいくつか追加してアンサンブルできそうではありますが、使用できるメモリ量が16GBに対して、終了時点で9GB使用していますので、これに注意しなければなりません。また、ここで使用したテストデータの数は、メルカリのコンペのStage1の693,359データでしたが、最終のStage2ではその5倍近い3,460,725のデータになっています。実際にチャレンジしている状況であれば、処理時間とメモリ消費量から、この辺りが限界と考えてよいでしょう。

　なお、「Mercari Price Suggestion Challenge」では、データの前処理から学習、テストデータでの予測までのすべての処理を1つのノートブックにまとめてサブミットするようになっていました。本章でも1つのノートブックにまとめましたので、これでサブミットできそうですが、実際のコンペでは、Notebook形式ではなくScript形式のノートブックにまとめてからサブミットされているものも多かったです。

9.4.3　分析を終えて

　「Mercari Price Suggestion Challenge」は、販売者が投稿した情報を基に「適正な販売価格」を予測するコンペティションでした。訓練データとして、ユーザーが投稿した商品情報やカテゴリ、さらに商品の状態や送料負担の有無、ブランド名などが与えられていて、それらを基に販売価格を予測するモデルの作成が課題です。

・コンペ開始日は2017年11月21日
・エントリー締切日は2018年2月7日
・課題提出締切日は2018年2月14日
・賞金は1位60,000米ドル、2位30,000米ドル、3位10,000米ドル

エントリーは「カーネルオンリー」で行われるため、当初はStage1のノートブックを使ってエントリーし、Stage2で提供される最終のテキストデータの予測値でスコアが決まるという仕組みでした。ノートブックを提供する「カーネルコンペ」なので、

4 cores / 16GB RAM / 1GB disk / GPUなし / 処理時間は60分未満

という制約があります。恐らく、低スペックのノートパソコンでも、時間をかけずに適正価格を調べられるよう、主催者の実務上の観点からこのような制約がかけられたのではと思われます。

分析にあたって難しいのは、'name'や'category_name'、'item_description'の自然言語をどう処理するのかというところでしょう。本章では、基本的にすべてのテキストをBag-of-WordsあるいはN-gramの手法でラベルエンコードし、商品名などの単語数が多いものに対してはword embeddingで数値ベクトルへの変換を行いました。ただ、'category_name'のようにカテゴリカルなデータには、One-Hotエンコーディングが適しているかもしれません。カテゴリ自体の数が多すぎるという問題がありますが、feature hashingのようにカテゴリ数が多い場合の対処法もあるので試してみる価値がありそうです。

さて、最も重要なモデルの選定ですが、やはり気になるのは、「1位になったソリューション」です。実は1位になったチームが採用していたのは、多層パーセプトロン（MLP）によるアンサンブルでした。MLPは学習速度が速いので、できるだけ多くのモデルで学習し、アンサンブルの効果を最大限引き出す戦略なのでしょう。その他、上位のソリューションを眺めてみると、最も多く使われていたのはRNNでした。ですが、意外にもCNNを用いたモデルも多数、使われています。画像検出に特化していると思われるCNNですが、CNNによる「特徴量検出」は時系列データに対しても、優れた効果を発揮するようです。

■参考にしたソリューション

本章では、RNNでの分析をメインにしている以下のソリューションを参考にしました。

9.4 制限時間に余裕がある？それならRidgeモデルを加えてアンサンブル

- 「Mercari RNN + 2Ridge models with notes」[1]

Patrick DeKelly氏によるソリューション（ノートブック）で、RNNとRidge、RidgeCVを用いたアンサンブルが行われています。奇をてらわず、堅実な手法で理路整然としたコーディングは学ぶべき点が数多くあります。本章では、このソリューションの多くの部分を参考にしています。

- 「Associated Model RNN + Ridge」[2]

Hiep Nguyen氏によるソリューションで、上記のPatrick DeKelly氏がベースにしたというソリューションです。RNNとRidgeを用いたアンサンブルが行われていて、Patrick DeKelly氏のソリューションと似た構造ですが、こちらの方が若干高い精度が出ています。

- 「A simple nn solution with Keras」[3]

noobhound氏によるソリューションで、アンサンブルは行わず、RNNモデル単体での予測となっています。データの前処理に関する詳しい考察があり、参考になります。

RNNではありませんが、複数のMLPのモデルでのアンサンブルで1位を獲得したチームのソリューションが次です。

- 「Mercari Golf: 0.3875 CV in 75 LOC, 1900 s」[4]

Konstantin Lopuhin氏によるソリューションで、実際に1位を獲得したときのものとは異なるようですが、大部分はエントリーしたものと同じであるようです。非常にシンプルでかつ洗練されたコードです。

---

[1] https://www.kaggle.com/valkling/mercari-rnn-2ridge-models-with-notes-0-42755
[2] https://www.kaggle.com/nvhbk16k53/associated-model-rnn-ridge
[3] https://www.kaggle.com/knowledgegrappler/a-simple-nn-solution-with-keras-0-48611-pl
[4] https://www.kaggle.com/lopuhin/mercari-golf-0-3875-cv-in-75-loc-1900-s

Appendix

参考文献 等

A.1 「2章 分析コンペで上位を目指すためのチュートリアル」における参考文献など

■ タスク別の主な分析コンペ

本文と重複する箇所がありますが、タスクごとの主な分析コンペを掲載しておきます。

□回帰タスク

- 「House Prices: Advanced Regression Techniques」
  不動産のデータから、各住宅の販売価格を予測します。
- 「Mercari Price Suggestion Challenge」
  メルカリの出品データから、商品価格を予測します。
- 「Zillow Prize: Zillow's Home Value Prediction (Zestimate)」
  オンライン不動産データベースを運営するアメリカの企業Zillow社が提供する不動産の価格を予測します。実際に提出するのは、Zestimate（査定価格）と実際の売値の対数誤差になります。

□二値分類

- 「Titanic: Machine Learning from Disaster」
  乗客のデータから、タイタニック号の沈没を生き延びたかどうかを予測します。
- 「Dogs vs. Cats Redux: Kernels Edition」
  イヌとネコの画像の二値分類を行います。
- 「Home Credit Default Risk」
  取引情報を基に、クライアントの返済能力を予測します。

□マルチクラス分類

- 「Digit Recognizer」
  0～9の手書き数字の画像が、それぞれどの数字なのかを分類します。
- 「CIFAR-10 - Object Recognition in Images」
  10種類のファッションアイテムの画像をアイテムごとに分類します。
- 「Two Sigma Connect: Rental Listing Inquiries」
  ニューヨーク市地域の賃貸物件のリスティング広告（検索エンジンの検索結果に、ユーザーが検索したキーワード〈検索語句〉に連動して掲載される広告）からユーザーの関心レベル（高、中、低）を予測します。

□マルチラベル分類

- 「Human Protein Atlas Image Classification」
  たんぱく質の蛍光顕微鏡画像から、たんぱく質の種類を予想します。データセットには合計28のラベルがあります。
- 「Instacart Market Basket Analysis」
  ユーザーの注文に関する匿名化されたデータから、以前に購入したどの製品が次の注文になるかを予測します。

□レコメンデーション

- 「Santander Product Recommendation」
  既存のユーザーが次の月に使用する製品を、過去1か月間における類似したユーザー層の行動に基づいて予測します。
- 「Instacart Market Basket Analysis」
  ユーザーの注文に関する匿名化されたデータを使用して、以前に購入したどの製品がユーザーの次の注文になるかを予測します。

□物体検出／セグメンテーション

- 「Google AI Open Images - Object Detection Track」
  99,999画像のテスト用データセットに対して物体検出を行います。
- 「TGS Salt Identification Challenge」
  地震探査によって作成した画像から、地中に塩がたまっている場所を、セグメンテーション技術を用いて予測します。

A.1 「2章　分析コンペで上位を目指すための チュートリアル」における参考文献など

■評価指標別の主な分析コンペ

各評価指標ごとの主な分析コンペです。

□RMSE（二乗平均平方根誤差）

・「Elo Merchant Category Recommendation」
Eloというブラジルのカード会社が主催する、各ユーザーの購買行動に対応した
・「House Prices: Advanced Regression Techniques」
Royalty Scoreという値を予測するコンペです。

□RMSLE（二乗平均平方根対数誤差）

・「Recruit Restaurant Visitor Forecasting」
レストランの予約、来店者数やその他の情報を使用して、将来のレストラン来店者数を日別に予測します。

□MAE（平均絶対誤差）

・「Allstate Claims Severity」
保険会社が提供するデータを使用して保険金請求の重大度を予測します。

■特徴量エンジニアリング

いわゆる「データの前処理」については、数多くの良書が出版されています。特徴量エンジニアリングについて広く、深く理解できますので、気になる書籍があればせひ読んでみるとよいでしょう。

・門脇大輔、阪田隆司、保坂桂佑、平松雄司『Kaggleで勝つデータ分析の技術』技術評論社（2019）
Kaggleについて書かれた有名な本ですが、特徴量エンジニアリングについての深い洞察もあり、とても勉強になります。
・Andreas C. Muller、Sarah Guido、中田秀基（翻訳）『Pythonではじめる機械学習 —scikit-learnで学ぶ特徴量エンジニアリングと機械学習の基礎』オライリージャパン（2017）

特徴量エンジニアリングの定番の書です。scikit-learnによる機械学習まで学べます。

・Alice Zheng、Amanda Casari、株式会社ホクソエム（翻訳）『機械学習のための特徴量エンジニアリング ―その原理とPythonによる実践』オライリージャパン（2019）

・本橋智光『前処理大全［データ分析のためのSQL/R/Python実践テクニック］』技術評論社（2018）

上記はいずれもデータの前処理のみに特化した書で、前処理のための手法が系統立てて解説されています。

A.2 「3章　回帰モデルと勾配ブースティング木による『住宅価格』の予測」における参考文献など

　3章では、Getting Startedカテゴリで常設の分析コンペ「House Prices: Advanced Regression Techniques」（https://www.kaggle.com/c/house-prices-advanced-regression-techniques）を題材にしました。

■リッジ回帰モデル

・「sklearn.linear_model.Ridge」（https://scikit-learn.org/stable/modules/generated/sklearn.linear_model.Ridge.html#sklearn.linear_model.Ridge）

■ラッソ回帰モデル

・「sklearn.linear_model.Lasso」（https://scikit-learn.org/stable/modules/generated/sklearn.linear_model.Lasso.html#sklearn.linear_model.Lasso）

■GBDT（勾配ブースティング木）

・（XGBoostドキュメント）「Python API reference of XGBoost」（https://xgboost.readthedocs.io/en/latest/python/python_api.html?highlight=xgbregressor#xgboost.XGBRegressor）

A.3 「4章 画像認識コンペで多層パーセプトロン（MLP）を使う」における参考資料

- （XGBoostドキュメント）「XGBoost Parameters」
  (https://xgboost.readthedocs.io/en/latest/parameter.html#parameters-for-tree-booster)
- Aarshay Jain「Complete Guide to Parameter Tuning in XGBoost with codes in Python (Analytics Vidhya)」(2016)
  (https://www.analyticsvidhya.com/blog/2016/03/complete-guide-parameter-tuning-xgboost-with-codes-python/)
  パラメーターについての詳しい解説とパラメーターチューニングの方法が紹介されています。
- Alvira Swalin「CatBoost vs. Light GBM vs. XGBoost」(2018)
  (https://towardsdatascience.com/catboost-vs-light-gbm-vs-xgboost-5f93620723db)
  XGBoostとLight GBM、CatBoostとの比較や、それぞれのパラメーターの対応関係についての解説があります。

A.3 「4章　画像認識コンペで多層パーセプトロン（MLP）を使う」における参考資料

4章では、Getting Startedカテゴリで常設の分析コンペ「Digit Recognizer」(https://www.kaggle.com/c/digit-recognizer) を題材にしました。

■ニューラルネットワーク（多層パーセプトロン）

- 斎藤康毅『ゼロから作るDeep Learning ―Pythonで学ぶディープラーニングの理論と実装』オライリージャパン (2016)
  ディープラーニングに関する名著だと評判の書です。特にニューラルネットワークについて深く理解できます。
- チーム・カルポ『必要な数字だけでわかるニューラルネットワークの理論と実装』秀和システム (2019)
  多層パーセプトロンをライブラリを使わずにプログラミングする過程を通して、動作や仕組みの部分を根本から知ることができます。
- Michael Nielsen「Using neural nets to recognize handwritten digits」
  (http://neuralnetworksanddeeplearning.com/chap1.html)

- Michael Nielsen「Improving the way neural networks learn」
  (http://neuralnetworksanddeeplearning.com/chap3.html)
  MNISTデータセットを用いた多層パーセプトロンによる予測とニューラルネットワークの学習方法の改善についての考察。
- (Kerasドキュメント)「モデルについて」
  (https://keras.io/ja/models/about-keras-models/)
- (Kerasドキュメント)「Sequentialモデル API」
  (https://keras.io/ja/models/sequential/)
- (Kerasドキュメント)「Modelクラス API」
  (https://keras.io/ja/models/model/)
- (Kerasドキュメント)「レイヤーについて」
  (https://keras.io/ja/layers/about-keras-layers/)
- (Kerasドキュメント)「Coreレイヤー」(https://keras.io/ja/layers/core/)

■活性化関数

- (Kerasドキュメント)「活性化関数の使い方」
  (https://keras.io/ja/activations/)

■バックプロパゲーション

- Michael Nielsen「How the backpropagation algorithm works」
  (http://neuralnetworksanddeeplearning.com/chap2.html)

■オプティマイザー

- (Kerasドキュメント)「オプティマイザ(最適化アルゴリズム)の利用方法」
  (https://keras.io/ja/optimizers/)
- Diederik Kingma, Jimmy Ba「Adam: A Method for Stochastic Optimization」
  (https://arxiv.org/abs/1412.6980v8)

■Hyperoptを用いたパラメーター探索

- （Hyperoptドキュメント）Michael Mior「FMin・hyperopt / hyperopt Wiki・GitHub」
  (https://github.com/hyperopt/hyperopt/wiki/FMin)(2018)
- （Hyperoptドキュメント）maxpumperla「Keras + Hyperopt: A very simple wrapper for convenient hyperparameter optimization」
  (https://github.com/maxpumperla/hyperas)
- Tinu Rohith D「HyperParameter Tuning — Hyperopt Bayesian Optimization for (Xgboost and Neural network)」
  (https://medium.com/analytics-vidhya/hyperparameter-tuning-hyperopt-bayesian-optimization-for-xgboost-and-neural-network-8aedf278a1c9)
- Zygmunt Z.「FastML: Optimizing hyperparams with hyperopt」
  (http://fastml.com/optimizing-hyperparams-with-hyperopt/)(2014)

■ハイパーパラメーター探索

- James Bergstra, Yoshua Bengio「Random Search for Hyper-Parameter Optimization」
  (http://www.jmlr.org/papers/volume13/bergstra12a/bergstra12a.pdf)(2012)

A.4 「5章　画像分類器に畳み込みニューラルネットワーク（CNN）を実装する」における参考文献など

■畳み込みニューラルネットワーク

- Michael Nielsen「Deep learning」
  (http://neuralnetworksanddeeplearning.com/chap6.html)
  MNISTデータセットを題材にした、CNNについての解説です。
- （Kerasドキュメント）「Convolutionalレイヤー」
  (https://keras.io/ja/layers/convolutional/)

- （Keras ドキュメント）「Pooling レイヤー」
  (https://keras.io/ja/layers/pooling/)

■データ拡張

データ拡張の具体的な実装方法は、以下のKerasのドキュメントが参考になります。

- （Keras ドキュメント）「画像の前処理」
  (https://keras.io/ja/preprocessing/image/)

A.5 「6章　学習率とバッチサイズについての考察」における参考文献など

6章では、Playgroundカテゴリで常設の分析コンペ「CIFAR-10 - Object Recognition in Images」(https://www.kaggle.com/c/cifar-10/overview) を題材にしました。

■学習率全般

以下のドキュメントには、目的関数（損失関数）の最小化から学習率までの全般的な解説があります。

- cs231n「Convolutional Neural Networks for Visual Recognition」
  (https://cs231n.github.io/neural-networks-3/)

以下では、学習率のステップ減衰についてのいくつかの手法と、実装方法が紹介されています。

- Suki Lau「Learning Rate Schedules and Adaptive Learning Rate Methods for Deep Learning」
  (https://towardsdatascience.com/learning-rate-schedules-and-adaptive-learning-rate-methods-for-deep-learning-2c8f433990d1)(2017)

A.5 「6章　学習率とバッチサイズについての考察」における参考文献など

■ コールバック

Kerasの以下のドキュメントには、学習率の減衰など、学習中に何らかの処理をコールバックする方法がまとめられています。

・(Keras ドキュメント)「コールバックの使い方」
　(https://keras.io/ja/callbacks/)

■ アーリーストッピング

アーリーストッピングを設定するときに悩むのが、監視対象にする回数(エポック数)です。以下のドキュメントには、アーリーストッピング設定時のポイントがまとめられています。

・Jason Brownlee「Use Early Stopping to Halt the Training of Neural Networks At the Right Time」
　(https://machinelearningmastery.com/how-to-stop-training-deep-neural-networks-at-the-right-time-using-early-stopping/)

■ 循環学習率「Cyclical Learning Rates (CLR)」に関する論文

CIFAR-10の画像分類では、学習率を固定したままだと、ハイパーパラメーターをチューニングしても突破できない「精度の壁」があるように思われます。そのような状況でCLRによる学習率の減衰は良好な結果を示しました。以下は、CLRについての論文と、論文における実証実験で使用されていたプログラムです。

・Leslie N. Smith「Cyclical Learning Rates for Training Neural Networks」
　(https://arxiv.org/pdf/1506.01186.pdf)(2017)
・(上記論文で使用されたプログラム)「Cyclical Learning Rate (CLR)」
　(https://github.com/bckenstler/CLR)

■学習率とバッチサイズの関係を論じた「学習率を落とすな、バッチサイズを増やせ」

　一定の割合で学習率を減衰させる場合、代わりにバッチサイズを増加させることで同じように学習できます。そのことを示したのが以下の論文です。論文では、学習率の減衰とバッチサイズの増加による様々な実験が行われ、オプティマイザーの慣性項と学習率の関係にまで触れられています。もちろん、論文の趣旨は学習の高速化にあるので、大規模な画像データセットのImageNetについて、ResNet-50というモデルを使用して、30分で76.1%の精度を出した事例が紹介されています。論文は以下のサイトより、PDF形式で参照することができます。

・Samuel L. Smith, Pieter-Jan Kindermans, Chris Ying, Quoc V. Le「Don't Decay the Learning Rate, Increase the Batch Size」
(https://arxiv.org/abs/1711.00489)(2018)

■学習率減衰の手法「Warm Start」に関する参考文献

　本書では、Warm Startについては紹介する程度に留めていますが、具体的な手法等は、Warm Startによるトレーニングの安定化、収束の加速、RMSpropやAdamなどのオプティマイザーの性能向上について論じた以下のドキュメントを参照するとよいでしょう。

・Liyuan Liu, Haoming Jiang, Pengcheng He, Weizhu Chen, Xiaodong Liu, Jianfeng Gao, Jiawei Han「On the Variance of the Adaptive Learning Rate and Beyond」
(https://arxiv.org/abs/1908.03265)(2019)
・上記論文を解説した日本語のサイト
nykergoto「Adam の学習係数の分散を考えた RAdam の論文を読んだよ!」
(https://nykergoto.hatenablog.jp/archive/2019/08/16)(2019)

■Adamオプティマイザーについての論文

　本書では、オプティマイザーとしてAdamを多く使用しています。Adamについてより深く知りたい方は、以下のドキュメントが参考になります。

· Diederik P. Kingma, Jimmy Ba「Adam: A Method for Stochastic Optimization」
(https://arxiv.org/abs/1412.6980)(2017)

A.6 「7章　一般物体認識で『アンサンブル』を使う」における参考文献など

■アンサンブルに関するドキュメント

データサイエンティストu++氏によるアンサンブルについての記事です。

· u++「『Kaggle Ensembling Guide』はいいぞ【kaggle Advent Calendar 7日目】」
(https://upura.hatenablog.com/entry/2018/12/07/000000)(2018)

次は、上記のドキュメントで紹介されていた「Kaggle Ensembling Guide」です。「サブミットファイルによるアンサンブル」や「Stacked Generalization」、「Blending」などの手法について、具体例と合わせて紹介がなされています。

· Hendrik Jacob van Veen, Le Nguyen The Dat, Armando Segnini(2015)「Kaggle Ensembling Guide」
(https://mlwave.com/kaggle-ensembling-guide/)

次の記事では、CIFAR-10を用いたアンサンブルのための実装方法が紹介されています。学習の途上において最高精度を出したエポックの重みを記録するアルゴリズムを参考にさせていただきました。

· koshian2「ニューラルネットワークを使ったEnd-to-Endなアンサンブル学習」
(https://qiita.com/koshian2/items/d569cd71b0e082111962)

次は、MNISTデータセットを用いた、CNNモデルでのアンサンブルについての記事です。機械学習ライブラリとしてChainerが使用されていますが、Kerasユーザーにも参考になります。ロスが高いデータの可視化によって、データセットのラベリングミスを指摘している箇所は興味深いです。

・@corochann「Kaggle Digit Recognizer にCNNで挑戦、公開Kernelの中で最高精度を目指す」
(https://qiita.com/corochann/items/e83029d1ad94d908e220)

A.7 「8章　転移学習からのファインチューニング」における参考文献など

8章では、Playgroundカテゴリで常設の分析コンペ「Dogs vs. Cats Redux: Kernels Edition」(https://www.kaggle.com/c/dogs-vs-cats-redux-kernels-edition/overview) を題材にしました。

■学習済みモデルに関するKerasのドキュメント

次のドキュメントでは、VGG16をはじめ、VGG19、Xception、ResNet50、InceptionV3、InceptionResNetV2 MobileNet、DenseNet、NASNet、MobileNetV2などのKerasで実装できる学習済みモデルの実装方法が詳解されています。

・(Keras ドキュメント)「Applications」(https://keras.io/ja/applications/)

■転移学習が用いられているソリューション(「Dogs vs. Cats～」で公開されているノートブック)

・Shivam Bansal「CNN Architectures: VGG, ResNet, Inception + TL」
(https://www.kaggle.com/shivamb/cnn-architectures-vgg-resnet-inception-tl)
VGG16やVGG19、InceptionNet、Resnet、XceptionNetのモデルによる予測が行われています。

・Shao-Chuan Wang「Keras Warm-up: Cats vs Dogs CNN with VGG16」
（https://www.kaggle.com/shaochuanwang/keras-warm-up-cats-vs-dogs-cnn-with-vgg16）
VGG16のみを用いた予測が行われています。

A.8 「9章　時系列データをRNN（再帰型ニューラルネットワーク）で解析する」における参考文献など

9章では、Featuredカテゴリで常設の分析コンペ「Mercari Price Suggestion Challenge」（https://www.kaggle.com/c/mercari-price-suggestion-challenge/）を題材にしました。

以下、本編にも掲載しましたが、ここで改めて紹介しておくことにします。

■参考になるソリューション（「Mercari Price Suggestion Challenge」で公開されているノートブック）

・Patrick DeKelly「Mercari RNN + 2Ridge models with notes」
（https://www.kaggle.com/valkling/mercari-rnn-2ridge-models-with-notes-0-42755）
RNNとRidge、RidgeCVを用いたアンサンブルが行われています。本書でも参考にさせていただきました。
・Hiep Nguyen「Associated Model RNN + Ridge」
（https://www.kaggle.com/nvhbk16k53/associated-model-rnn-ridge）
上記のPatrick DeKelly氏がベースにしたというソリューションです。RNNとRidgeを用いたアンサンブルが行われています。
・noobhound「A simple nn solution with Keras」
（https://www.kaggle.com/knowledgegrappler/a-simple-nn-solution-with-keras-0-48611-pl）
アンサンブルは行わず、RNNモデル単体での予測となっています。データの前処理に関する詳しい考察があります。

A.8 「9章 時系列データをRNN（再帰型ニューラルネットワーク）で解析する」における参考文献など

・Konstantin Lopuhin「Mercari Golf: 0.3875 CV in 75 LOC, 1900 s」
（https://www.kaggle.com/lopuhin/mercari-golf-0-3875-cv-in-75-loc-1900-s）
当コンペで、みごと1位を獲得したソリューションです。MLPによるアンサンブルが使用されています。

・Paweł Jankiewicz「1st place solution」
（https://www.kaggle.com/c/mercari-price-suggestion-challenge/discussion/50256）
1位を獲得したソリューションのDiscussionに投稿された記事です。

索引

あ行

アカウント······················· 27
アンサンブル····················· 319,340
鞍点··························· 290
閾値··························· 49
一般物体認識····················· 73
運動量························· 271
オプティマイザー·················· 191,204
重み··························· 84
重み付きk係数···················· 70

か行

カーネル························ 41
カーネルコンペ···················· 23,41,401
回帰木························· 48
回帰式························· 124
回帰タスク······················ 47
回帰問題······················· 47
過学習························· 241
学習··························· 148
学習用データ····················· 47
学習率·························· 177,181,290.309
確率··························· 84
確率的勾配降下法·················· 191,194 269
隠れ層························· 147
荷重減衰······················· 340
過剰適合······················· 125,202,241
画像データ······················ 24,73
画像分類······················· 73
課題··························· 47
活性化関数······················ 84,204
カッパ係数······················ 70
カテゴリ変数····················· 95
幾何平均······················· 322
教師あり学習····················· 97
教師なし学習····················· 97
偽陽性率······················· 65
グリッドサーチ···················· 205
クロスエントロピー誤差··············· 63

クロスエントロピー誤差関数

クロスエントロピー誤差関数········· 174,175,341
クロスバリデーション················ 105
欠損値························· 72,80
決定係数······················· 58
交差検証······················· 105
勾配降下法······················ 177
勾配ブースティング木··············· 48,98,133
コーエンのk係数··················· 70
誤差逆伝播法····················· 147
誤答率························· 59
混同行列······················· 59
コンパイル······················ 190

さ行

再帰型ニューラルネットワーク·········· 102,391
再現率························· 60
最大プーリング··················· 242
最適化問題······················ 174
サドルポイント···················· 290
サブミット······················ 36
三角学習率ポリシー················· 294
算術平均······················· 322
閾値··························· 49
シグモイド関数··················· 162
時系列データ····················· 74,102,391
指数関数······················· 163
指数関数的減衰··················· 273
シナプス······················· 144
収束した······················· 181
樹状突起······················· 144
集約アンサンブル·················· 449
出力重み衝突···················· 397
出力層························· 236
循環学習率······················ 274,290
人工ニューロン··················· 145
真数··························· 440
真陽性率······················· 65
推測曲線······················· 65
スケジューリング·················· 269
ステップ減衰···················· 272

469

索引

ストライド……………………………………… 225	ドロップアウト……………………… 202,204,340
正解率……………………………………………… 59	ドロップアウト率…………………………… 101,204
正規化…………………………………… 83,84,97	
正則化…………………………………… 97,324,340	**な行**
精度………………………………………………… 60	
セグメンテーション……………………………… 52	内積……………………………………………… 161
セマンティックギャップ………………………… 358	二乗平均平方根誤差…………………… 53,124
セル……………………………………… 43,395	二乗平均平方根対数誤差………………… 54
ゼロパディング………………………………… 231	二値分類………………………………… 48,63
線形回帰モデル………………………………… 97	ニューラルネットワーク……………… 100,144
層化抽出………………………………………… 106	入力重み衝突…………………………………… 397
双曲線正弦関数………………………………… 398	入力ゲート……………………………………… 397
ソフトマックス関数…………………………… 168	入力層…………………………………………… 147
損失関数………………………………………… 174	ニューロン……………………………… 100,144
	ネイピア数……………………………………… 164
た行	ノイズスケール………………………………… 310
	ノートブック…………………………… 30,43
対数損失………………………………………… 63	
対数変換…………………………………82,86,407	**は行**
対数尤度関数…………………………………… 175	
代表値…………………………………………… 81	バイアス………………………………………… 158
多数決…………………………………………… 323	バイグラム……………………………………… 92
タスク…………………………………………… 47	ハイパーパラメーター………………………… 101
多層パーセプトロン………… 49,99,100,148	バウンディングボックス………………………… 52
畳み込み演算…………………………… 101,225	バックプロパゲーション……………… 147,170
畳み込み層……………………………… 101,234	バッチサイズ……………………………204,309
畳み込みニューラルネットワーク 49,52,101,232	パラメーターチューニング…………………… 203
ダミー変数……………………………………… 122	バリデーション………………………………… 103
単純パーセプトロン…………………… 100,145	ピアソンの相関係数…………………………… 322
中央値…………………………………………… 82	評価指標………………………………………… 53
超短期記憶……………………………… 102,395	標準化…………………………………… 85,326
調和平均………………………………………… 322	ファインチューニング………………………… 383
底………………………………………………… 163	フィードフォワードニューラルネットワーク… 144
ディープラーニング…………………………… 101	フィルター……………………………………… 225
データ拡張……………………………………… 258	プーリング……………………………………… 242
テーブルデータ………………………… 24,72	フォーマット…………………………………… 41
適応学習率法…………………………………… 269	物体検出………………………………… 52,73
適合率…………………………………………… 60	物体認識………………………………………… 52
テキストデータ………………………………… 24	ブロードキャスト……………………………… 165
テストデータ…………………………………… 47	分析コンペ……………………………… 20,41
転移学習………………………………………… 357	分類タスク……………………………………… 48
特徴検出器……………………………………… 223	平均化…………………………………………… 322
特徴量エンジニアリング……………… 72,75	平均絶対誤差…………………………………… 57
トリグラム……………………………………… 92	平均値…………………………………………… 81

平均二乗誤差	124
平均プーリング	242
ベイジアン平均	82
ベイズ最適化	205
ベクトル化	442
忘却ゲート	396
棒状突起	144
ホールドアウト検証	104

ま行

前処理	72
マルチクラス分類	51,67
ミニバッチ	191
ミニバッチ法	194
メソッド	48
メダル	25
モーメンタム	271
目的関数	99
モデル	97

や行

ユークリッド距離	125,341
尤度関数	174
ユニグラム	92

ら行

ラッソ回帰	48,126,131,140
ラベルエンコーディング	87,413
ラベルエンコード	413
ランダムサーチ	205
ランダムフォレスト	48
リッジ回帰	48,125,127
レコメンデーション	51
ロジスティック関数	162

わ行

歪度	115,117
分かち書き	90
ワンホットエンコーディング	88,153

アルファベット

Adam	269
AUC	65
Backpropagation	147
Bag-of-Words	90
BPTT	394
CatBoost	99
CEC	397,398
CIFAR-10	275
CLR	274,290
CNN	52,101,232
Contributor	26
cross entropy	174
Cross Validation	105
Embedding	95
Expert	26
F値	61
FFNN	144
Flatten層	236
fold	105
FPR	65
F1-Score	61
Fβ-Score	61,62
GBDT	48,98,133,140
GPU	46
Grandmaster	26
Hold-Out	104
Hypertopt	207
Kaggle	19
Kaggler	21
Label encoding	87
LightGBM	48,99
Log Loss	63
LSTM	102,395
L1正規化	97
L2正規化	97
Macro-F1	68
MAE	57
Master	26
Mean-F1	68
Micro-F1	68
Min-Maxスケーリング	84
MLP	99

索引

MNIST	149
MSE	124
Multi-Class Accuracy	67
Multi-Class Log Loss	67
N-gram	92
NLPコンペ	90
Notebook	43
Novice	26
One-hot-encoding	88,153
Quadratic Weighted Kappa	70
ReduceLROnPlateau	285
RMSE	53,124
RMSLE	54
RMSprop	269
RNN	102,391
ROC曲線	65
Script	43
SGD	269
Stratified K-fold	106
TF-IDF	94
TPE	207
TPR	65
VGG16	372
warm start	274
XGBoost	98,134

数字

2階テンソル	232
2次元フィルター	225
2ステージ制	42

参考文献

本書を執筆するにあたり、参考にさせていただいた文献です。

機械学習のための数学
・齋藤正彦（1966）『基礎数学1　線型代数入門』東京大学出版会
・杉浦光夫（1980）『解析入門I　（基礎数学2）』東京大学出版会
・金谷健一（2005）『これなら分かる最適化数学　基礎原理から計算手法まで』啓文堂
・立石賢吾（2017）『機械学習を理解するための数学のきほん』マイナビ出版
・石川聡彦（2018）『人工知能プログラミングのための数学がわかる本』KADOKAWA

Python
・Python Software Foundation (2001-2018)
「3.6.5 Documentation」(https://docs.python.jp/3/index.html) (参照2018-3).

Matplotlib
・「Matplotlib: Python plotting — Matplotlib 2.2.2 documentation」
(https://matplotlib.org/index.html) (参照2018-3).

NumPy
・The SciPy community (2008-2017)「NumPy Reference—NumPy v1.14 Manual」
(https://docs.scipy.org/doc/numpy-1.14.0/reference/) (参照2018-3)

Keras
・「Keras Documentation」(https://keras.io/ja/) (参照2018-8)

■ 注意
(1) 本書は著者が独自に調査した結果を出版したものです。
(2) 本書は内容について万全を期して作成いたしましたが、万一、ご不審な点や誤り、記載漏れなどお気付きの点がありましたら、出版元まで書面にてご連絡ください。
(3) 本書の内容に関して運用した結果の影響については、上記 (2) 項にかかわらず責任を負いかねます。あらかじめご了承ください。
(4) 本書の全部、または一部について、出版元から文書による許諾を得ずに複製することは禁じられています。

■ 商標
・Python は Python Software Foundation の登録商標です。
　Windows は、米国、Microsoft Corporation の米国、日本、およびその他の国における登録商標または商標です。
　Macintosh、Mac OS は、米国および他の国々で登録された Apple Inc の商標です。
・その他、CPU、ソフト名は一般に各メーカーの商標または登録商標です。
　なお、本文中では ™ および ® マークは明記していません。
　書籍のなかでは通称またはその他の名称で表記していることがあります。ご了承ください。

著者プロフィール

チーム・カルポ

フリーで研究活動を行う傍ら、時折、プログラミングに関するドキュメント制作にも携わる執筆集団。Android/iPhoneアプリ開発、フロントエンドやサーバー系アプリケーション開発、コンピューターネットワークなど、近年はディープラーニングを中心に先端AI技術のプログラミング、および実装を目的に精力的な執筆活動を展開している。

主な著作

『TensorFlow&Kerasプログラミング実装ハンドブック』
　　　　　（2018年10月　秀和システム刊）
『Matplotlib&Seaborn実装ハンドブック』
　　　　　（2018年10月　秀和システム刊）
『ニューラルネットワークの理論と実装』
　　　　　（2019年1月　秀和システム刊）
『ディープラーニングの理論と実装』
　　　　　（2019年1月　秀和システム刊）
等著書多数

Kaggleで学んで
ハイスコアをたたき出す！
Python機械学習＆データ分析

発行日	2020年 8月15日	第1版第1刷

　　著　者　チーム・カルポ

　　発行者　斉藤　和邦
　　発行所　株式会社　秀和システム
　　　　　　〒135-0016
　　　　　　東京都江東区東陽2-4-2　新宮ビル2F
　　　　　　Tel 03-6264-3105（販売）Fax 03-6264-3094
　　印刷所　日経印刷株式会社　　　　Printed in Japan
ISBN978-4-7980-6186-3 C3055

定価はカバーに表示してあります。
乱丁本・落丁本はお取りかえいたします。
本書に関するご質問については、ご質問の内容と住所、氏名、電話番号を明記のうえ、当社編集部宛FAXまたは書面にてお送りください。お電話によるご質問は受け付けておりませんのであらかじめご了承ください。